寂静的春天

〔美〕蕾切尔·卡森 著
林海彦 译

S i l e n t   S p r i n g

远方出版社

图书在版编目(CIP)数据

寂静的春天／(美) 蕾切尔·卡森著；林海彦译
. --呼和浩特：远方出版社，2018.1
ISBN 978-7-5555-1030-7

Ⅰ.①寂… Ⅱ.①蕾…②林… Ⅲ.①环境保护-普及读物 Ⅳ.①X-49

中国版本图书馆 CIP 数据核字(2018)第 003418 号

寂静的春天

JIJING DE CHUNTIAN

作　　者　〔美〕蕾切尔·卡森
译　　者　林海彦
责任编辑　董美鲜　张利君
责任校对　奥丽雅
封面设计　仙　境
版式设计　王志利
出版发行　远方出版社
社　　址　呼和浩特市乌兰察布东路 666 号　邮编 010010
电　　话　(0471)2236470 总编室　2236460 发行部
经　　销　新华书店
印　　刷　北京润田金辉印刷有限公司
开　　本　145mm×210mm　1/32
字　　数　214 千
印　　张　8.5
版　　次　2018 年 1 月第 1 版
印　　次　2018 年 3 月第 1 次印刷
印　　数　1—5 000 册
标准书号　ISBN 978-7-5555-1030-7
定　　价　35.00 元

译者序

1907 年 5 月 27 日，蕾切尔·卡森出生在美国宾夕法尼亚州匹兹堡市的阿勒格尼河畔一户普通农户家中，用今天的话说，她是典型的草根家庭出身。但草根家庭的出身并没有影响她成为一位杰出的科学家，一位献身环保的先驱人物。她被誉为“环保的普罗米修斯”，她的“犹如旷野中一声呐喊”的著作《寂静的春天》被誉为“环保主义的奠基石”。

卡森的家乡有美丽的河畔和森林。她的母亲是一个温柔而具有博爱情怀的人，对野生动物、植物非常关心，经常带着她到四周的林子里散步，观赏美丽的树林和美丽的鸟儿，这对卡森热爱大自然有潜移默化的影响。她的母亲很迷恋大海，常常读一些关于海的诗句给她听，诗句中那涌动的洁白浪花和振翅飞翔的海鸥，像汹涌的波涛在她的头脑中翻腾，令她沉醉。

卡森在母亲的影响下十分热爱大自然，尤其酷爱鸟类。卡森性格沉静，喜欢读书写诗，她的文学天赋在很小的时候就显现出来了。在《寂静的春天》第一章里，她以优美的文笔为这部深刻的环保之作描绘了一幅极富文学魅力的美丽画卷：

……生活在这里的所有生物都与周围的环境相处融洽，在城镇的周边，欣欣向荣的农场比比皆是，星罗棋布的田野生机盎然，连绵不断的果园终年香飘万里。春天，繁花似锦，烂漫的山花点缀在绿色的原野上像轻柔的云朵飘荡；秋天，橡树、枫树和白桦树迸射出火焰般炫目的光辉，透过松林的绿色蔓萝，闪耀着五彩斑斓的色彩。在小山上，可以听到狐狸欢乐的叫声，小鹿悄无声息地游走在田间，它们轻捷的身影在笼罩着秋天的晨雾中若隐若现。

卡森中学毕业后，进入宾夕法尼亚州女子学院主修英国文学。二年级的时候，一门生物学课唤醒了她对大自然强烈的好奇心，这是一个改变命运的契机，卡森决定转修动物学。1929 年，卡森以优异的成绩获得约翰霍普金斯大学动物学硕士学位，毕业后她在霍普金斯大学和马里兰大学教了几年动物学，并继续在马萨诸塞州的伍德豪海洋生物实验室攻读博士学位。1929 年的美国股灾引发了美国经济大萧条。这期间，卡森受雇于美国渔业局并为《巴尔的摩太阳报》撰写科学史文章，同时还发表了与海洋生物相关的专题文章。1932 年，她的父亲不幸去世，家境陷于贫寒。为了赡养母亲，她只得放弃攻读博士学位。1936 年，经过严格的筛选，卡森被聘为美国渔业局的海洋生物学家，这对当时妇女在行政部门工作会受到歧视是一个挑战。她在美国渔业与野生动物管理委员会工作了 15 年，并在这个机构中被擢升为《巴尔的摩太阳报》的主编。

1949 年，卡森有关海洋生物的著作《在海风的吹拂下》出版了，但影响甚微，反应寥寥。1951 年，她又写下《我们周围的海洋》，书稿完成后，出版颇费周折，一连被 15 家出版社拒绝。但这本书最终在 1952 年出版了，出版后反响强烈，引起轰动，被翻译成 32 种文字在世界各国出版发行。同年，该书获得美国国家科学技术图书奖和伯洛兹自然科学图书奖。卡森一夜之间声名鹊起。之后，她辞去政府机构的工作，开始了她的职业写作生涯。1955 年，她的著作《海的边缘》问世。“海洋三部曲”成为人们眼中公认的海洋传记，她也因此成为著名的海洋环保科普作家。

20 世纪 50 年代，美国联邦农业部计划大量使用化学杀虫剂来杀灭昆虫、真菌和其他危害作物生长的生物。这些杀虫剂对环境的危害甚于 DDT（化学名为“双对氯苯基三氯乙烷”）。1957 年，由于大量使用杀虫剂，德克斯堡地区的大批野生动物死亡；在纽约长岛的东部地区为了扑灭一种飞蛾，人们不计后果地大面积喷洒 DDT 和柴油混合物；而南方各州为了扑灭火蚁，大开杀戒，许多野生生物成为杀虫剂的牺牲品。1959 年，对小红莓疯狂地喷洒杀虫剂终于激起了全国性的反抗，美国农业部迫于压力，不得不宣布在这一年的感恩节旺季禁止小红莓上市销售。马萨诸塞州鸟类保护区的一位林业管理员给卡森写了一封信，控诉 DDT

的喷洒给林区鸟类造成的灾难，林区鸟类濒临灭绝，希望她利用威望让政府对杀虫剂造成的生物灾难进行调查。卡森认为最有效的办法是唤起民众的沉醒意识，于是她打算写文章，诉诸媒体，公开报道，但媒体没有兴趣合作。作为一位鸟类爱好者，早在1945年，卡森就对DDT之类的杀虫剂的使用有了警觉，特别是DDT对鸟类的危害，“湖中的芦苇正在枯萎，鸟儿也不再歌唱”（约翰·济慈）。于是，她决定写一本书。她说：“我知道得越多，恐惧就愈甚。作为一位自然主义者，所有我认为最重要的事物都在面临着威胁，我一定要写一本书。这是头等重要的大事。”

1962年6月，卡森的《寂静的春天》出版了，这是对农业科学家和政府决策的公开宣战。她号召人们转变观念，重新审视人与自然的关系，尊重自然平衡，敬畏生命。《寂静的春天》宣扬的观点得到人们的广泛赞同，出版当年即销售了50万册，成为轰动一时的畅销书，使得公众的环保意识空前高涨。

《寂静的春天》像一把锋利的匕首，无情地刺穿了唯利是图的化学工业者的要害之处。在这本书出版之前，利益集团意识到他们的利润将在公众环保意识的觉醒中受到损害，于是对卡森进行了空前的诋毁和攻击，包括人身攻击。卡森一生未婚，她的姐姐在1937年去世后，她领养了姐姐的两个儿子。一位美国官员公开对她进行性别侮辱：“一个无儿无女的老处女凭什么如此关心遗传学问题?”她用优美的文笔写下的充满学术性和科学性的论著，也成为攻击她的理由，认为她在“煽情”；以孟山都为首的一些化学公司自恃有农业部撑腰，带头攻击她是“精神失常的女人”，没有资格写这样的书。为了保护自己的经济利益，杀虫剂生产贸易组织全国农业化学品联合会不惜耗资5万美元，举行大型的公关活动来诋毁卡森的形象。他们雇佣一些丧失良知的文人去污蔑歪曲卡森的观点，宣称卡森的观点是“彻头彻尾的错误”；一些新闻媒体也昧着良心站到了化学公司一边，评论卡森的观点“有许多可怕的一般化和不实之处”。

卡森对来自四面八方的攻击毫不畏惧，以坚定的信念沉着应对。在著名的哥伦比亚广播公司拍摄的纪录片中，她以确凿的证据和无懈可击的阐述，维护了自己的观点，重申滥用农药给生态环境带来的灾难性后果，强调保护人类生存环境的迫切性。

这场争论引起了肯尼迪总统科学顾问的重视，人们要求总统派人调查此事，尽快拿出一份有关杀虫剂危害生态环境的权威报告。论战在激烈地博弈，卡森在顽强地抗争着。不久，总统的科学顾问委员会公布了杀虫剂问题的报告，以确凿的事实证明了卡森的论断——化学物质确实对大自然的生态环境造成了污染，而且人们还在不计后果地大量使用着。政府接受了卡森的“生命是相互联系”的观点，她的努力和不懈斗争取得了胜利，很快，许多杀虫剂的生产、销售及使用都受到了严格的控制乃至禁用。

《寂静的春天》出版几个月后，她的健康状况趋于恶化。1964 年 4 月 14 日，卡森被乳腺癌夺去了生命，时年 56 岁。她虽然没有看到她所付出的努力对今后的环保事业产生的影响和积极作用，但“她的声音永远不会沉寂，她惊醒的是整个世界”。卡森播下的新行动主义的种子，已经深深根植于广大民众的心里。“如果我们不那么疑神疑鬼，不那么蛮横傲慢，而是尝试着适应地球，并以感恩之心对待它，我们就会获得更好的生存机会。”（E. B. 怀特）今天，人类在她逝世后的 21 世纪，一直念念不忘她在环保事业中做出的杰出贡献。1980 年，美国政府追授她“总统自由奖章”，这是美国普通公民的最高荣誉。

2000 年，美国著名刊物《时代》杂志在第 12 期（即 20 世纪最后一期）上，把蕾切尔·卡森评为本世纪最有影响的 100 名人物之一；《区兹堡杂志》评选卡森为“世纪匹兹堡人”之一，赞扬她是现代环境运动之母；在纽约大学新闻学院评选的本世纪 100 篇新闻作品中，她的旷世佳作《寂静的春天》名列第二。蕾切尔·卡森对环保问题的深刻洞察和开创性的观点，对改善环境、实现自然平衡的不懈努力，促成了美国国家环境保护局的建立和“世界地球日”的设立。

“当我们把目光聚集于宇宙中的自然奇观，事物越清晰，我们破坏自然的冲动就会越少。”这是卡森的警世名言，警示我们要永远珍惜自然，敬畏生命。

目 录

Contents

引　言

（蕾切尔·卡森的《寂静的春天》25 周年纪念版简介）

——美国前副总统　阿尔·戈尔

作为一位民选官员，为《寂静的春天》作序令我既受宠若惊又诚惶诚恐，不禁心生卑微之感。蕾切尔·卡森那犹如丰碑般的著作雄辩地证明了一条真理：思想的力量比政治家的力量更强大。1962 年，《寂静的春天》问世，那时，在公共政策的条款中，“环境”一词还闻所未闻。当时在一些城市中，特别是洛杉矶，人们已经开始对烟雾问题有所关注，但这时人们的认知只是停留在烟雾的出现上，而不是烟雾是人类健康的杀手这一深层次的思考上。1960 年，民主党和共和党大会上对资源保护问题有所提及，作为环保主义前身的萌芽，只是在国家公园和自然资源的文本中轻描淡写，一笔带过。当时在一些很难进入公众视野的科技刊物上偶见污染问题被提及，几乎没有人讨论过 DDT 以及杀虫剂、化学药品对人类生存环境构成的严重威胁。这种不易察觉的危害在人类生活中日渐严重，而人们却毫无觉察。《寂静的春天》犹如旷野中一声呐喊，振聋发聩，卡森以她深切的感受、全面细致的研究和雄辩的论点，以经得起历史检验的事实，改写了历史进程。如果没有这部著作，环境运动的进程或许被无限期延长，直到现在恐怕还在娘胎中。

作为一名海洋生物学家，卡森曾一度效力于联邦鱼类和野生生物局。即便如此，那些从环境污染中得到好处的人纷纷起来抵制她和她的书，对卡森群起而攻之，有几家大型化工公司曾试图阻止《寂静的春天》的出版。《纽约客》杂志摘录了此书的片断后，马上有人跳出来横加指责，对卡森进行人身攻击，说她歇斯底里，是个有极端倾向的女人。直到今天，当那些破坏环境的既得利益者受到质疑时，各种谩骂仍不绝于耳。我在1992年参加竞选时，得到一个雅号："臭氧人"。对这种诋毁，我不以为耻，反以为荣。我晓得，有勇气提出这些问题，必然会引起激烈的对抗甚至丧失理性的反应。最后，这本书终于冲破障碍得以出版发行。然而，针对作者的敌对力量也变本加厉，有过之而无不及。

当年，查尔斯·达尔文的《物种起源》出版后，遭到围攻，蕾切尔·卡森一样没有逃脱被咒骂的命运。由于她是女性，她的性别成为非议者攻击的焦点。作为"歇斯底里"的典型，《时代周刊》给她添上了一条莫须有的罪名，指责书中用语"煽情"，诬蔑她是"自然的女祭司"。她遭到蔑视，包括她的科学家声誉也连带受到殃及。反对她的人不惜出资大搞宣传，歪曲事实，将她的研究工作全盘否定。那简直就是一场有足够财力支持的负面宣传运动，当然这并不是针对一位政治候选人，而是针对一本关于环境的著作以及这本书的作者。

在这场激烈的论战中，卡森的决胜权就是她手上的两种决定性力量：对真理的绝对尊重和对事业的绝对执着。她对《寂静的春天》中的每一个细节进行严谨的推敲。过去几年的研究业已表明，她的警告并非空穴来风，她的远见卓识以及非凡的勇气，敦促她下定决心要撼动根深蒂固只图营利的老牌行业，利用对以营利为目的的工业界提出了挑战。在写作《寂静的春天》时，卡森由于乳房肿瘤切除而在巨大的痛苦中煎熬着，同时还在接受放射性化疗。书出版后两年，她因为乳腺癌逝世。发人深省的是，最新研究发现，与有毒化学物质的接触是这种疾病的媒介，因此从某种意义上说，卡森在为她的生命而写作。

她写作的意义不止于此，还具有更高层次的革命性意义，对科学革命早期遗留的陈腐观念提出挑战，即人类（这里主要指男人）是万物的中心和主宰，男人占据了科学史的主导地位，成为一种绝对的权威存在于历史中。作为附庸男人的女人，卡森在以女性的身份挑战这一传统观念时，她首先遇到的是极端的藐视。这一传统的铁杆卫道士罗伯特·怀特·斯蒂文以居高临下的傲慢姿态，用那种怪得离奇的平面地球理论驳斥道："争论孰是孰非的要领在于，卡森女士认为自然平衡是人类赖以生存的根本；而当代化学家、生物学家则坚信不疑地认为掌控大自然的主动权在人类手中。"

今天，当我们举一反三，重新审视这种荒谬的世界观时，发现卡森的观点具有科学的前瞻性。遭到工业利益集团的攻击不出意料；就连美国医学协会也丧失正确的立场，跟化工公司同流合污；那个发明了 DDT 杀虫剂的人竟然站到了诺贝尔奖的领奖台上。

但《寂静的春天》有强大的生命力。虽然书中提出的种种症结问题没有得到重视和解决，但这本书却赢得了人们广泛的关注和热烈的支持。在这之前，卡森凭借《环绕我们的海洋》和《海的边缘》两本书中令人信服的论点征服了广大读者，从而赢得了经济独立和公众信誉。《寂静的春天》出版后的十余年，卡森经历了风风雨雨，毫无寂静一说。比起当初听到或注意到这本书的信息时代而言，近十年来，美国人开始了理性的思考，开始以客观的态度接受本书传达出的信息。从某种意义上说，卡森女士是为这场运动而生。

这场运动的社会效应使得政府和民众都不可避免地卷入其中——这当中有读过本书的人，还有通过报刊和电视节目了解了这本书的人。水涨船高，《寂静的春天》销售量直线上升，达到 50 万册时，哥伦比亚的媒体人率先行动起来，为它制作了一个长达1小时的专题节目。两大出资商为此撤销了对哥伦比亚公司的赞助，但依然挡不住真理的传播。他们顶着阻力继续广播宣传，声音传到了肯尼迪总统的耳中。肯尼迪总统召开新闻发布会，将这本书的讨论提上了议事日程，并指派一个专门调查小组，对书中的结论进行评估。不料，调查结果令人震撼，小组的调查报告成了直接对企业和官僚麻木不仁的指控，高调承认了卡森女士对于杀虫剂潜在危害的警告的正确性。很快，国会举行了听证会，第一批基层环境保护组织顺势而生。

《寂静的春天》犹如播下了一粒新行动的种子，如今成长壮大为历史上最大的群众力量之一。1964 年春天，蕾切尔·卡森逝世，逝去的是她的身体，留下的是她的呐喊，人们终于清楚地意识到，她为大自然的呐喊永远不会沉寂。卡森唤醒的不只是一个国家，还有整个世界。可以说，《寂静的春天》的出版发行，标志着当代环境保护运动拉开了序幕。

《寂静的春天》对我个人产生了深刻的影响。这本书是母亲坚持要我们阅读的必读书之一，读完后还要在餐桌上展开讨论。我和姐姐都不喜欢在饭桌上讨论阅读过的书，但《寂静的春天》却让我们乐此不疲，有浓厚的兴趣谈论这本书，至今仍有愉快的记忆。事实上，在引起我对环境问题的关注以及我投身环保事业方面，蕾切尔·卡森是我的导师。受她思想的激励，我写下了《平衡中的地球》一书。这本书由休顿·米夫林公司出版并非巧合，而是必然。因为这家公司从一开始在卡森的论战中就是她的盟友，并且在这个正确方向的引导下出版了许多与世界面临的环境危机息息相关的好书，为此赢得了良好的声誉。在我的办公室墙上，卡森的照片与政治领袖、总统及总理的照片并列。多年来，她的照片一直挂在那儿，她理应在这些伟人当中。卡森对我产生的深刻影响远超于那些人，或者可以说是那些人的总和。

作为一名科学家和理想主义者，卡森虽然孤独，但却是一个善于倾听的人，这对于那些位高权重的人来说是不可想象的，因为他们根本做不到这一点。在马萨诸塞州的杜可斯波里，有一位名叫奥尔加·欧文斯的妇女曾经写过一封信给卡森，告诉她 DDT 要把鸟类赶尽杀绝，这封信促使她开始构思《寂静的春天》一书。现在，因为卡森的振臂一呼，DDT 已被禁用；由于她对一些物种的高度关注，拯救了濒临绝境的鹰和游隼。也许人类本身的生命，也因为她的著作获得了拯救。

这就不难理解为什么人们将《寂静的春天》和《汤姆叔叔的小屋》相提并论，这两本书都是改变我们社会的扛鼎之作，当然它们之间也存在着巨大的区别。哈里特·比彻·斯陀以戏剧化的形式，将一个众所周知的焦点问题从她刻画的人物形象身上体现出来，她刻画的奴隶形象深刻地揭示了人性的本质，触动了民族的良知。南北战争爆发时，亚伯拉罕·林肯接见斯陀夫人时说：“您就是那位引发整个事件的小妇人。”相比之下，蕾切尔·卡森发出的警告则是人们尚未察觉到的危险，她将这个人们还没有看见的危险努力地提上国家的议事日程，而不是仅仅为已经是事实的问题提供证据。如此看来，她的贡献更加难能可贵。具有讽刺意味的是，1963 年，卡森出席国会作证时，参议员亚伯拉罕·李比克夫用奇怪的语气再现了一个世纪之前林肯总统说过的话：“卡森小姐，您就是引发这一切的女士”。

这两本书还有一个本质的区别，奴隶制是可以在几年内终结的，虽然处理庞杂的后续事宜还需要一个世纪的时间。签署一份文件就可以废除奴隶制，但化学污染却不能靠笔杆子解决，卡森的论辞雄辩有力，美国也采取了行动，实行了对 DDT 的禁令。但环境危机依然严峻，而且大有燎原之势的灾难性后果，或许灾难的发生或增长可以放缓速度，但并不能让人高枕无忧。自《寂静的春天》出版以来，仅用于农场的农药呈倍数增长，达到每年 11 吨的数字，各种危险化学品也与日俱增，生产力达到了 400%。

我们本国禁用了一些农药，但农药生产依然在继续，出口转卖给了其他国家，这是一个严重的道德缺失问题，不是“己所不欲，勿施于人”，而是将自己不愿意承受的灾难转嫁给别人并从中牟利，同时也反映出人们对科学规律的认知还是一片盲区，不懂得科学规律无国界这一基本观念，任何一处的食物链受到污染，必然会殃及所有地方。

卡森是个低调的人，她的演讲活动很少，最后一次是在全美园林俱乐部，在她鲜有的最后几次演讲中，她郑重地告诫人们，事情在趋于好转之前会变得更糟：“问题成堆，我们却没有掌握简单解决问题的办法。”她甚至警告说，我们等得越久，我们需要承担的风险概率就越大。“我们正在经历的，是让整个人类陷入接触化学品的危险之中。动物实验表明，这些化学品的极度毒性会在很多人的体内积累毒素，这种化学品的危害是从人一出生时就开始了，甚至是还没出生时就开始了。如果我们还不采取及时的应对措施，接触化学品所带来的危害会影响我们的一生。没有人可以预料到由此产生的后果，因为我们还没有可资借鉴的经验。”自从她讲了这些话后，一语成谶，我们接二连三地经历很多不幸的例证，那些可能与农药有关的癌症和其他疾病的发病率在人们无奈的目光中一路飙升，令人挠头的是并非我们什么也没做，而是我们所做的还远远不够。

环境保护署（EPA）于 1970 年成立，这在很大程度上归功于蕾切尔·卡森的呐喊，基于她唤醒的对环境的关切意识。农药管理法和食品安全调查局从农业部易位于环保署，农业部所关注的只是在谷物喷洒了农药以后得到的好处，却对潜在的危害掉以轻心。从 1962 年起，国会就一而再、再而三地敦促确立农药的评估、注册信息的标准，但大部分标准根本没有得到应有的重视，都被搁置一旁或破坏了。克林顿-戈尔政府期间，保护农场工人免受杀虫剂危害的标准还没有出台，尽管 20 世纪 70 年代初，环保署就已经“着手制定”了安全标准。像DDT那样的广谱杀虫剂被毒性更强的窄谱杀虫剂替代，后者并没有经过全面的检测以确定它的毒性程度，毋庸置疑，它们存在着相等甚至更大的危险性。

多数情况下，《寂静的春天》所呼吁的保护性措施的推行，竟输给了农药制造工业的鹰派人士，被他们成功地阻止了措施的施行。匪夷所思的是，多年来，这些工业在国会颇受青睐，相对于食品管制和医药法规来说，对杀虫剂、杀菌剂和灭鼠剂而设立的法规标准宽松到疏可跑马，而且国会还故意从中作梗，给这些法规的实施制造重重障碍。在对杀虫剂的安全标准立法的时候，政府考量的并不是它的毒性，而且要把它的经济效益考虑进去。这种啼笑皆非的模糊考量虽然让农业产量增值了（其实农业增产也可以通过其他方式实现），但同时也让更多的人有患上癌症和神经疾病的可能。况且，要想把一种有害的杀虫剂从市场上清除，这个过程没有5至10年的时间是不可能办到的。而一种新型的杀虫剂毒性更强，只要比现在的杀虫剂效果好，就会一路绿灯地获得上市批准。

依我看，这是一种“入鲍鱼之肆，久闻而不知其臭”的寻常状态，现行体制就是浮士德[①]式的交易，牺牲长远利益求得眼前效益，最终以悲剧为代价收场。我们有充分的理由相信，这种短期效益是非常短命的。许多杀虫剂并不能使害虫绝迹，有可能刚开始时有所减少，但害虫会基因突变，从而很快适应环境，使杀虫剂对它无能为力。更何况，我们的研究侧重于杀虫剂对成人的影响而没有考虑孩子受到的影响，其实孩子更容易成为化学药品的受害者。我们只是孤立地研究单个杀虫剂的效用，而忽略了它们之间的有机联系，而多种杀虫剂的联合作用正是潜藏在我们的田野、河流以及牧场中真正危险的事情。事实上，我们正处于一个怪圈当中，这个怪圈就是法律与漏洞并存、执行与拖延同在的体系，用华丽的表面掩盖政策失败的真相。

蕾切尔·卡森留给我们的忠告是，滥用杀虫剂严重背离了我们的基本价值观，使用杀虫剂的最坏结果是制造了“夺命的河流”；最好的情况是造成轻微而迟缓的伤害，几乎得不到长期效益。在《寂静的春天》出版后的22年里，法律、监管和政治体系置若罔闻，反应寥寥。卡森对环境了若指掌，也深谙政界的旁门左道，她对失败的原因早有预知。当时，几乎没有人提及这一特别利益背后的黑幕，那就是金钱与权势沆瀣一气的两大污垢。她在园林俱乐部讲演时指出：“利益……都被那些阻止修改法律的人占尽了。”她一针见血地指责政府降低竞选开支税（本届政府力图废止这一政策）的政策，尖锐地指出，这种减税“意味着化学工业可以合法地以更低廉的成本阻止未来的相关立法……工业界希望以司法豁免权的特殊身份堂而皇之地如愿以偿。”卡森明确预测农药问题与政治问题是孪生污垢，只有理性的政治才是治理污染的唯一出路。

一种多年来努力的失败可以生动地解释为什么其他努力也都步其失败的后尘。结果让人们大跌眼镜，事实既难以接受，也不能否认。1912年，美国使用了22亿磅杀虫剂，相当于人均承受8磅。我们已知，许多杀虫剂是高度致癌的；其他一些杀虫剂会毒害昆虫的神经系统和免疫系统，人类也在受害之列。卡森在她的书中警示道：“我们在地板上打一层蜡，爬过的昆虫立时毙命。”今天，虽然我们已经不再使用卡森描述的那种日用化学品，但仍然有超过90万个农场和6 900万个家庭在使用杀虫剂。

1988年，环保署提供的一份报告说，有32个州的地下水受到74种不同农药的污染，其中除草剂阿特拉津赫然在列，此药剂是致使人类患癌的物质，而在密西西比河流域，每年都有7 000万吨的除草剂播洒在玉米田里，其中有150万磅从径流的渠道进入2 000万人的饮用水源。市政污水处理系统对于阿特拉津形同虚设，根本无法消除它的危害；春天时，水中的阿特拉津含量超过安全饮用水法所规定的标准是一种常态。1993 年，整个密西西比河流域 25% 的地表水都是超标的。

在美国，DDT 和多氯联苯的禁用另有成因，但作为化学物的近亲、可仿效女性荷尔蒙的雌性激素杀虫剂又大量出现了，并由此带来了令人担忧的严重问题。一份来自苏格兰、密歇根、德国以及其他地方的研究表明，这些杀虫剂在人类生育方面有巨大的杀伤力，可引起睾丸癌和乳腺癌，并导致生殖器官畸形。在美国，雌性激素农药在过去 20 年间的泛滥，使睾丸癌的发病率增加了约 50%。有证据显示，由于不明确的原因，世界范围内的精子数已下降了 50%。根据文献记载，这些化学物对野生生物的繁殖力有毁灭性的破坏作用，证据确凿，无可辩驳。有 3 名研究人员对《环境健康研究所期刊》提供的数据进行审阅后得出结论，“许多野生动物正在面临灭顶之灾”。诸如此类的问题都预示着人类和动物的生殖系统面临着不可预测的病变先兆。然而，现行法规的危险性评估并没有考虑这些杀虫剂的潜在危害作用。新政府提出的行政提案建议对此类问题进行研究。

毫无疑问，作为化学品的卫士们会相应地做出传统的反应，诸如：在人类身上的研究并未发现化学物和疾病之间有必然联系的证据；巧合并不等同于因果关系（尽管一些巧合强烈要求做出谨慎的结论，而非仓促的推论）；动物实验对于人体情况并没有绝对的说服力。这一切奇谈怪论都源于多年前蕾切尔·卡森的著作引发的轩然大波，她预料会受到来自化学工业和受其资助的大学校园里的科学家的反击。在《寂静的春天》里，卡森这样写道：“当公众……提出抗议时，只服下了一点半真半假的话作为镇静药片。我们迫切需要结束这种自欺欺人的安慰，结束为虚假的丑恶事实裹上一层糖衣的行为。”

20 世纪 80 年代，尤其是詹姆斯·瓦特执掌内务部及安·高萨奇在环保署大权在握时期，对环境问题的无知是前所未有的。毒害环境的行为竟披上了华丽的外衣，看作是既精明又经济的务实主义的标记。举个例子，在高萨奇掌控的环保署里，杀虫剂的替代方案——病虫害综合治理（IPM）作为一个边缘化的异端为环境保护领域所不容，扫地出门。环保署禁止出版与该计划相关的书籍，IPM 方法的证书失去了法律效力而圈定为非法。

克林顿-戈尔政府一开始就将一个不同观点拿上了桌面，并以壮士断腕的决心扭转杀虫剂污染的现状。我们的政策遵循三项原则：更严格的标准；尽可能少地使用化学品；尽可能地推广使用可替代性生物制剂。

显而易见的是，明智的杀虫剂使用方法应该考虑风险和收益之间的平衡，并且还要把对经济因素的考虑放进来。除此之外，我们还要在原则上对这个范围内特殊利益集团的特殊问题予以充分的重视，标准必须清晰而严格，检测必须彻底而靠得住。长期以来，我们的儿童杀虫剂的残留容忍值一直高于允许值的几百倍。试问，哪一种经济效益可以站出来证明其合理性？我们检测化学品的危害不能只在成人范围内，还要考虑到对儿童的危害；在检测中，我们还不能放过在一定范围的化学品组合效应的检测。检测化学品并非只是为了减少我们的忧虑，更是为了减少我们必然会遇到的令人忧虑的东西。

当一种杀虫剂在特定条件下失效，或没有使用价值时，就应该让它寿终正寝，而不是死抱僵尸不放。必须重视眼见为实的真切利益，而不是在头脑中猜想的、可能的或暂时的效果。

总之，我们最重要的是应该关注生物制剂的发展，尽管它饱受化工工业及其政治辩护人士的诟病。蕾切尔·卡森在《寂静的春天》中提到了“一系列真正奇特的替代物来取代对昆虫的化学控制”。这些出色的替代物如雨后春笋，但众多官员却熟视无睹，生产商也百般抵制，为什么我们不能大刀阔斧地推动无毒物质的代用品呢？

最后，我们必须在农药生产和农业以及公共健康的文化沟壑之间搭建一座桥梁，这两个群体的文化背景不同，受教育的背景不同，持有的观点也不同。只要他们守住怀疑和憎恨的鸿沟对峙，我们要想改变一个生产和利润依赖污染的体制，难乎其难。但有一条可行性的途径使我们看到了一线曙光，使我们看到了结束这种体系的可能性，并能弥合这种文化鸿沟——让基层的农业推广站承担起普及化学品的替代方案，还有一个办法就是，让食品生产者和保护我们健康的机构进行有效的、持续的协商对话。

在克林顿-戈尔政府处理杀虫剂的新政策中，许多人踊跃地参与了这一工作，其中起到重要作用的或许是一位女性。1952 年，她从一个中级职务上辞职，这是她在政府机关工作的最后一年，她辞去职务是为了有时间全身心地投入写作，不再只是从周末或晚上挤时间。蕾切尔·卡森的精神几乎涵盖了本届政府所有重要的环境会议。我们还做不到她所期待的一切，但我们正在朝着她期待的方向前进。

1992 年，《寂静的春天》荣膺 20 世纪后半叶最有影响力的著作名次，这是由一个杰出的美国人组成的小组评选出来的。在经历了多年的风雨和政治辩论后，这本书冲破了自满情绪发出理性的声音，不仅将环境问题引向政府和工业界的关注范畴，而且唤醒了民众强烈的环境意识，同时，它将民主体制赋予拯救地球的责任之中，即使政府迟迟没有行动，觉醒的民众也会纷纷起来抵制农药污染，目前，食品推销最有力的手段就是降低食品中的农药残留，并且这已成为公众道德上的责任。政府必须采取行动，人民也要时不我待，做出正确的决定。我相信，人民群众不会再纵容政府的不作为，而是要对政府的错误决策零容忍。

蕾切尔·卡森的影响力已经超越了《寂静的春天》里所提及问题的疆界，她为我们树立了一个基本观念，我们所犯的错误使这个观念在现代文明中丧失殆尽，她让我们重拾这个观念，那就是：人与自然的和谐相处。《寂静的春天》犹如一道耀眼的光芒，将我们这个时代最重要的问题呈现出来，使我们认识到“责任”二字的分量。在《寂静的春天》的最后几页中，卡森援引罗伯特·弗罗斯特诗歌里的名句“人迹罕至的路”，隐喻我们面临的选择。现在，已经有人尝试着踏上这条路，但却鲜有人能像卡森那样呼唤整个世界在这条路上一路同行。她的艰辛，她揭示出的真理以及相关的科学研究，不仅是对限制农药使用的有力论据，也是凭借个人孜孜不倦的努力影响重大问题改变的有力明证。

【注释】

①浮士德：德国歌剧，作者为歌德，创作于 1808—1831 年，取材于民间传说。浮士德博士在魔鬼靡非斯特的引诱下，将灵魂卖给了魔鬼，在经历了书斋、爱情、宫廷、美的梦幻历程后，在生命最后一刻领悟了人生的意义。

作者致谢

1958 年 1 月，我接到了一封奥尔加 · 哈金丝写给我的信，信中谈到了一件令她痛苦不堪的事情，在她生活的小镇上，那儿的环境已趋于一片死寂。这触发了我的思绪，我的注意力转向了一直关注的问题上。于是，在经过深思熟虑之后，我意识到写下这本书已是刻不容缓。

从那时起，我有幸得到了来自四面八方的帮助和鼓励，在这里我无法将他们的名字一一列举。我只能说，那些坦诚无私与我分享他们多年经验和研究成果的人们，来自社会的各个领域，有的来自美国和其他国家的政府部门，有的来自大学和研究机构，还有许多专业人士，以及对这些社会问题怀有责任感的人，在此我谨表示诚挚的谢意，对他们在时间和思想方面的慷慨付出，深表谢意。

另外，我还要特别感谢那些肯把时间花在本书手稿的阅读，并运用专业知识给予建议和批评的人士。虽然，我将对本书的准确性和可靠性承担全责，但如果缺少了专家们的鼎力相助，我将一事无成，这本书的完成只是一个愿望而已。他们是梅药医院的医学博士 L. G. 巴塞洛缪，德克萨斯大学的约翰 · J. 比塞尔，西安大略大学的 A. W. A. 布朗，康涅狄格州韦斯特波特的医学博士莫顿 · S. 比斯金德，荷兰植物保护局的 C. J. 布列吉，罗布和百西韦尔德野生生物基金会的克拉伦斯 · 科塔姆，克利夫兰医院的医学博士小乔治 · 克瑞尔，康涅狄格州诺福克的弗兰克 · 艾格乐，梅约医院的医学博士马尔科姆·M.哈格雷夫斯，国家癌症研究所的医学博士W.C.休珀，加拿大渔业研究季员会C.J.克斯·维尔，荒野学会的奥劳斯·穆利，加拿大农业部的A.D.皮克特，伊利诺伊州自然历史考察委员会的托马斯·G.司各特，塔福特公共卫生工程中心的克拉伦斯·塔兹韦尔和密歇根州立大学的乔治·J.沃拉斯。

任何一个作者写基于大量事实的书，必须依赖图书管理员的专业技能与热心帮助。在这方面我同样获益颇多，我尤其要感谢内政部图书馆的艾达·约翰斯顿和国家健康研究所图书馆的西尔玛·鲁宾逊。

作为本书的编辑，保罗·布鲁克斯多年来以一以贯之的态度给予我坚定的支持和鼓励，为了配合我的写作进度，一而再、再而三地推迟他的编书计划。他为我所做的一切，以及他精湛的编辑技能，都值得我永远心存感激。

在搜集纷繁而数量庞大的资料时，多萝西·阿尔吉·珍妮·戴维斯和贝特·哈尼·达尼夫都做出了功不可没的贡献。如果少了我的管家艾达·斯波的悉心照顾，我也许不能完成这本书的写作，因为有时处境的确首尾难以相顾。

最后，我由衷地感谢那些与我素昧平生的人，正是他们使得这本书的价值得以体现。他们义无反顾地反对那些不计后果、不负责任地毒害人类及其他生物共享世界的行为，为保护人类和其他生物的共同家园而战斗。他们的善举终将赢得最后的胜利，并使我们重获理智与常识，使我们与世界和谐相处。

蕾切尔·卡森

第一章　明天的寓言

曾经，在美国中部有一个城镇，生活在这里的所有生物都与周围的环境相处很融洽，在城镇的周边，欣欣向荣的农场比比皆是，星罗棋布的田野生机盎然，连绵不断的果园终年香飘万里。春天繁花似锦，烂漫的山花点缀在绿色的原野上，像轻柔的云朵飘荡；秋天，橡树、枫树和白桦树迸射出火焰般炫目的光辉，透过松林的绿色蔓萝，闪耀着五彩斑斓的色彩。在小山上，可以听到狐狸欢乐的叫声，小鹿悄无声息地游走在田间，它们轻捷的身影在笼罩着秋天的晨雾中若隐若现。

紧傍着小路生长的月桂树、荚莲花和赤杨树，还有盘曲缭绕的蕨类植物和目不暇接的野花，在一年当中的大部分时间，它们靓丽的身影每每叫路人驻足，恋恋不舍。即使在冬天，道路两旁也是个美丽而温馨的地方，小鸟一拨又一拨地飞来，叽叽喳喳地闹成一片，啄食从雪层中露出的浆果和干草的穗头。事实上，这个村镇之所以名声在外就是因为鸟类繁多，在春天和秋天这样的迁徙季节，数不胜数的候鸟蜂拥而至，人们不惜长途跋涉，为的是一睹蔚蔚群鸟的芳容。也有些人是为了捕鱼而来的，这儿溪水澄澈，山涧清泉潺潺流出，形成一汪汪绿莹莹的池塘，鳟鱼在浓荫掩映的池塘里游弋。这个城镇的自然景观一直都如此美丽怡人，直到有一天，第一批移民来到这里，他们在这儿挖井筑仓，推土盖房。

镇上来了这些移民，一种奇怪的力量仿佛跟着他们的脚跟来到了这里，阴影开始笼罩这个地区。一切都以无法接受的方式侵袭着人们的生活，一种邪恶的力量改变了这儿的一切，他们不寒而栗：猝不及防的瘟疫袭击了咯咯乱跑的小鸡，成群的牛羊接二连三地死去。死亡的阴影像恐怖的恶魔在这个城镇到处游荡，农夫们议论着他们家人那莫明其妙的病情，城里的医生束手无策，对他们的病人中出现的病症大为困惑。疾病袭击了成年人，孩子更是不堪一击，死亡天使忙碌起来，就在这些孩子活蹦乱跳玩耍时，突然倒地不起，并在几个小时内不治身亡。

令人窒息的寂静笼罩了这个地区，往日那么多的鸟儿去了哪里？人们在谈论着鸟儿，困惑而惊恐不安。园后鸟儿觅食的地方弥漫着死一般的沉寂，零零星星看到的几只鸟儿也都奄奄一息，它们可怜地颤抖着，再也飞不起来。这是一个悄无声息的春天。曾经，春天每天清晨都是鸟儿们的声乐盛会：知更鸟、猫鹊、鸫鸟、鸽子、松鸦和鹪鹩，站在露珠闪耀的枝头此伏彼起地唱和，其中还伴有其他鸟类的鸣唱声浪；而现在，这一切都消失了，仿佛人间蒸发，无影无踪；田野、沼泽、林间，到处弥漫着死一般的寂静。

农场里幸存的母鸡仍然在履行孵窝的职责，却不见一只小鸡破壳而出。农夫们怨声载道，说他们无法继续养猪了，新生的猪仔都像近亲繁殖的一样，又小又瘦，而且活不了几天就一命呜呼了。苹果树虽然开花了，但不见一只蜜蜂飞来采蜜，没有授粉的苹果花结不出果实。

道路两旁，曾经迷倒众多路人的地方，现在宛如一场劫难过后的废墟，焦枯的植物像被火烧过一样，狼藉一片，没有了生命迹象。甚至小溪也失去了往日的活力，看不见一尾鱼儿在游动，捕鱼人也不来了，因为无鱼可钓了。

屋檐下的水槽中，房顶的瓦板之间，一种白色粉粒末还残留着明显的斑痕。几个星期以前，像细雪一样撒落的白色粉末纷纷扬扬地落满了屋顶、草地、田野和溪流。

这不是魔咒，也不是凶残敌人残酷的围剿，这个被剿灭的世界里的生命无法重生，一切都是人类的罪过，摧毁了自己和其他生物共同的家园。

这个城镇是虚拟的，并非真实存在，但在美国或世界上的任何一个地区，很容易就可以找到这个虚拟城镇的翻版。我知道，我所描述的这个遭到毁灭性灾难的地方还没有发现，但其中一部分灾难已经在某个地方开始显现，有些村庄正在蒙受诸多灾难。一个令人毛骨悚然的幽灵正在不动声色地向我们逼近，这个想象中的悲剧正在加快步伐把想象变为众所周知的现实。

是什么使得美国乡村城镇的春天变得鸦雀无声了呢？春天之声在哪里？本书将试图给出一个明晰的答案。

第二章　忍耐的义务

地球生命的历史就是一部各种生物与周围环境相互作用的历史，很大程度上来说，环境就像一个温床，造就了地球上的动植物形态与习性。就地球的全部时间而论，生物对环境的反作用一直微乎其微，直到有一天，地球上的新物种——人类诞生以后，作为有灵魂的人类生物，具有了改造自然的特殊能力。尤其到了20世纪，人类充分获得了改变世界的异常能力。

在过去四分之一时间里，人类像喝了春药一样，这种能力从量变到质变，强大到怪异的程度，对地球的骚扰无所不及其能，总要把地球搞到鸡飞狗跳的地步。在人对环境最不可理喻的侵犯中，最令人震惊的是空气、河流、土地和海洋遭到了致命的危害，那些致命物质的侵入，使受到污染的地方再也不能恢复元气。这些物质无孔不入地进入了生命赖以生存的大自然，而且在生物组织中引发了一系列邪恶的环链负面作用。从根本上来说，已无逆转的可能，就当前普遍遭到污染的环境中，大自然生命进程的改变已没有退路地承受着化学药品的危害，这种危害可以与放射性危害齐头并进，扮演着摧毁大自然的首恶角色。核爆炸释放出的锶90会通过雨水落入土壤，或以放射性尘埃的形式撒向地面，进入草地植被、谷物和小麦中，甚至不断侵袭到人的骨髓并在那里无限期地停留，直至生命唱衰。同样的道理，撒向田野、森林和菜园的化学药品也会在土壤中无限期地停留，然后在条件成熟时悄无声息地进入到生物组织中，并由此进入了它最合适的位置，在偶然中毒和死亡的环链中周而复始，并不断地延伸到转移和传递的环节。它们有时跟地下水混在一起神出鬼没地转移，等它再次现身时，空气和阳光的作用又会给它另一个身份，变成另一种形式，这种新物质是冷酷的杀手，可以使家畜和植物受到致命伤害，有些人长期饮用肉眼看似纯净的井水，不知不觉地受到莫明的伤害。正如阿尔伯特·施韦策所说："人类恰恰辨认不出自己创造出来的魔鬼。"

地球经过了几百万年的演变，从无到有，衍生了各种生物，经过不断发展、进化的生命，与周边环境物竞天择，形成一个协调平衡的状态。经过复杂而严格的筛选后，各种有利和不利的因素胶着地存在于塑造并支配生命的环境中。一些岩石会放射出危险的射线，甚至在人类生存不可或缺的太阳光中也隐匿着可以造成伤害的短波辐射。生物与自然环境要调整到平衡状态，这需要时间来说话，不是以年计，而是以千年计。时间是一个最基本的因素，但是现代社会变化之快已没有时间来调整了。

自然界的演进无一不充满出神入化的精妙，人类轻率而鲁莽的脚步越过了大自然那从容娴静的步态，新情况产生的速度变化之快可谓日新月异。远在地球上还没有任何生命出现以前，基本辐射就已藏身于岩石之中了，宇宙射线、太阳光紫外线等各种辐射应有尽有；现在的放射作用是新的非自然辐射，这是人们为了干预原子活动时人工创造的。生物进化本身在适应环境的调整中所遭遇到的化学物质，早已远远超过了从岩石中冲刷出来和随着江河流入海洋的钙、硅、铜以及其他矿物质，加入这股污染流的还有人们用聪明的大脑在实验室创造的合成化学品，自然界还没有进化出对付这些物质的对应物。

纵观整个大自然，适应这些化学物所需的时间是一个漫长的自然历史过程，决非人生短短几十年能解决的，需要历经许多代人。即使由于某些偶然的奇迹促成了这种适应，老实说，也是隔靴搔痒，对问题的解决无济于事，因为新的化学物象不可遏止地从我们的实验室涌现；单是在美国，每年几乎有500种化学合成物投放市场，在应用领域广泛使用。这是个令人震惊的数字，而且更危险的是我们对其后果不甚了解，搞不清楚是凶是吉，是福是祸。这意味着，人和动物的身体每年需要适应500种这样的化学物质，这已大大超过了生物进化的极限。更要命的是，这些物质的未知含义很强，都是自然界的生物未曾经历过的。

有许多人将这些化学物质投入人与自然的斗争中。20世纪40年代中期，人类创造化学物品堪称神速，有200多种化学药物问世，作为对付昆虫、野草、啮齿动物的利器，并且还对一些现代日常用语称之为“害虫”的生物具有杀伤力。所有这些化学品都有数以千计的品牌。

几乎所有的园林、农场、森林以及住宅，都普遍采用了这些喷雾药、粉剂和气雾剂，这些未经选择的化学药物对一切生物都有威胁，可以杀死“好的”和“坏的”昆虫，它们的力量可以使鸟儿不再唱歌；使鱼儿不再在水里游动，一层致命的外衣覆盖在树叶表面，并长期存留在土壤中。这一切不计后果的行为都仅仅是为了清除少数杂草和昆虫。谁敢说在地球上施放一层毒药，不会对生物产生危害？这些物质最名副其实的称谓应该叫“杀生剂”，而不是“杀虫剂”。

喷洒农药已经进入一个怪圈。自DDT（化学名为“双对氯苯基三氯乙烷”）被公开应用以后，这个恶性循环就开始了没有尽头的螺旋式上升运动。昆虫成功地印证了达尔文适者生存的理论，通过高级进化产生了抗药性。因此，人类就需要毒性更强的化学药物，之后，昆虫再次免疫，于是又发明出更强毒性的新药。所有这一切倒逼人类不断陷入发明更新更毒药物的怪圈，后者常常死而复生，有更强的适应性，往往是经过喷洒农药以后，卷土重来的昆虫数量比以前更多。因此，人类根本不可能成为化学药品之战的赢家，反而是让所有生物都卷入了这些残酷的交火中。

核战争可以毁灭人类，与毁灭同时存在的便是我们这个时代的另一个核心问题，那就是：整个自然环境已经陷入具有强大杀伤力的物质的普遍污染中，这些有害物质在植物和动物的组织里乐不思蜀，滞留不去，甚至得寸进尺地渗透到生殖细胞中，成为破坏或改变决定未来形态的遗传基因的杀手。

一些怀有人类未来工程师梦想的人，希望有一天能设计出随心所欲改变人类遗传细胞的原生质，现在歪打正着，我们可以轻松做到他们想入非非的事情，比如我们可以疏忽大意让许多化学药物进入我们的生活，化学物质会像辐射一样导致基因突变。具有讽刺意味的是，选择杀虫药竟能决定人类的未来，这个看似微不足道的举动却达到了匪夷所思的目的，真是令人不胜悲哀。

诸如此类的冒险我们都亲身尝试过了，为什么会这样？也许将来的科学家在揭开这个谜底之后，会因为我们当初在权衡利弊时表现出来的扭曲判断力大为震惊。理性的做法是尽最大可能控制可要可不要的物种，为何我们为了控制一小部分不喜欢的物种，就采用这种得不偿失的既污染自然环境又对自身生存造成毒害甚至死亡的方法呢？不可推诿的是，我们真的这样做了，如果问我们为什么要这么做，追究其原因也没有用。我们的冒失在于，有时候还没有搞清楚事情的原委就开始了行动，专家说，为了保证农业增收，得大量使用杀虫剂，问题是，我们的错误恰恰正是“生产过剩”，即便我们的政策没有考虑对农作物面积减少而增加农民补贴，使其不再生产，我们的谷物收成仍然有惊人的过剩产量。这还带来了一个不愉快的后果，在 1962 年的一年当中，美国的纳税人不得不付出十亿美元的钱用作储囤费用。农业部的一个部门试图减少产量时，另一个部门唱起了反调，在 1958 年宣称：“通常，农业银行规定减少作物面积会刺激农业化学药品的使用，农业以求在现有耕地面积获得最高的产量。”既然是这个事实，我们的担忧对状况的改善起不到任何作用。

这并不是说，没有必要控制害虫的危害了，我是说，控制手段必须基于现实，而不是立足于神话般的主观臆想，并且还要有严格的使用规范，不能在消灭有害昆虫的同时把人类也送进地狱。

试图解决一个问题却随之伴生了诸多灾难，这是我们现代生活方式的伴生物。远在人类还未出现之前，昆虫就已经活跃在地球上了，这是种类繁多而且适应力极强的生物，在人类出现以后，50 多万种昆虫中一小部分开始与人类的福祉发生冲突：一是与人类争夺食物；一是成为传播疾病的媒介。

当人们生活在拥挤的空间里时，首当其冲的是卫生问题，恶劣的卫生状况给昆虫传播疾病创造了条件。如果我们遇到了自然灾害，或者适逢战争时期，或者由于极端贫困蒙受了巨大损失，在这些时期内，很有必要对携带病毒的昆虫进行有效的控制。不久的将来，我们会看到一个事实，滥用化学药品控制只是取得了皮毛上的胜利，真正输到底的是我们试图改善的现状遭受到更加严重的威胁。

在原始农耕时期，很少遇到昆虫和农夫纠缠不清的事情。所以我们有理由认为，昆虫问题是随着农业发展而产生的，大面积耕种单一作物的耕种方式成了昆虫滋生的温床，为昆虫数量猛增提供了条件。单一的农作物耕种方法只在工程师眼中是合理的，实际上这是违反自然发展规律的。自然界孕育了千姿百态的物种，而人类却热衷于简化它。因此，人类不惜劳神费力为的是干一件蠢事，毁掉大自然的平衡和制约格局，而大自然正是依赖这些平衡机制恰到好处地控制各种物种，适宜某个物种生存的面积就是一个自然格局对一种生物栖息地的限制。比如，在一片专门种大麦的田里，食麦昆虫在田里的繁殖数量会很快，而在大麦与其他作物掺杂混种的农田中，食麦昆虫的数量会受到控制，因为它不能适应这片农田。

类似的事情同样会发生于其他情况下。在上一代人或更久以前，在美国的大城镇街道两旁，高大的榆树浓荫匝地。而现在，他们满怀憧憬的美丽景色到了末日，一种甲虫携带的疾病摧残了所有榆树。如果当初将榆树与其他树种掺杂混种，榆树与其他植物就会相生相息，安然共存，甲虫的蔓延和大规模的繁殖都会受到有效的限制。

简单地讨论现代昆虫的问题显得底气不足，其中有一个重要因素得考虑进来，那就是必须在地质历史和人类历史背景下进行考量：数以万计的生物种类从它们原来的生存环境向其他区域入侵扩张。英国生态学家查理·艾尔顿在他的最新著作《入侵生态学》中研究了这种世界性的迁徙，生动地描述了这场全球范围的昆虫活动。在几百万年以前的白垩纪时期，海水惊涛骇浪，切断了大陆之间的陆桥，各种生物发现它们与世隔绝了，被困在了如艾尔顿所说的“巨大的、隔离的自然保护区”中，由于被困在了孤岛上，为了抵抗绝种，它们繁衍出许多新的种属。历史的脚步走到了约 1 500 年前，一些大陆板块与过去断裂的地方重新与新的板块联结上了，这些物种便蜂拥而入，迁移到新的区域。这一生物运动一直延续至今，而且还多了人类这个帮手。

从植物引进可以追溯到当代昆虫种类传播的成因，因为自然界有一条定律，动物永远是追随植物的迁移而迁移，人类兴起的检疫制度并不能动摇动植物迁移的规律，要有效地杜绝动物传播疾病，检疫手段的力量有限得很。单是在美国，植物引进署就从世界各地引入了大约 20 万种植物，美国的 180 多种植物害虫中大约有一半是意外地从国外带进来的，它们附着在植物上，就像步行的旅人乘坐公交车或搭乘别人的车，以合法公民的身份入境。

那些动植物在它们的原生地数目不断下降，一旦到了新的安居点，由于躲开了故乡自然界的天敌，它们不受限制地大量繁殖，日益蓬勃兴旺。因此，我们面临的最可憎恶的昆虫种类传入的威胁，并非偶然事件。

无论是自然发生的入侵，还是仰仗人类帮倒忙，越境运动很可能无休止地持续下去。检疫和大量使用化学药剂只是赢得时间上的胜利，但代价昂贵。我们面临棘手的局面，艾登博士一语中的，说得再中肯不过了：“生死存亡的问题不是迫切地翻箱倒柜找出抑制这种植物或那种动物泛滥的科学技术手段，而是需要把动物繁殖和其周围环境的关系底细摸清楚，只有这样，才能‘促使平衡关系的建立’，才能封锁虫灾的爆发力量和新物种入侵的防线。”

对于现在可以实际应用的知识，我们都有所掌握，但却没有加以利用。我们的大学有杰出的生态学专家，政府部门也有他们的一席之地，但我们却无视他们提出的建议，充耳不闻，我们好像再也找不出更好的办法，只能任其化工药剂像下雨一样洒落。事实上，我们手上有很多办法，只要机会得当，凭借我们聪明的大脑，发现更多更好的解决办法不在话下。

是不是我们已经鬼迷心窍？不能运用智慧判断“什么是好”的意愿；是不是我们的意志已经崩溃，只能逆来顺受接受低劣有害的事物？生态学家保罗·舍帕德评价这种思维就是“脑袋一旦露出水面就感觉好极了，殊不知，环境的灭顶之灾只在旦夕之间……我们凭什么要忍受带毒的食物？难道我们的家庭命中注定就该处在这样四面楚歌的环境中吗？我们干嘛要和那些算不得是敌人却威胁着我们的人生活在一个屋檐下？为什么我们要一面如履薄冰地谨防精神失常，一面又要忍受汽车那令人发疯的噪音？难道我们就该苟且偷生地活在这个只能算是活着的世界上？”

一个绕不开的问题是，我们面对的正是这样一个世界，用化学方法创建一个无菌世界的十字军运动正在步步逼近，因为很多专家和大部分管制机构因为狂热而躁动起来，显而易见，从很多方面露出的马脚可以看出，忙于热心推广药物的工作借助了残忍的力量，那就是滥用权力。康涅狄格州的昆虫学家尼勒·特纳说：“那些负有监督责任的昆虫学家好像是公诉人，同时还身兼法官、陪审员、估税员、收款员和司法长官的角色，方便他们名正言顺地执行自己发布的命令。”事实上，不管是在州政府还是联邦政府机构中，肆意滥用职权庇护农药使用的恶劣行为都是一路绿灯，畅通无阻。

我并不是绝对地反对施用化学杀虫剂。我要指出的是，任意地将有强大毒性和对生物有效力的药物不分白碧青蝇，一并交到人们的手中，而他们又是“药盲”，对这些药物的潜在危害一无所知。我们让太多的人接触这些毒药，事先并没有征得他们的同意，甚至不让他们知道底细。《权利法案》没有明文规定公民有权保护自己免受致命毒药的危险，无论是老百姓还是政府官员，一概如此。这说明，我们的先祖虽然聪明，却没有远见卓识，无法预见今天遇到的问题。

我还要坚持强调一点，我们放任这些化学药物的使用，却不能棋高一着地对它们在土壤、水、野生生物及人类自身产生的效果进行调查。我们对孕育万物生命的自然界没有足够的重视，没有负起保护的责任，我们的子孙后代恐怕不会甘心情愿地宽恕我们。

自然界所受的威胁到底有几多，目前尚未完全了解，人类对自然界的潜在威胁知之甚少，或者说有意要鼠目寸光，不愿意去了解或接受更广泛的层面。现在是专家大行其道的时代，这些专家们只晓得和眼皮子底下的问题较劲，而对裹挟在大问题中的小问题是否需要解剖麻雀，却没有兴趣过问。现在又是一个受工业主宰的时代，为了赚钱而不惜代价是硬道理，没人会质疑。当公众看到使用化学药物带来的危害有了明确的证据而提出抗议时，就会有半真半假的镇静药片给他们服下。我们急切地需要结束这些伪善的安抚，剥去包在坑人的虚伪保证外表的糖衣。那些除虫者搞出来的祸事，现在全部转嫁在民众身上，由民众来承担。人们必须拿出态度来，决定是沿着这条路盲目地走下去呢，还是了解了所有事实以后再行动呢？吉恩·罗斯坦德说得有理：“既然我们忍受了那么多的痛苦，我们就应该对真相有知情权。”

第三章　死神的催命符

现在的事实是，每个人在娘胎里还未出世直到死亡，都不得不接触化学药品，这个现象在世界史上是头一遭。化学药物投入使用不到20年，就已经在生物界和非生物界折腾得沸沸扬扬，遍及世界每个角落，可以说无处不在。从大部分重要水系甚至肉眼看不见的地下潜流中，都已发现了化学药物的残迹。早在十几年前使用过化学药物的土壤中，药物残留的余毒比比皆是。它们可以侵入到鱼类、鸟类、爬行类、野生动物及家畜的身体中，并在它们的躯体内潜伏下来。在进行动物实验时，科学家无计可施，叹息如今要找个没有受污染的实验物几乎不可能了。在遥远的偏僻山间湖泊中的鱼儿，在泥土中蠕行的蚯蚓体内，在鸟儿生的蛋中以及人体中，都发现了化学药物的存在。如今，这些药物无孔不入地贮存于人体内，不管你是老还是少，体内都有化学药物残留。它们还侵入母亲的奶水中，更可怕的是很可能出现在尚未出世的婴儿体内的细胞组织里。

生产具有杀虫特性的人造化学品工厂迅速突起，造就了化学药物行业乱象丛生。迅猛扩张的工业作为第二次世界大战的产物，在研制化学武器的过程中，发现实验室的一些化学药物对杀死昆虫有特效。这一发现并非偶然，代人受过的昆虫一向作为人类死亡的“替罪羊”，普遍用于人类化学武器的试验。

这种发现的结果导致人类源源不断地生产合成化学品，汇成一股杀虫剂的溪流，在制造过程中，通过操控分子、替代原子、改变排列，科学家们那一双巧手创造出了不同于战前时期的无机物杀虫剂。以前的药物原材料源自天然生成的矿物质和植物——砷、铜、锰、锌以及其他无毒的化合物，驱虫粉来自于菊花，烟草的某些属性中的尼古丁硫酸盐，还有来自东印度群岛的豆科植物鱼藤酮。

新的杀虫剂与众不同，它的厉害之处在于具有强大的生物影响力，不仅毒性超强，而且可以进入人体，并且使某些重要的生理机能产生恶性病变，这样一来，正如我们所看见的，保护我们身体免受伤害的酶被它摧毁殆尽，它一路杀入我们身体的各个器官；阻碍人体获取能量的氧化过程；影响各个器官发挥正常作用；还悄然地产生缓慢而不可逆转的细胞病变，使其状况恶化。

即便这样，每年都有更新、杀伤力更大的新化学药物问世，科学家为它们设计了更广泛的用途，这就使得这些药物拿到了遍及全世界的通行证，无所不能地接触着社会。1947 年，美国的合成杀虫剂产量为 124 259 000 磅，到 1960 年，这一数字增长了 5 倍，飙升至 637 666 000 磅。这些产品的批发价超过 2.5 亿美元，经济利益颇丰。然而，从化学工业的计划及远景来看，这一庞大的产量只是一个开头。

因此，了解这些与我们生活休戚相关的化学药品很有必要，如果我们每天都跟它们亲密接触，吃的、喝的都有它们的身影，甚至连我们的骨髓中都也有此类药物，那么最好对它们的物性和药力做到心中有数。

第二次世界大战给化学药物的身份创造了一个奇观，杀虫剂由无机化学药物转化为碳分子，虽然一些旧有物质还在继续使用，但砷作为主要物质，仍在杀虫剂的制造中担当主角。作为杀虫剂的基本成分，砷是一种毒性很强的无机物质，在各种金属矿中的含量都高居榜首，而在火山、海洋、泉水内含量却微乎其微。砷与人类的各种关系由来已久。因为很多砷的化合物都有无味的特点，所以远溯波吉亚家族时代[①]直至今天，砷一直是杀人无痕的首选。砷存在于烟囱的煤灰里，大约两个世纪之前，一位英国医师从煤灰中发现并鉴定出来。它与一些芳香烃一样，具有致癌的基本物质。此外，长期以来人类慢性砷中毒的流行病也有案可查，在被砷污染了的环境中，马、牛、羊、猪、鹿、鱼和蜜蜂等动物也遭受池鱼之殃，或患病或死亡；尽管这些记录赫然入目，但含砷的喷洒剂、粉剂仍然有长盛不衰的市场，人们还在广泛使用。在美国南部，含砷的喷雾剂在产棉地区使用后，蜜蜂养殖业几乎全部破产，那些长期使用砷粉剂的农民难逃厄运，被慢性砷中毒折磨得生不如死，牲畜也因为接触含砷的田禾喷雾剂和除草剂中毒。从蓝莓地飘来的砷药粉剂散落在邻近的农田里，污染了溪流，致命毒药使蜜蜂、奶牛以及人类染上了疾病。环境致癌研究权威机构——全国防癌协会的休伯博士说："近年来，在处理含砷物方面，我们国家对公众健康安全更加漠视。凡是看到过砷杀虫剂撒粉和喷雾器操作的人，都会为他们如此轻率地不拿自己的生命当回事的行为而瞠目结舌，震惊得难以忘怀。"

现代杀虫剂比旧有杀虫剂的毒性更加致命。大部分药剂的类别不外乎两种，一类是以 DDT 为代表的"氯化烃"；另一类的构成成分是有机磷杀虫剂。以较为熟悉的马拉硫磷和对硫磷为代表，它们都有一个共同点，如上所述，它们的主要成分都是碳原子。碳原子是生物世界不可或缺的"叠乐高"，这样它的身份就被划为"有机物"了。为了摸清它们的来路，我们有必要弄清楚它们的主要成分是哪些物质，以及它们又是怎样转换身份，被改变为致死药剂的（虽然这与一切生物的基础化学相联系）。

基本元素——碳，碳的原子几乎无所不能，能够任意组合链状、环状及别的构型，还能不分种族与肤色与其他物质天衣无缝地连接起来。天下之大，无奇不有，从细菌到巨大的蓝鲸，自然界各类生物的多样性正是源于碳的这种特性。如同脂肪、碳水化合物、酶、维生素的分子一样，复杂的蛋白质分子也正是以碳原子为基本成分的。同样，很多非生物也是如此，所以碳未必一定是生命的象征。

某些有机化合物成分异常简单，只是碳与氢的组合，化合物中最简单的就是甲烷，也称沼气，它的形成就是由自然界中浸入水中的有机物质的细菌分解而成。甲烷若与比例适当的空气相遇，就会变成煤矿中可怕的杀手——瓦斯。它的结构简约美观，只是一个碳原子和四个氢原子的简单结合。

科学家发现，掐掉一个或全部氢原子，可以用其他原子替代，例如，用一个氯原子取一个氢原子，就可以完成氯化甲烷的制作：将三个氢原子替换成氯，我们便得到了麻醉剂氯仿（三氯甲烷）。如果把所有的氯原子替换成氢原子，就会生成四氯化碳，就是我们日常生活中最常见的清洁液。

简单来说，围绕基本的甲烷分子的任意变化，解释了氯化烃的构成。可是，这种简单的术语解释远不能说清楚烃的化学世界的真正复杂性，对于有机化学家赖以创造的无穷变化的物质，也只是一个轻微的暗示。化学家的丰富手段足以操作许多碳原子组成的碳水化合物分子，而非单一碳原子的甲烷。这些碳化合物不光由许多环链组成，还有侧环和侧链。连接它们的化学键并不只是氢原子或氯原子，还有各种各样的化学官能团，只要外表看似有微小的变化，它的物质特性随之彻底改变。例如，不仅是碳原子上附着什么元素至关重要，而且连键的位置也很考究，如此精妙的天作之合足以催生出一组具有非凡杀伤力的毒剂。

1874 年，一位德国经学家首次合成了 DDT（二氯二苯三氯乙烷的简称），直到 1939 年，人们才发现它还具有杀虫剂的功用。DDT 顿时身价百倍，赞誉声随之而来，被捧为害虫传染之疾病的终结者，可以帮助农民在一夜之间转败为胜，除灭害虫。DDT 的发现者，瑞士人保罗·穆勒因此获得诺贝尔奖。

现在，DDT 被人们广泛接受，应用于日常生活中，大多数人认为这是一种无害而平常的产品。它的无害化神话起源来自二战时期的一个事实基础，当时，成千上万的难民、士兵和囚犯因为卫生条件恶劣而生了虱子，人们将喷撒粉剂撒在身上对付虱子，人们那么亲密地和 DDT 接触，并没有产生直接的危害，所以形成了根深蒂固的无害化印象。这样的误解基于以下认识：与别的氯化烃药物不同，粉状的 DDT 不易透过皮肤吸收。如果 DDT 溶于油剂使用，它的有毒性就会暴露无遗。如果吞咽下去，它会通过食道慢慢吸收，还可以通过肺部吸收。它进入体内后，会大量存留在富于脂质的器官内（因为它本身是溶于油脂的），如肾上腺、睾丸、甲状腺。相当一部分会留存在肝、肾以及包裹着内脏的肥厚肠系膜脂肪里。

DDT 在体内的贮存过程始于微量的渗透，从最小量的摄入（残留毒物大多存于食物中），直至达到最高值的贮量水平才罢休。人体内的脂肪可以起到生物放大器的作用，这就是说，即便量小到餐桌上的千万分之一的摄入，在体内的累积可达到百万分之十至十五，增加 100 多倍。此类触目惊心的参考数据，在化学家和药物学家的眼中，就像小菜一碟，再平常不过了，当然我们大多数人对这个知之甚少。百万分之一，听起来像是个比针眼还要细小的数量。但却不要小看了这些微量药物进入体内以后的爆发力，这种物质效力以微小的量就可以在体内引起巨大变化。动物实验表明，有百万分之三的药量就能抑制心机里一个重要的酶的活动；仅百万分之五就会引起肝细胞坏死或衰竭；仅百万分之二的与 DDT 近似的药物狄氏剂和氯丹也有类似的效果。

其实这也并不令人诧异，在正常人体化学物质中的确存在因果不对称的情况。例如，少于万分之二克的碘就可以使健康与疾病泾渭分明，成为决定人体健康与疾病的分水岭。由于微量的杀虫剂是点滴积存的，而且排泄过程缓慢，所以，肝脏与其他器官存在慢性中毒和退化病变的危险事实确凿地存在着。

至于人体内究竟可以贮存多少 DDT，科学家们各执一词，莫衷一是，分歧很大。食品与药物管理局药物学主任阿诺德·李赫曼博士说："既没有一个下限，低于这个标准，DDT 就不会被吸收，也不存在一个上限，超过这个标准它的吸收和贮存就会终止。"美国卫生部的威兰德·海斯博士力驳这一说法："在每个人的体内，会有一个平衡点，一旦超过这个平衡点，DDT 就会排泄出体内。"现在没有必要判定他们二人谁对谁错，这不重要，因为 DDT 在人体内的残留我们已有充分详细的调查，并且我们已知一般人体内的残留已经达到了潜在危害的量了。种种研究结果给出了证据，除了不可避免的饮食方面的原因以外，中毒的个体平均贮量为百万分之五点三到百万分之七点四，其中从事农业劳动的人为百万分之十七点一，化学药品工厂的工人竟高达百万分之六百四十八！这真是一个令人咋舌的数字。这些证据表明，化学药物的残留量不仅范围广而且上下波动的幅度也很大。更重要的是，即便最小的数值也超过了对肝脏以及其他器官组织的保险系数。

DDT 与同类药剂最险恶的特征是，它们可以把食物链作为跳板，通过食物链的有机体向另一个环节传递。例如，在苜蓿地喷洒了 DDT 粉剂，农夫用这种苜蓿作为饲料喂鸡，鸡吃了以后生下了蛋，鸡蛋中就有 DDT 的含量了。或者，如果给奶牛喂食了含有百万分之七至百万分之八的 DDT 残留的干草，牛奶中的 DDT 含量就会有大约百万分之三，而在牛奶制成的黄油中，DDT 的含量会高达百万分之六十五。DDT 通过这样的传导过程以极少的含量逐渐浓缩，步步升高。虽然食品与药物管理局明文规定，禁止洲际贸易中的牛奶含有杀虫剂残留，但禁令如同一张废纸，因为农民的确很难找到没有受到农药污染的草料来喂奶牛。

毒素还能在母婴间传染，食品与药物管理局已经找到了证据，从人奶取样中检测到残留的杀虫剂，这意味着，母亲在喂婴儿时，婴儿除了得到补给以外，同时也在接受母亲体内蓄积起来的毒性药物。我要说的是，这还并非这个吃奶的婴儿第一次接触到有毒的化学药物，我们有理由相信，实际上他还在胚胎时期就已经开始了中毒之险的旅程。动物实验表明，作为婴儿大本营的胎盘是母体与有害物质之间的保护层，但对氯烃化药物的侵入，设防能力形同虚设，氢烃化药物轻而易举就能突破胎盘的壁垒。虽然婴儿吸收有害物质的药量不大，但灾难性的后果却不容忽视，因为婴儿对毒性的抵御能力要低得多，这就是说，他更容易中毒。往后的事情更加令人担忧，他还是胎儿时就开始吸收有毒物质，在今后的生活中，他体内的毒素会不断积蓄，与日俱增，他已经脱不了干系了，只能撑着这副重担走完一生。

所有的事实都表明——有害药物的微量残留，随之而来的毒素累积，正常饮食中无可回避的化学品残余对肝脏造成的损害，这些事实使得食品与药物管理局的科学家们终于坐不住了，早在1950 年就宣布：“很有可能，一直以来我们都低估了 DDT 的潜在危险性。”类似情况在医学史上是首次出现，今后会带来什么样的后果，无人知晓。

氯丹，这是另一种氯化烃，这个东西坏到一无是处，它具有 DDT 令人憎恶的所有属性，加上它自身的独有特性，堪称有毒物质一霸。它的残毒可以长久地停留在土壤或食物中，或者附着在使用它的东西的表面。一切可能进入人体的途径都被它利用起来，无孔不入，它可以通过皮肤被吸收，可以作为喷雾或者粉屑的形式吸入，还有一招，如果吞食了氯丹残留物，就会被消化道吸收，然后在体内积累起来。动物实验表明，哪怕只有百万分二点三的氯丹残留物通过食物进入体内，最终在脂肪内的贮存量会达到百万分之七十五。

1950 年，富有经验的药物学家李赫曼博士对氯丹有如下描述：“这是化学药品中毒性最强的药物之一，任何人哪怕摸了它都会中毒。”但他的警告并未引起人们的重视，郊区的居民甚至大大咧咧地在治理草坪的杀虫剂中掺和氯丹使用。操作者当时没有症状出现，但并不是说，没有马上出现症状就意味着平安无事了，这种毒素的隐蔽性很强，可以在体内潜伏很长时间，直到经年累月以后才有所表现，而且毫无规律可循，到了那时，根本无从查找病因。但有时死神也会猝不及防地袭来。有位患者，因为偶然把一种氯丹含量为百分之二十五的工业溶液溅到了皮肤上，40 分钟内就出现了中毒症状，还没来得及抢救就死了。这种中毒症的可怕之处就是没有事前警告或征兆，也不可能给你时间进行及时抢救。

七氯是氯丹的成分之一，作为一种单独的制剂在市场上销售。它有很好的贮存脂肪的特殊功能。它的增殖能力超强，如果食物中包含了少到百万分之一的七氯，到了体内的贮存量就会达到相当的量了。此外，它还可以转换成一种与它完全不同性质的化学物质，叫作环氧七氯。在土壤以及动植物的组织中，都会引起这种变化。鸟类实验表明，脱胎于七氯而来的环氧七氯，比七氯的毒性更强，而七氯本身的毒性就已经达到氯丹的四倍了。

早在 20 世纪 30 年代中期，科学家发现了一种特殊的烃——氯化萘，那些由于职业原因直接接触到它的人都会患上肝病直至死亡，而且是罕见的根本不能治愈的肝病，电气工人几乎无一幸免。近年来，在农业方面也有意外的发现，人们普遍认为那些牛患上的奇怪而致命的疾病就是氯化烃惹的祸。鉴于这些先例，与这类烃有转弯抹角关系的三种杀虫剂都是烃类化合物中的剧毒药物也就没有什么大惊小怪的了。这几种杀虫剂分别是：狄氏剂（氯桥氯甲桥萘）、艾氏剂（氯甲桥萘）和安德萘[②]。

“狄氏剂”是以一位德国化学家的名字命名的，当它被吞食后，其毒性是 DDT 的 5 倍，当狄氏剂溶液通过皮肤吸收后，毒性可以猛增至 DDT 的 400 倍。狄氏剂可以使人中毒后疾速发病，而且对受害者的神经系统发起攻击，患者惊厥而出现痉挛症状，因而使人谈之色变，恶名远扬。发生中毒的病人恢复非常慢，足以说明狄氏剂的慢性药效有惊人的延续性。至于它的表亲氯化烃，则有严重损坏肝脏的长效药性。由于狄氏剂有漫长的残毒期并有杀虫功效，所以广泛应用于目前最时髦的杀虫剂之一，人们更多的是考虑它的杀虫功效而不计其后果，狄氏剂的滥用给野生动物带来了毁灭性灾难，成为野生动物的绝命符号。从鹌鹑和野鸡的实验中得知，它的毒性是 DDT 的四五十倍。

狄氏剂在人类身上是如何贮存、分布以及排泄出去，这方面的知识我们知之甚少。相对于我们对这些化学药物毒性作用的认知，科学家们对杀虫剂的发明创造才能远远超前于我们的生物学知识，所以当它对人类为非作歹时，我们却因为缺少对策而无力反击。种种迹象表明，药物的毒性正在我们体内长期贮存着，它像沉睡的火山那样不动声色地潜伏在那儿，耐心等待毒物达到脂肪蓄积量对生理重压的极限，突然爆发。我们得知信息的渠道，都是通过世界卫生组织开展抗疟运动。因为疟蚊对 DDT 产生了抗药性，DDT 在疟疾防治中的角色由狄氏剂取代，后果更加可怕，喷药的工作人员中开始出现中毒现象，病症发作非常剧烈，半数乃至全部（因为工作程序的差异，中毒症状不同）受害者发生痉挛，有数人死亡，而有些人则在接触药物之后的 4 个月之后才出现惊厥。

艾氏剂作为独立存在的个体，是一种有着神秘意味的物质，这种物质与狄氏剂有着千丝万缕的关系，在一块施用过艾氏剂的园圃里，生长在这里的胡萝卜里会含有狄氏剂的残毒。这种变化不光是发生在组织里，也发生地土壤里。这种来路诡异的转化导致了很多错误的报道，如果一个化学家想要通过施用过艾氏剂的土壤来检测它是否还存在的话，他会误入歧途，因为这时它已经变身为狄氏剂了，这得需要另一种检测方法了。

艾氏剂也是一种毒性极强的物质，它是肝脏和肾脏的退化性病变杀手。一片阿司匹林大小的剂量，足以毒死 400 多只鹌鹑。

艾氏剂中毒的很多案例表明，患者大多与工业处理有关。

艾氏剂与同类的杀虫剂一样，给未来投下的危险阴影令人不寒而栗——不孕症。给野鸡喂极少的剂量，虽不足以杀死它们，但它们的生育功能却遭到了破坏，产蛋量大大减少，而且生下来的蛋孵出来的幼雏也是短命的，活不了几天就死去了。这种影响还不止于飞禽，遭受艾氏剂毒害的老鼠怀孕的次数大大降低，而且生出的幼鼠天生就是一副病态，活不了多久。经过艾氏药物治疗的母狗，生下的狗崽三天内就丧命了。这些新生代都是因为父母体内贮存的毒素而遭难。没人知道类似的惨剧会不会在人类身上发生，只是我们已经看到，这种化学药物通过飞机喷撒，已经遍布于城郊的农田了。

在所有氯化烃药物中，安德萘的毒性之强高居榜首，它的化学性质与狄氏剂非常相似，但其分子结构只要有细微的改变，就会使它的毒性发酵至狄氏剂的 5 倍，如此看来，DDT 作为此组的祖师爷，相比于安德萘之流，似乎毫无药性功力了，可划为无害的杀虫剂了。安德萘对哺乳动物的毒性是 DDT 的 15 倍，对鱼类的毒性是 DDT 的 30 倍，对鸟类则飙升至 DDT 的 300 倍。

安德萘投入使用已有十年了，它已毒杀了数量庞大的鱼类，那些误食了安德萘药剂果园的牛畜，不幸中毒身亡。它还毒染了井水，迫使至少有一个州的卫生部门发出严重警告。轻率地使用安德萘正在对人类的生命造成威胁。

在一次看似并无疏忽之处的施用安德萘过程中，发生了一起最为悲惨的中毒事件，虽然事情发生后采取了紧急的预防措施。一个刚满周岁的小男孩跟随父母一起从美国搬到委内瑞拉，在他们定居的房屋内发现有蟑螂，几天后，他们施用了含有安德萘的喷剂。大约在早上 9 点钟开始喷洒之前，父母将小男孩和一只小狗都带到了屋外，喷药之后，将地板也擦洗了一遍。直到傍晚的时候，小男孩和小狗才被带进屋里。大约过了 1 小时，小狗开始呕吐、抽搐，然后死去。再过了 1 小时，也就是晚上 10 点钟左右，小男孩也开始呕吐、惊厥并失去知觉。自那次与安德萘生死一线的接触之后，这个健康聪明的正常男孩成了植物人，有眼不能看，有耳不能听，动辄就肌肉痉挛，生活在与世隔绝的黑暗世界里。纽约一家医院对他进行了一段时间的治疗，数月的努力并没有看到改善。主治医生说："很难预料是否能出现康复的希望。"

烷基和有机磷酸盐属于第二大类的杀虫剂，也不是简单角色，在世界上剧毒药物排列中榜上有名。它的最首要也是最明显的危险是，凡是施用药物喷剂的人，哪怕偶尔与随风飘散的药雾碰上，或者接触了附着有这种药剂的植物或丢弃的容器，都难逃急性中毒的厄运。在佛罗里达州，两个小孩发现了一只空袋子，便用它来修补秋千。随后不久，两个孩子死去，另外 3 个孩子也出现了中毒症状。原来这只袋子曾用来装过杀虫剂，一种叫作对硫磷的有机磷酸酯。经检验证实，两个孩子死于对硫磷中毒。另外一次，威斯康星州的一对表兄弟在同一个晚上死去。原来，这两个小孩在院子里玩耍，其中一个孩子的父亲正在给附近的土豆田喷洒对硫药剂，药雾从毗邻的田地随风飘进了院子；另一个孩子跟着父亲跑进了谷仓里打闹，并用手抓住喷雾器的喷嘴玩了一会儿。当天晚上，两个孩子都死了。

这些杀虫剂都有具有某种讽刺意味的故事。虽然作为一些药物（磷酸有机酯）早已名声在外，但一直到了 20 世纪 30 年代晚期，一位名叫格哈德 · 施雷德尔的德国化学家才发现它们的杀虫特性。德国政府马上意识到这些同类药物的价值，可以研制成人类战场上对付敌人的毁灭性武器，对这些药物的有关研制宣布为重要机密。有些化学药物成了置人于死地的毒气，而另一些具有亲密同属结构的药物则成为杀虫剂。

有机磷杀虫剂以一种奇特的方式在生物体内发生作用，它们会直逼神经系统，破坏在体内起着重要作用的酶。此类药物的主要目标是摧毁神经系统，不管受害对象是昆虫还是温血动物。正常情况下，叫作乙酰胆碱的物质扮演了“化学传导器”的角色，神经脉冲借助化学传导器提供的条条通道进行传递。乙酰胆碱履行了必要的功能之后就会玩蒸发，消失不见了。这种物质的存在非常短暂，所以，医学研究人员必须经过特殊处理才有可能在它没有消失之前完成取样。而这种迅捷的传导正是身体正常机能所必需的。如果一次神经脉冲通过以后，乙酰胆碱不能迅速消除，脉冲就会在一条条神经之间一路掠动而过，而此时，这种物质正使出全身解数发挥登峰造极的作用，整个身子的运动就会乱套，表现出不协调，发生震颤、肌肉痉挛、惊厥，并很快死亡。

而我们的身体对这种偶发性也有应付的对策，有一种保护性酶叫作胆碱酯酶，每当身体在不需要传导物质时便随即清除它，借此手段求得一种精确的平衡，这样一来，身体就没有条件任其积累乙酰胆碱到危险含量的地步。可是，一旦碰到有机磷杀虫剂，保护性酶便会崩溃，被破坏殆尽。而当保护性酶减少时，此消彼长，传导物质的含量就会积聚起来。这一作用说明，有机磷化合物与一种生物碱——毒蝇碱极其相似，这种生物碱是从有毒蘑菇毒辣蝇菌里发现的。

一而再，再而三地受到药物危害会将胆碱酯酶的含量标准降到最低，直至降到濒临急性中毒的状态，这时候，在这个薄弱之处的边缘再撕开一个口子，再来一次轻微的伤害，即可将他一把推下中毒的深渊。鉴于此，有必要对喷药操作人员以及其他经常接受毒性药物的人员做定期的血液检查。

对硫磷是一种用途广泛的有机磷酸酯之一，这种药物的毒性和危险性在排名榜上也是居高不下的。如果蜜蜂碰到了它，就会变得“异常狂躁，好战而焦躁不安”，做出疯狂的擦挠动作，半小时内必死无疑。一位化学家想用最直接的办法了解致使人类快速中毒的剂量，吞服了大约 0.004 盎司的对硫磷，结果迅速发生了全身麻痹的症状，而且来势迅猛，他甚至没来得及拿到事先预备在手边的解毒剂就死去了。据说，如今在芬兰，对硫磷成了自愿结束生命的首选药物，那些厌世的人只需服下极少的量便会很快死去。近年来，有报道披露，在加利福尼亚州每年平均就发生了200多例意外的对硫磷中毒事件。在世界各地，很多地方的对硫磷中毒死亡率令人震惊。在印度，1958年发生了100起对硫磷致命的病例；在叙利亚，发生了67起对硫磷中毒事件；在日本，每年平均有336例对硫磷中毒致死事件。

如今，在美国的农田或蔬菜果园中，每年的对硫磷消耗量是700万吨，有手工操作的喷雾剂，有用电动鼓风机、撒粉机施用的，还有飞机播撒的。仅在加利福尼亚的农场里使用的药量，一位医学权威人士感叹道，“足以让全世界的人死五到六回了”。

只有极少的一种情况可以让我们躲开这一药物的毒害，但条件很有限，只有一个原因，就是对硫磷及其他的本类药物的迅速分解。故而它们与氯化痉相比，对庄稼的残毒相对来说要短命得多。但即使这短暂的时间也足以造成各种致命的危害，引发严重中毒直至死亡。在加利福尼亚的里弗赛德，在30名采橘工人中就有11人患重病，除一人之外全部入院治疗，从他们的症状来看，都是典型的对硫磷中毒。这片橘林曾在约两周前喷洒过对硫磷农药。药物残留了16到19天后，仍把采橘人搞得死去活来，他们在干呕、半瞎、半昏迷的痛苦中煎熬。这还并不是最坏的记录，早在一个月之前喷洒过的果园也发生过类似的悲惨事件。以标准的剂量使用6个月后，对硫磷的余威仍在，在柑橘的果皮中还发现了药物残留。

在田野、果园、葡萄园里工作的人，由于使用有机磷杀虫剂，致使所有工人都处于极度危险的农药威胁中。所以，凡使用这些药物的一些州采取了对应的措施，设立了许多实验室，医生在此坐镇进行诊断和治疗，如果在处理患者时不戴上橡皮手套，医生也会处在危险之中，洗衣妇给中毒患者洗衣服也有连带遭殃的可能性，因为这些衣服上有足以危及她们生命的对硫磷残毒。

另一种有机磷酸酯叫马拉硫磷，它的名声与 DDT 一样为公众所熟知。马拉硫磷广泛应用于园艺工业、家庭灭虫，喷射蚊虫之类，以及对昆虫进行地毯式清剿，在佛罗里达州的一些社区，为了消灭一种地中海果蝇，采用马拉硫磷对附近的 100 万英亩土地进行喷洒。公众认为马拉硫磷在此类药物中的毒性最弱，所以主观揣测它们可以随意使用而无虞，此外，商业广告也在为这种放任态度助威。

声称马拉硫磷是“安全”的，这种判断依据非常靠不住而且是危险的，不幸的是它的危害性是在使用之后的数年后才发现的（事情往往都会这样）。马拉硫磷之所以被认为“安全”，是因为它没法突破哺乳动物具有非凡保护力的器官——肝脏，相对来说这就使它显得无害了。肝脏的解毒功能是一种酶，可以消除马拉硫磷的危害。但如果这种酶被什么东西毁坏了，或干扰了它的正常功能，就失去了解毒的作用，那么，接触马拉硫磷的人就会承受毒素的全部危害了。

很不幸，我们看到的事实是，这种事情的发生司空见惯，不足为奇。好些年前，食品与药物管理局的科学家发现，如果把马拉硫磷与别的有机磷酸混合使用，就会产生严重的毒性，甚至可以达到预想毒性的 50 倍。换句话说，当这两种药物混合使用时，各取相等的致死量的百分之一，就可以置人于死地。

这一发现推动了对其他组合的研究。现在我们已知，大多数对硫磷杀虫剂都非常危险，再加以组合，毒性就更加强势。当一种化合物破坏了为另一种物质解毒的酶后，毒性的强度就淋漓尽致地表现出来了。两种化合物没有必要左右开弓施展拳脚，中毒的危险不仅是对这周使用了这种杀虫剂，下周使用了另一种杀虫剂的人才存在危险，对喷雾药品用户的危害一样大。在平时吃的大碗沙拉里很可能出现两种磷化酸酯杀虫剂的混合物质，这些残留虽在法定许可的限量范围内，残毒发生的混合作用还是不可小觑。

对于各种化学药品相互作用的危险，我们很被动，因为我们对这一切知之甚少，令人大惊失色的发现都在实验室里涌现，令科学家们百般堪虞。其中一项发现是：一种有机磷酸酯毒性的增强可能并不是由杀虫剂促成的，它来自另一种药剂。比如，一种增塑剂在增强马拉硫磷的毒性方面，可能比杀虫剂来得更加猛烈。更重要的是，它还有一点作用，可以抑制肝脏中有能力“拔除毒牙”的酶。

问题是，人类环境中的其他化学药物是个什么情况呢？尤其是药物会是如何呢？我们在这方面所做的工作只是一个起步，我们已知，对硫磷和马拉硫磷之类的有机磷酸酯会在一些用于肌肉松弛的药物中增强毒性，其他几种有机磷酸酯（也包括马拉硫磷）有明显增强巴比妥酸盐的安眠时间。

美狄亚，这个古希腊神话中的女巫，因为丈夫伊阿宋见异思迁，移情别恋投到她情敌的怀抱。美狄亚为了复仇，赠送给新娘一件暗藏杀机的长袍。新娘穿上这件长袍后，立遭暴毙。现在，这个间接杀手发现了它的对应物，一种被称为“内吸杀虫剂”的药物。这种化学物性质非同一般，它们的性质可以把植物或动物转化为“美狄亚的长袍”，使它们变为有毒物质，凡是接触到它的昆虫，格杀勿论，特别是它们吮吸到植物的汁液或动物的血液时，难逃一死。

内吸杀虫剂是一个瑰丽无比的世界，这一点远远超出了格林兄弟的想象，或许，它更接近查理·亚当斯的漫画世界。这个世界无奇不有，富有魅力的森林变成了毒雾弥漫的森林，森林中的昆虫只要吮吸一口植物的汁液或嚼一片叶子，必死无疑；这个世界充斥着死亡的气息，在这里，跳蚤叮咬了狗，狗就会死去，因为狗的血液里充满了毒素；在这里，尽管昆虫从未招惹过任何植物，但植物散发出来的水汽会让昆虫死于非命；在这里，有毒的花蜜被勤劳的蜜蜂带回了蜂房，于是，有毒的蜂蜜酿造出炉了。

应用昆虫学领域的科学家们意识到，他们从自然界中获得的启示可以帮助他们实现梦想：他们发现，有一种含有硒酸钠的土壤中生长的麦子有效地抵御了蚜虫和红蜘蛛的侵害。硒，这种自然生成的元素，少量地存在于世界各地的岩石及土壤中，于是，它幸运地成了第一种内吸杀虫剂。

能渗透植物或动物组织并使之全部具有毒性的特质，这就是内吸杀虫剂的特异之处。这一属性是一些氯化烃类化学品和有机磷类化学品所具有的；这些药物大部分是人工合成的，也有一部分是特定的自然生成物产生的。然而，在实际应用中的内吸杀虫剂大部分是从有机磷类化学提取出来的，因为经过这样的处理，药物残留问题相对来说就轻省了很多。

内吸杀虫剂发生效用的途径还有其他的迂回方式。施用于浸泡过或与碳混合的种子，它们的药效会延伸到植物的下一代体内，长出的幼苗有天生的免疫力，可以反过来毒死蚜虫和其他吮吸类的昆虫。一些蔬菜如豌豆、菜豆、甜菜就是这样受到保护的。在加利福尼亚州，带内吸杀虫剂涂层的棉花籽已种植一段时间了。1959年，在这个州曾发生过 25 个农场工人在圣华金河谷植棉时集体突发疾病，究其原因是因为他们拿着装过药剂处理种子的口袋。

在英格兰，有人曾试图了解蜜蜂从内吸药剂处理过的植物上采蜜之后，会发生什么情况。为了弄清这个，在使用过八甲磷药物的地区做了一次调查。其时，虽然那些植物在未开花之前喷过药，而后来生产的花蜜仍然含有这种药物的毒质。结果不出所料，蜜蜂所酿之蜜也是被八甲磷污染了的。

动物内吸毒剂主要用于控制牛蛆——牲畜身上的一种破坏性寄生虫。这是个如履薄冰的活，要在宿主的血液和组织中发挥杀虫功效同时又不致引起致命的毒性。这种平衡关系极其微妙，政府机构部门的兽医们业已发现：频繁地微量用药也会逐渐将动物体内的保护性胆碱酯酶耗尽，一旦胆碱酯酶的供应断绝，就会产生灾难性的后果。因此，如果忽视预先警告的话，哪怕多加一丁点儿剂量，也要大祸临头。

许多不可辩驳的迹象表明，我们正在开辟一个新的天地，这是一个与我们日常生活息息相关的领域。假设，你给小狗喂一粒药丸，这种药可以使它血液中产生毒性而杀灭身上的跳蚤。在牲畜身上发生的危险情况同样会发生在狗身上。就目前来说，还没有人大胆建议，在人体身上做内吸杀虫的试验，研制人类内吸剂（体内的毒性）置蚊子于死地。或许，该轮到下一步来做这个工作了。

到目前为止，在这一章的内容里，重点讨论的是我们与昆虫之战所使用的致命化学武器。那么，我们与杂草之战又该采取什么样的手段呢？

想要轻而易举快速地除灭杂草和不需要的植物，这个愿望使得一种学名叫“除莠剂”，昵称叫“除草剂”的化学药物应运而生。至于这种药物如何使用以及如何被误用的，我将在第六章中详细阐述。现在谈论的问题是，除草剂到底算不算毒药，除草剂的使用对环境是不是造成了严重污染。

一个众说纷纭的说法是，除草剂只是对植物有毒，而对动物的生命不构成威胁，这个像神话一样的传说在社会上广为传播。不幸的是，事实的回答恰恰铁面无情，除草剂里包罗了种类繁多的化学药物，它们对动植物的杀伤力都有效，而且对生物体内的作用差异很大。有些是一般性毒药，有的是新陈代谢的特效刺激物，会使体温意外升高而致命；有些药物（单独使用或与其他药物混合使用）会将恶性肿瘤招惹上身；有些则会造成生物种属遗传基因的变异，破坏遗传物质，如此看来，除草剂和杀虫剂一样，包含着非常危险的化学物质。如果我们掉以轻心，以为它们是“安全的”，随意地使用，会带来无可挽回的严重后果，到时候真的会无药可治了。

实验室源源不断地产生新的化学药物，尽管新旧药物相互竞争，含有砷成分的化合物却一直没有退出历史舞台，仍然在杀虫剂和除草剂中大量使用，它们出现的化学形式是亚砷酸钠。砷化合物的应用历史令人不寒而栗，在路旁，作为除草剂使用的喷雾剂，让很多农夫痛失奶牛，还让很多野生动物不幸身亡；用作湖泊、水库中使用的除草剂，它们使公共饮用水不宜饮用，甚至连游泳都会惹祸上身；更有甚者，当它们作为喷雾药剂施用到土豆地里除掉藤蔓时，结果是，人和动物的死亡案例屡有发生。

大约在1951年，此类药物在英格兰有了更进一步的发展，因为烧掉土豆藤蔓的硫酸出现短缺，正好给了砷农药一个有机可乘的空子。农业部曾经也轻描淡写地警告过在农田里施用含砷的化学药物的危险性，但牲畜听不懂也看不懂这种警告（我们假定，野生动物和鸟类肯定也不会懂的），含砷化合物的中毒事件频频传来，牛畜首当其冲，这已见惯不惊了。直到一位农妇饮用了砷污染的水而中毒死亡后，英国一家大型化学公司才在1959年紧急叫停了生产含砷的喷雾剂，并且召回了已出售给商贩手中的存货。不久后，农业部宣布，鉴于对人和牲畜的高危性，决定限制使用亚砷酸盐。1961年，澳大利亚政府也出台了类似的禁令。然而，美国政府却无动于衷，至今没有阻止此类毒物使用的禁令出台。

有些“二硝基”化合物也用作除草剂使用。这类药物作为最危险的物质之一被列入了美国此类药物的黑名单。二硝基酚是一种强力代谢兴奋剂。鉴于它的这个功能，一度被用作减肥药使用，减肥的剂量与需要致使中毒或致死的剂量之间的界线却微乎其微。因此，在服用这种减肥药到停用之前，一些病人已付出了生命的代价，还有很多人遭受了一辈子也不能摆脱的伤害。

有一种同属药物叫“五氯酚”，学名叫“五氯苯酚”，也是作为杀虫剂和除草剂使用的，这种药物常常喷洒在铁轨沿线以及荒芜地带。五氯酚的毒性从细菌到人类，无所不用其极，它的生物毒性极强，它也像二硝基药物一样，对生物体内的能源发出致命的干扰，使受害者仿佛掉进了火窖被烧毁尽净，在加利福尼亚州卫生局报告的一起致命惨案中，它的毒性得到了证明。有一位油罐车司机用柴油和五氯苯酚混合，配制一种棉花脱叶剂。当他从油桶里抽出这种浓缩药物时，桶栓意外脱落，他赤手空拳地伸手进去把桶栓复位，虽然他及时洗干净了手，但还是急性发病，并于次日去世。

诸如含有亚砷酸钠或酚类药物的除草剂，它们的恶劣后果都是赤裸裸的，但有一些除草剂的恶果则深藏不露。例如，时下风头正盛的红莓（蔓越橘的一种）除草药氨基噻唑，被贴上了轻毒性药物的标签。但它却暗中干尽了坏事，引起了甲状腺恶性肿瘤的发生。从长远来看，化学杀虫剂对野生动物乃至人类，都是耐人寻味的。

众多除草剂中，有一类被划为“突变剂”，或者可以这样说，有可能对改变遗传物质——基因起作用。辐射导致的基因效应使我们大为震惊，那么，在我们生存的环境中广泛使用化学药物，我们能等闲视之吗?

【注释】

①波吉亚家族：波吉亚家族是具有意大利和西班牙血统的罗马教皇家族，在 15 世纪和 16 世纪影响了整个欧洲，前后出了三位教皇，拥有庞大的政治势力和财富。著名的波吉亚家族的“名”不是美名，而是恶名，财富、阴谋、毒药和乱伦的阴影一直笼罩着这个家族。

②安德萘：即一种狄氏剂的立体异构体。

第四章　地表水和地下海

在我们拥有的自然资源中，作为最宝贵的资源，水已是“贵如油”，地球三分之二的表面都被大海覆盖，然而，我们虽然身处海洋的包围中，却感到缺水缺得心慌。这看似互相矛盾，实则是一个不容忽视的事实，要知道，虽然地球有汪洋大海，但水中含有大量的海盐，因而不适宜农业、工业以及人类日常使用，世界如此众多的人口正在经历或面临着水资源匮乏的问题，这对人类的生存是一种威胁。人类淡忘了自身的起源，又对生存需求采取漠视的态度，这样，水资源和其他自然资源一样成为人类不关痛痒的牺牲品。

杀虫剂是水污染的罪魁祸首，这已是我们的共识，但从整个环境污染的角度看，进入我们水系的污染源远不只是杀虫剂这么简单，有从反应堆、实验室和医院排出的放射性废物，有核爆炸的放射性散落物，有从城镇家庭中丢弃的废物，有工厂排出的化学废物等。现在，又有一种新的散落物加入污染行列，这就是化学喷剂，这种化学喷剂广泛用于农田、园林、森林和原野。许多化学物带来的伤害已远远超出辐射对人的伤杀力，因为在这些化学物之间还隐藏着极其危险的、鲜为人知的毒效。

自从化学家着手制造这种自然界前所未有的物质以来，水净化的问题便日益复杂起来，用水人到了没有退路的地步，危险步步逼近。20 世纪 40 年代，合成化学药物开始走上历史舞台，大量合成化学药的生产使排出的大量化学污染物每天都在浸染着国内的河流。这些污染物和家庭废弃物汇合流入同一水域时，净化厂平时用以测试它们的分析方法根本派不上用场，无法化验出它们的流向。大多数化学药物的稳定性很强，足以跟通常的污水处理过程抗衡，难以分解。更有甚者，它们的隐身功夫了得，我们根本认不出来。发生在河流里的污染更是玄而又玄，各种污染物的相互混合居然又产生了一种新物质，卫生工程师无计可施，绝望地称这种污物为“黏性物质”。麻省理工学院的罗尔夫·伊莱亚森教授在一次国会委员会上作证时认为，预测这些化学物质混合效应或识别混合而成的有机物质，在目前几乎不可能。伊莱亚森教授说：“我们根本不认识它们到底是个什么东西，对人类产生的影响是什么，这一切我们都一无所知。”

各种化学药物的使用目的在于控制昆虫、啮齿类动物或杂草蔓延，但这正好给有机污染的生成火上加油，其中有些是有意用于水体以消除植物、昆虫幼虫或人类嫌弃的杂鱼。有些污染物是因为给森林喷洒药物而致，喷药可以使一个州二三百英亩的土地免受虫灾的侵袭，但随之而来的又是另一种灾难，飞机喷药直接降到了河流中，或者通过茂密的树木华盖滴落到土壤里，然后，雨水又使它们混入渗流水慢慢流向大海，这个运动过程虽然缓慢，但最终的结果是有百害而无一利。施用于农田除灭昆虫或啮齿动物的农药，约有数百万磅借用雨水之力离开地面，形成世界水体中的残毒。

无论是在小溪中，在河流中，甚至在公共饮水的地方，到处可以看到这些化学物的痕迹。例如，科研人员将宾夕法尼亚州一个果园中取来的饮用水样用在鱼身上做实验，发现水中有相当成分的药物含量，实验仅仅过了 4 小时，所有的鱼都死了。从一片喷洒过农药的棉田中流过的溪水，即便经过净化工厂的处理，仍然可以让鱼类死于非命。亚拉巴马州田纳西河汇集了 15 条支流，由于田野里使用过毒杀酚（一种氯化烃），那些流经的河流无一幸免，都成了染毒的水流，15 条支流中的鱼全部死亡，而其中有两条支流是供给城市的水源。在使用杀虫剂一个星期后，水中毒性依然不减，在河下游的水箱里的金鱼中，每天都可以看见有翻着白肚浮在水面的死鱼。

这些污染大多无影无形，不易察觉，直到有成百上千的鱼儿死亡后，我们才会发现隐形杀手的存在，而在更多的情况下，它们都可以成功地隐匿身形。负责水质检查的化学家懒得做这些无用功，没有做定期检测，因为他们根本拿不出清除残物的办法。不管桌面上有没有书面报告，杀虫剂的存在是铁板钉钉的事实。杀虫剂与广泛施用于地表的其他药物一起汇入支流众多的河流，流向大海，进入了国内所有的主要河流，且正在侵入全部水系。

杀虫剂的污染已经普遍侵入我国的水环境，如果有人对这一事实持怀疑态度，他应该研读一下美国鱼类和野生动物管理局在 1960 年印发的一份报告。这个部门曾做过一项研究，了解鱼类是否能像温血动物那样可以在体内组织中贮存残毒。他们从西部森林地区取回了第一批样品，那个地区曾大面积地喷洒过 DDT，控制肆虐云杉的毛毛虫。果然不出所料，检测发现，所有的鱼体内都含有 DDT。后来，研究人员再次到距离喷药地区以外约 30 英里的一条偏僻的小河湾取样进行对比，检测结果耐人寻味且意义重大，这个小河湾处于第一批取样处的上游，中间隔着一处高高的瀑布。据了解，这个地方并未喷洒过农药，然而还是在鱼体内发现了 DDT。那么，化学物质到底是从隐匿的地下水流到遥远的河湾的呢，还是借助被农药污染的空气空降到河流上来的呢？在另一次对比调查中，在一个产卵区的鱼类组织中也发现了 DDT，而这个地区的水都出自一口深井，这片地区没有喷洒过农药。看来，这里的水污染只有一个可能性，即与地下水有关。

在整个水污染问题中，没有什么比地下水污染的威胁更让人寝食难安了，特别是大范围的污染。要想在水里使用杀虫剂而又不危及水质的安全，实在是鱼和熊掌不可兼得，大自然的循环运行是不分区间的，造物主绝对不会封闭或隔绝地下水域，上帝没有这样分配地球上的水资源。雨水落到地面上，通过土壤、岩石的细孔或缝隙无孔不入地往下渗透，越渗越深，直至最后形成的岩石细孔都有一洼水。那是个暗无天日的地下海洋，始于山下，没入谷底。地下水的运动永不停息，有时候速度慢得像乌龟爬，一年不过向前流动 50 米，有时候快如脱兔，每天的流速几乎达到十分之一英里。它在那个黑暗的潜流中到处漫游，终于有一天，它现身于某处地面以泉水的形式露出真容，或者被引进一口深井。但大部分情况下，地下水的归宿都在小溪或河流中。除了直接落入河流的雨水和地表径流之外，所有地球表面流动的水都和地下水有关，也就是说在一个时期内，它们都曾经是地下水。因此，这并非危言耸听，地下水的污染就是整个世界水系的污染，这是一个不争的事实。

某制造工厂排出的有毒化学物质通过黑暗的地下潜流，由科罗拉多州流向了好几英里远的农田，把那一片地区污染得没有一块净土，受到污染的井水使得人们和牲畜接二连三地病倒，庄稼地也遭到毁坏，此类事件只要开了头，以后就会不断地发生。简略地说，事情的起因是这样的：1943 年，位于丹佛附近的化学集团落基山军需工厂开始生产军需物资，8 年后，一家私人石油公司租用了这家军工厂的设备，用以生产杀虫剂。可是石油公司的工作还没有启动，离奇的报告接二连三传来，离工厂几英里之外的农民抱怨说，他们的牲畜莫名其妙地得了瘟疫，患了查不出病因的疾病，大面积的庄稼像遭了火灾一样被毁了，树叶变黄变枯干，植物也不能长大，很多农作物一夜之间全部死亡。人类也不能幸免，有人莫明其妙地得了怪病，有人认为这一切的灾害归咎于这家兵工厂。

这里的农田灌溉都是从浅水井中抽取的。有关部门对水井取样检测（1959 年，几个州和联邦管理处共同参与了这次调查），发现水中含有多种化学药物成分。这说明，落基山兵工厂在投产期间排放的化学物质，诸如氯化物、氰酸盐、磷酸盐、氟化物和砷，这些有毒物质流入池塘，渗入地下水，在七至八年的时间里，这些被污染了的地下水向最近的农田漫游了大约 3 英里，渗透继续蔓延，污染了周边的水源。调查人员一筹莫展，他们根本拿不出任何办法来阻止污染的潜流继续前进，也没有办法控制污染。

这一切简直糟糕透顶，令人诧异，而且着眼长远来说，这次发现有重大意义，在兵工厂的蓄水池中和附近的井水中发现了杀死杂草的除草剂 2. 4-D。这一发现足以解释为什么农田被灌溉了这样的水会造成庄稼死亡。蹊跷的是，这个兵工厂是不是背了黑锅，因为他们从来没有生产过这种 2. 4-D。

长期而细致的研究给出了答案，工厂化学家们一致认为，2. 4-D 是在开放的水域中自然合成的，没有任何人为的干预，它是由兵工厂排放的其他物质在空气、水和阳光的作用下合成的。这个蓄水池无异于一种新型化学物质的实验室，凡是接触到这种化学物质的植物都会死亡。

科罗拉多州农场以及庄稼被毁的故事超越了地域，具有普遍意义，除科罗拉多州以外的其他地方会是个什么状态？在通往公共用水的任何地方，是否也有类似的情况？在从东到西、从南到北的湖泊和溪流中，空气和阳光的催化作用产生的危险物质不会放过任何一个角落，到处都留下了化学污染的痕迹，危险物质已使自然环境变得岌岌可危。

老实说，水的化学污染的危险之处还在于，无论河流、湖泊、水库，乃至你茶几上的一杯水，都有在实验室里千方百计都弄不出来的合成化学药物。这些不经人为的自由混合的化学物质之间的相互作用，使美国公共卫生署的官员们陷入了巨大的恐慌中，面对这样一个广泛存在、相对无毒的物质向有毒物质的转化谈之色变。这种情况无处不在，可以在两个或更多的化学物之间，也可能藏身于化学物质源源不断排入河流中的放射性废弃物之间，在游离辐射的撞击下发生作用，轻而易举地重新排列，轻而易举地改变化学药物的性质，引发难以估量而且无法控制的后果。

问题是，并非只是地下水才被污染了，地表上流动的水（小溪、河流以及灌溉用水）也无一幸免。位于加利福尼亚州的图利湖与南克拉玛斯湖国家野生动物保护区，发生了一件引起民众骚动的事件，这是一个令人恐慌的例证，这些保护区的地理位置跨越俄勒冈州边界的北克拉玛斯湖，属于整个保护区体系的一部分，还有一个事实就是，由于它们共享一个水源，因而保护区的一切都有千丝万缕的联系。野生动物保护区就像一个个小岛屿漂浮在广袤的农田海洋中，那些农田原先是水鸟的天堂，它们把农田当作沼泽地和水面，在上面啄食虫子。由于人类插手干预，用排水渠抽干了小河里的水，水面下的土地露了出来，改造成了农田。

北克拉玛斯湖的水灌溉着生物保护区内的农田。环绕农田的水从滋润的农田汇合后，流入了提尔湖，再从提尔湖流向南克拉玛斯湖。因此，在这两大水体上的野生动物保护区的灌溉用水全部都是从农业用地上排出来的。先弄清楚这个事实，对研究当前发生的情况很有帮助。

1960 年夏天，在提尔湖和南克拉玛斯湖惊现成百只濒临死亡的鸟儿，这些鸟儿的种类大部分以鱼为食：苍鹭、鸥和鹈鹕。经检测，鸟儿身上都有毒杀酚、DDT 和 DDE 的毒物残留。即便在湖中还活着的鱼儿体内也发现有杀虫剂残留，水中的浮游生物也是染毒者。保护区的工作人员认为，由于农田使用了杀虫剂，水流的循环灌溉把残毒带进了这片区域，致使保护区水域的残毒不断蓄积。

本来我们对环境保护的努力是应该看到成效的，但日益恶化的水质污染使我们所有的努力都因为水质的恶化而功亏一篑。每一个西部鸭猎人都应该对往昔美景有深刻难忘的印象，成群的水鸟翩跹飞舞，如夜空中飘飞的丝带，享受过如此美景的人，都能痛切地体会到水污染带来的后果。对于西部水禽来说，这些特别生物保护区的位置至关重要，它们占据着一个关键的节点，就像漏斗的瓶颈，是所有迁徙路线的交汇点，是太平洋候鸟的必经之路。这里的生物保护区像一个临时接待站，在哈德逊湾东部白令海峡的鸟儿栖息地，那些鸭和鹅之类的水禽在自己的安乐窝里待到迁徙时节的到来，这时成百万只鸭和鹅飞来了生物保护区内；秋季，约占全部水禽四分之三的鸟儿会朝着东方飞去，进入太平洋沿岸地区；夏季，生物保护区又迎来了由南朝北飞来的候鸟，尤其是得天独厚的自然环境给两种濒临灭绝的鸟类——红头鸭和红鸭提供了可以落脚的栖息地。如果保护区的湖泊和水塘遭到严重污染，那么远在西部的水禽将会陷入绝境，再也没有落脚之处。

水是所有生命环链的滋养物，小到如尘埃一样的浮游生物，到几乎肉眼很难识别的水虱，再到噬食浮游生物的鱼儿，而小鱼又被比它大的鱼吃掉，或者被鸟儿、貂和浣熊吃掉，这就是生命间无穷的循环过程，周而复始，无穷无尽。所以我们必须把水的问题纳入考虑范围，我们已知，矿物质从食物链的一环进入另一环，构成了水中生命必需物质，那么我们不妨假定，由我们引入水中的毒物不可能是自然循环的旁观者，它们那无孔不入的本事完全可以轻易地混进大自然的循环链条中。

翻开加利福尼亚州清水湖那不寻常的历史，答案赫然在目。位于旧金山以北 90 英里的清水湖，其实名不符实，这个历来为垂钓者的青睐之地，现今被黑色的淤泥覆盖了浅底，它不是

“清”而是“浊”。浑浊的湖水为一种很小的蚋虫提供了理想的繁殖地，这真是沿岸居民和渔民的不幸。蚋虫作为蚊子的近亲，但与蚊子很大的不同之处在于它不是吸血的昆虫，甚至根本不吃不喝。然而，由于蚋虫爆发式的增长繁殖，使居住地的人大为恼火，不胜其扰，曾想尽一切办法控制蚋虫，但所有的办法都宣告失败。20 世纪 40 年代末期，氯化烃杀虫剂作为杀虫利器问世，在新一轮的繁殖高峰到来之际，首选与 DDT 有密切联系的 DDD，才控制了蚋虫的繁殖，而 DDD 对鱼类的伤害相对来说要轻一些。

1949 年，人们对新采用的控制措施计划周密，没有人会预料到日后发生的灾难性后果。在勘察了湖水情况，测量了湖水容积以后，以七千万分之一的剂量喷进那个浑浊不堪的湖中。最初的使用效果不错，但到了 1954 年，湖里蚋虫迅猛繁殖的情况使人们再次采取同样的措施，这次使用的浓度为五千万分之一。当时，消灭蚋虫使人们长长地出了一口气，以为可以高枕无忧了。

冬天来到了，在几个月的冬季里，其他生物受到致命的威胁：湖泊上空的北方鸊鷉开始死亡，死神不容商量地在清水湖面来回游走，死亡报告接二连三传来，已有一百多只鸊鷉死于非命。无法抗拒的诱惑是清水湖中丰富的鱼类，鸊鷉抵御不了这般美食的引诱，它们作为迁徙鸟类中的一部分，成为清水湖的冬季来访者。这是一种营巢的鸟儿，在美国和加拿大西部的浅湖中都有它们的窝巢。北方鸊鷉有靓丽的外貌和优雅的习性，它们有一个美丽的雅号：天鹅鸊鷉，它们紧贴水面轻轻滑过，洁白的脖颈和黑亮的头像天鹅仰天悠扬一鸣那样高高仰起，几乎不会搅动一丝涟漪。刚刚孵出的小鸟浑身覆盖着一层灰色的毛茸茸的软毛，通常，它们在刚刚孵出几个小时后，就会跳进水里，或者黏在爸爸妈妈的背上，惬意地躺在父母羽翼的庇护之中。

1957 年，卷土重来的蚋虫迅速繁殖到原有的数量，人们不得不对蚋虫展开第三次灭杀，这次灭杀蚋虫的结果导致了更多的鸊鹏死亡，与1954年的验证结果相同，从死鸟身上没有发现传染病的证据。有人提出应该对䴙䴘的脂肪组织进行检测，分析发现，鸟儿体内聚集了大量的DDT，且含量惊人，浓度达到约百万分之一千六。

这不禁让人困惑，人们用于水中的浓度约在百万分之零点零二，为什么在䴙䴘身上会蓄积到令人咋舌的地步？不错，这些鸟儿的主要食物是鱼类，于是检测了清水湖的鱼类，结果一幅生物链的画卷依次展开：最小的生物吞食了投进水中的毒物，这些毒物在它们的身体里经过浓缩，然后更大的捕食生物吃掉了它们。从浮游生物中发现的药物含量是百万分之三浓度的杀虫剂（这个浓度是水体中最大浓度的25倍）；藻食性鱼类体内的蓄积量约百万分之四十到百万分之三百；而这当中以食肉鱼类体内蓄积的毒物量最大，一种褐色的鲶鱼体内含有惊人的浓度，达到百万分之二千五！这简直是“杰克的小屋”故事的翻版，这个生物链条的规律一目了然：大的肉食动物吃掉小的肉食动物，小的肉食动物吃掉食草动物，食草动物吃掉浮游生物，浮游生物摄取水中的毒素。

往后，更离奇的故事在不断上演，在刚刚使用过杀虫剂的水中，检测不到DDT。但水中无痕并不意味着毒素离开了湖中的水体，恰恰相反，它不但没有消失，而且进行了更为隐蔽、破坏作用更强的运作，它潜入了湖中生物的组织里。调查表明，在化学药剂停用后的23个月后，浮游动植物体内的DDT残毒是百万分之五点三的浓度。这两年中，浮游植物不断开花凋谢，不断死亡，虽然在水中找不到毒物，但它们神不知鬼不觉地依附着浮游植物，一代又一代地延续下去。不仅如此，在水中的动物体内也有它们的存在。即便停止使用化学药物一年之后，鱼、青蛙及鸟的体内仍然发现有DDT残毒，而且检测出的浓度远远高于起初水中浓度的很多倍。这些活体的带毒生命在最后一次使用化学药剂的9个月后，孵化出的鱼儿、北美鸊鷉和加利福尼亚鸥体内的蓄毒超过了百万分之二千的浓度，这是个惊人的数字。还有更惨的，第一次使用杀虫剂时，营巢的鸊鷉有1 000多对，到1960年锐减至30对，而这30对的营巢也是竹篮打水一场空，因为自最后一次使用DDT之后，清水湖再也没有看到鸊鷉幼鸟的影子。

由此我们知道，全部毒质的环链基础是微小的植物，这些微小的植物一定是原始浓缩的承载者。我们要问：这个食物链的循环终点站在哪儿？到底DDT的使用量上限和下限界定为多少会对人产生作用呢？毫无疑问，作为食物链另一端的人类却对这些生死攸关的事情漠不关心，他们准备好鱼钩，从清水湖中钓起一串鱼，美滋滋地拿回家去作为晚餐享受一番。

加利福尼亚公共卫生署拿出过一份检测报告，宣称没有危害，即便如此，1959年该局还是下发了在清水湖使用DDT的禁令。从科学证据来看，从这种化学药物具有的巨大生物效应来考虑，这一措施只是解决了皮毛问题，只能说是加了一个最低限度的安全阀门，远远抵挡不了来势凌厉的药物侵袭。DDT对生物的生理影响一直处于霸主地位，无出其右，它能毁灭性地攻击肾上腺的一部分，将分泌荷尔蒙素的肾上腺皮质外层的细胞捣烂。1948年，动物实验表明，在狗身上出现了这种毁灭性结果，但当时只在狗身上有影响，而在猴子、老鼠或者兔子身上却没有露出端倪。DDT在狗身上发生的病症与人类的阿狄森病患者的病症非常相似，这有极其重要的参考价值。在最近的医学研究中发现，DDT有很强的抑制肾上腺皮质功能的作用，以毒攻毒，人们将这种对细胞的毁坏能力应用到临床上，治疗肾上腺激增的罕见癌症。

清水湖的情况使公众在震惊之余思考了一个解决起来颇为棘手的问题，这个现实就是：解决了一个明显的小问题，随之而来的是我们没有察觉到的隐蔽性强而且更为棘手的问题。在杀灭昆虫的同时，人类的生理过程也受到了巨大的影响，将化学药物直接用于水体中的措施把我们也赔了进去是否值得？到底怎样做才是明智而有效的方法？如果采用低浓度的杀虫剂恐怕用了也等于零，人类并不是世界上唯一强大的生物，蚋虫在湖里的暴发性繁殖足以说明即使昆虫也有强大的力量抗衡，这种情况成为一个普遍的现象，而且越来越多。清水湖只是其中一个典型。杀灭蚋虫解决了蚋虫困扰之苦，但随之浮上水面的是更为可怕的杀手，所有从湖里捕鱼用水的人遭遇的危险远比蚋虫严重得多，问题还不止于此，我们还无法查出危险变异的缘由。

在水库中使用化学药物已成为常态，这个惊人的事实在人们眼里却见惯不惊。人们不光把水资源作为饮用之需，还加以娱乐之用，当娱乐功能丧失以后，再来做赔本买卖，花钱来使水资源恢复饮用功能。某地区的钓鱼爱好者们突发奇想，要在水库里搞一个“改善”水的娱乐活动。他们说服政府，在水库里投放了大量的化学药物，杀死那些他们不喜欢的杂鱼，改由钓鱼，按他们中意的鱼类制造温床，孵化出适合他们口腹之欲的鱼苗取而代之。整个过程匪夷所思，这种与大自然的天性对着干的性质颇像爱丽丝在仙境里遇到的那些荒诞之事。水库最初是为了提供公共水资源而建立的，然而，附近的居民被蒙在鼓里，甚至没来得及和钓鱼者一厢情愿的计划来一番商量，就不得不去饮用带有药物残留的水，或者按摊派支付税钱，解决水质问题，而这还不是花钱就可以解决了的事，处理毒素之难超乎人们的想象。

生物赖以生存的水资源——地下水和地表水现在都遭到了杀虫剂和其他化学药物的污染，这意味着，不仅仅是毒物而且是致癌的危险物质正在进入公共水源。国家癌症研究所的休伯博士警告说：“饮用水的污染且致癌的风险，在可预见的未来会大大增加。”这话的客观性已在 20 世纪 50 年代得到了印证，当时在荷兰进行的一项研究显示，有证据表明水污染有致癌的危险。相对于河水来说，井水的污染程度略微轻一些，患癌症的概率略微低一些；而受到严重污染的城市公共饮用水，饮用之后患癌症的几率高得多。人体内致癌环境物质是砷，铁证如山，这种两度卷入历史性事件中的杀手，一次是来自矿场的矿渣中的砷；一次是来自天然含有高含量砷的岩石。大量使用含有砷的化学药剂等于给虫灾变本加厉地创造条件，使上述情况借助人为作用轻而易举地重被污染。土壤也难逃劫数，雨水会把部分砷冲进小溪、河流和水库，殊途同归，进入广袤无边的地下水海洋。

在此，我们要郑重地警示人们，自然界中没有任何孤立存在的事物，世界环境污染是一个什么样的情况，需要我们彻底进行了解。现在，我们把关注的目光转向地球的另一个基本资源——土壤。

第五章　土壤的王国

覆盖大陆的一层薄薄的土壤像补丁一样点缀在陆地上，提供给人类及其他动物生存的资源。没有土壤，陆地的植物就没有生长的条件；而没有植物，动物也没有生存的条件。

农业是基础，这是一句老生常谈的话，而以农业为基础的生活依赖于土壤，同样不可动摇的事实是，土壤也依赖于生命。土壤的起源及天然特性与动植物的关系唇齿相依，从某种程度上来说，土壤是生命的创造物，它的历史本身就是一个无可描述的奇特过程：当火山爆发时，炽热的溶浆流到哪儿就是哪儿，水流自由奔放地在光秃秃的岩石间穿行，有滴水穿石功夫的水流将最坚硬的花岗岩石变得千疮百孔时，当严寒时节的冰霜无情地劈裂了岩石时，原始的成土物质在不知不觉间开始质变的条件成熟了。然后，生物创造开始施展魔法，毫无生气的物质不经意间成了土壤。接着，岩石的第一层覆盖物也出现了——地衣，它利用分泌的酸性物质促成了岩石的风化，从而为了其他生命的产生提供温床，地衣的碎屑，微小昆虫的外壳与海洋动物的残骸形成了原始土壤。落脚在原始土壤缝隙中的藓类，开始了生命的第一个阶段，不懈地努力生长。

生命创造了土壤，异常丰富多彩的生命物质滋生于土壤之中，如若不是千姿百态的生命物质共存于土壤之中，土壤就毫无价值可言，它只不过是一堆了无生机东西，象征着贫瘠和死亡。而多样化的生命的存在和活动，赋予了大地象征着生命的绿色外衣。

土壤的变化永无终结，周而复始地无限循环，它持续不断的变化从很多自然现象中得到证实，岩石遭到分解；有机物质腐烂，氨和其他气体随同雨水从天而降，新的物质通过这些媒介进入了土壤，也给土壤积累了新的物质。同时，有的生物也从另外的渠道暂时借走了一些土壤中的物质。在这个过程中，不易察觉且精妙的化学变化每时每刻都在进行着，来自空气和水中的元素在化学变化中转化为植物不可或缺的物质，在所有的变化中，作为活性剂的生物总是其中的重要角色。

土壤是一个黑暗王国，众多生物在这个黑暗王国中繁衍生长，探索这些生物的生存状态是一件颇为有趣的活动，同时，也是最容易被我们忽略的。土壤生物之间的相互连接和彼此制约，土壤生物与地下环境、地上环境是何种相互依存的关系，目前我们知之甚少。

我们唯一了解到的是它们数量惊人，我们还知道一点的就是，恐怕最小的生物恰恰是最重要的生物，那些只有在放大镜中才能看见的细菌和丝状真菌，它们到底有多少，提供的相关数据都是天文数字。一茶匙的土壤中可以容纳数以亿计的细菌，它们体积微小到在 1 英亩肥沃土壤中可以有 1 000 磅的细菌活跃于 1 米的表层中。形状像长线的放线菌数量上不敌细菌那么多，但它们体形较大，在一定数量土壤中的总重量可以和细菌等量齐观。在菌类家族中，被称之为藻类的微小绿色细胞体抱成一团，组成了土壤中的微观植物世界。

没有微生物的运动，就没有各种元素的运动。动植物之所以会腐烂，细菌、真菌和藻类的存在是其主要原因，它们把动植物的残骸还原成了它们自身的无机质。如果缺了微生物这一环，像碳、氮以及各种元素的庞大的循环运动（化学元素要通过土壤、空气和生物组织中的运动）就缺乏能量支撑。比如，如果没有固氮细菌，即便植物在含氮的空气包围中，它仍然会缺乏氮素而死亡。其他生物排放出二氧化碳，二氧化碳能摧毁坚硬的岩石，使其分解。由于土壤中众多微生物在发挥着氧化和还原作用，多种多样的氧化反应和还原反应使铁、锰和硫一类的矿物质发生转移，变得更适于植物吸收的状态。

此外，在土壤中极其活跃的还有数量惊人的微小螨类和一种叫作弹尾虫的原始昆虫，这种昆虫很小而且没有翅膀，尽管它们体型微乎其微，但分解植物残枝败叶，促使森林地面上的碎屑在土壤中转化，却万万不能少了它们。在这个过程中，其中有些小生物的特性神乎其神。比如，掉下来的枞树针叶，竟成了一些螨类的安乐窝，它们隐蔽在树叶中生存并将树叶的内部组织消化掉。等它们把这些事情做完以后，就会剩下一堆树叶的空壳。在处理大量落叶植物枯枝败叶的过程中，土壤和森林中的小昆虫是一支真正有战斗力的队伍，只有它们才能完成这些琐碎而不可思议的工作。它们浸软了树叶，而后消化，促使分解的物质与表层土壤有机地混合。

这些微小而数量庞大的微生物像夏天的蚂蚁贮存食物那样艰苦地忙碌着，此外，还有大型生物介入其中，土壤中的生物包罗万象，从细菌到所有的哺乳动物都依赖土壤而生存。有的是黑暗世界的永久居民；有的到了冬天就会冬眠，在它们的地下宫殿中度过它们生命中的某一个特殊时期；还有一些是无国界的世界公民，在它们的洞穴和地面上来去自由，地下地上穿梭不停。总之，这些土壤生物的活动使土壤中充满了空气，这样的通气渠道促进了水分在植物生长层的疏通和渗透。

说到体型大的土壤生物，蚯蚓算得上是最重要的土壤生物了。大约 75 年前，一本书名为《蠕虫活动对腐殖土的形成以及蚯蚓习性观察》问世，作者为查尔斯·达尔文，他在这本书里让世人第一次了解了蚯蚓在地质因素方面扮演的角色，蚯蚓就地质运营能力在土壤方面的基本作用给我们展开了一幅画卷：地表岩石逐渐被蚯蚓从地下折腾出来的肥沃土壤所覆盖，在适宜搬运的地区，蚯蚓每年可以搬运许多吨重的土壤。同时，树叶和草中所含的大量有机物质（6 个月时间每平方米约有 20 磅）被拖入洞穴，与土壤掺合在一起。达尔文的计算表明，蚯蚓的劳作会 1 英寸 1 英寸地使土壤层增厚，10 年后，它们劳苦功高，土壤层会在原来的基础上加厚一半。而且它们的贡献还不止于此，它们蓬松的洞穴使空气的流动畅通无阻，为土壤保持良好的排水性能提供了条件，这对促进植物根系发达极其有利。蚯蚓的存在实在是土壤的福音，它可以增加土壤细菌硝化的作用，并能减少土壤的腐败。有机体在经过消化系统这一关时会得到分解，而土壤又得益于蚯蚓的排泄物而变得更加肥沃。

土壤王国犹如一张生命之网，这是一张由各种生命相互交织而组成的网，每一种生物都与其他生物以某种方式有机转化，相互交织，生物依赖于土壤，而土壤繁荣的生命力量作为地球的一个至关重要的因素，不可或缺。

说到这里，有一个与我们息息相关的问题一直被冷落一旁：不论是“杀虫剂”长驱直入到土壤中，还是雨水通过森林的树冠、果园繁茂的枝叶或农田进入到土壤中，有毒化学物质闯入了土壤生物生活的世界中，只有一个结果，对家族庞大而兴旺、对优化土壤有巨大贡献的土壤生物来说，它们只有死路一条。既然我们可以使用广谱杀虫剂杀灭那些破坏庄稼的穴居坏虫子，同样可以杀死那些身怀绝技能够分解有机质的好虫子。毒药是不长眼睛的，它不管你是害虫还是益虫，它只管发挥杀伤力，碰到它就是死。或者我们可以想入非非，搞出一种专门对付害虫而对那些促进植物从土壤中吸取养分的真菌毫发无损的杀虫剂？

必须承认一个悲哀的事实，举足轻重的土壤生态学已被科学家们忽视到完全遗忘的地步，而防治人员对这一问题更是熟视无睹。对昆虫的化学防治一直建立在一厢情愿的假设基础上，即土壤可以无限地容忍任何数量的有毒物质的凌辱，不会做出任何反击的姿态。而真正应该高度关注的土壤的天然属性却被搁置一旁乃至淡出人们的视线，完全被忽视。

根据已有的少量研究，可以清晰地看到一幅杀虫剂对土壤的影响正在慢慢展开的画面。研究结果在结论上或左或右，这不奇怪，因为土壤的土质类型有差别，药物对土壤的破坏程度也参差不齐，在某一种土壤中会导致毁坏因素，而在另一种土壤中却是无害的，没有造成任何影响，相对来说，轻质沙土遭受的毁坏程度远比腐殖土严重得多。化学药剂的综合应用比起单独使用杀伤力更猛。姑且不论这些结果孰轻孰重，化学药物对土壤造成的危害已是一个铁证如山的事实，这方面的确凿证据足以引起科学家们的忧虑。

在某些条件下，身居生物世界核心的化学反应在转化过程中受到影响，奇妙地将大气中的氨转化为植物适用形态的硝化作用，而除草剂 2. 4—D 可以暂时中断硝化作用。最近在佛罗里达州的几次实验得到了证据，林丹、七氯以及 BHC（六氯联苯）进入土壤两星期后，土壤的硝化作用不敌化学药物的侵害而减弱了；而 BHC 和 DDT 在使用一年之后，危害余威依然不减。在其他的实验中，BHC、艾氏剂、林丹、七氯以及 DDT 都会成为拦路虎，阻碍固氮细菌在植物上形成必需的根瘤，在菌类与高等植物根系之间那种奇妙而有益的关系遭到严重破坏。

自然界长远而健康的目标是通过生物数量间微妙的平衡而实现的，问题是，这种平衡常常得不到均衡生长的保证，杀虫剂的使用，扰乱了这种平衡，没有安宁的时候。比如，当一些土壤生物由于使用杀虫剂而减少时，另一些生物就会趁势而起，出现暴发性增长，将捕食关系打得七零八落。这样的变化使土壤的新陈代谢活动紊乱，直接影响到土壤的生产力，这意味着，从前被制约的潜在有害生物会借机反客为主，逃脱自然控制，成为土壤的破坏力量。

在考虑对土壤使用杀虫剂时，有一个问题马虎不得，必须给予高度重视，药物残毒盘踞在土壤中的时间不是以月计而是以年计。艾氏剂在使用 4 年之后仍然窝藏在土壤中，一部分为微量残留，大部分转化为狄氏剂。使用毒杀芬剿灭白蚁 10 年之后，沙质土壤中仍有大量的毒杀芬残留，而六氯化合物则更厉害，可以存留 11 年；七氯或更毒的化学物至少在土壤里待上 9 年不成问题；而在使用氯丹 12 年后仍可以发现残留，通过检测拿出来的数据是，残留量为最初剂量的 15% 。

虽然我们认为只是有节制地使用了杀虫剂，但毒物残留却在土壤中累积到惊人的数量。氯化烃的持久性堪称顽固，每次喷洒都是在原来持有的数量上添加。如果反复喷洒的话，“1 英亩地使用 1 磅 DDT 不构成有害”的说法完全是一个忽悠人的神话。科学家在种植土豆的土壤中发现 DDT 含量为每英亩 15 磅，玉米地的含量更高，达到 19 磅。研究发现，在一片种植蔓越橘的沼泽地中，每英亩地中的 DDT 含量是 34. 5 磅，而取自苹果园的土壤污染程度直逼峰值，在园内，DDT 累积的增速几乎与每年的使用量持平。在一个季节里喷洒四次或更多次 DDT 的果园中，DDT 的残毒累积会达到 30 到 50 磅。如果多年反复连续喷洒，果树之间的土壤每英亩含量为 26 至 60 磅，树下的土壤更是重灾区，最高含量达到 113 磅。

土壤持久性中毒的著名案例首推砷污染。自 40 年代中期以来，一种用于烟草植物的喷洒剂取代了砷化学药物的地位，这就是人造有机合成杀虫剂。但是，在 1932 年至 1952 年间，以美国烟草为原料制作的香烟中，发现砷含量已经增长到 300% 以上，最近的研究发现，砷含量竟增长到 600% 。砷毒理学权威亨利 · 萨特利博士说，虽然砷杀虫剂由有机杀虫剂取代，烟草植物仍然由于汲取了土壤中的砷而身负毒素，因为烟草种植园的土壤已被量大而且不易溶解的毒物彻底占领，土壤中饱含重毒素的残留——砷酸铅。这种砷酸铅会延续砷顽固的毒性，释放出可溶性砷。萨特利博士说，很大一部分烟草种植地都万劫不复地遭受“累积的和永久性的毒化”。地中海东部的烟草种植地由于没有喷洒含砷杀虫剂，所以那里的烟草显示只有轻度的化学药物残毒，没有发现如此量大的砷残毒。

这样，第二个问题是我们必须考虑的，我们的着眼点不能光局限于土壤中发生了什么情况，而且还要努力搞清楚植物从受污染的土壤中吸收了多少药物残毒。植物组织内蓄积了多少残毒主要取决于土壤的质量、农作物的类型以及自然条件，而且还涉及到农药的特性和使用浓度。含有有机物较高的土壤比其他土壤释放的毒量相对少一些。从研究过的农作物来看，胡萝卜会吸收更多的化学药物；如果恰巧使用的是林丹，胡萝卜累积的毒素会更多，甚至超过土壤中的含量。我们有必要规划种植，在种植某些农作物之前，必须对土壤中的杀虫剂含量进行检测，否则，即使没有使用过药物的谷物也无法保持身份的清白，它们会从土壤中吸收足够量的农药残毒，使其不宜摆上餐桌。

这种由污染带出的问题没个尽头，因为臭名远扬，一家婴儿食品商家一直不愿意购进那些使用过杀虫剂的水果和蔬菜。最令人痛恨的是六氯联苯（BHC），植物的根系和块茎一旦吸收了它，就会产生霉臭的气味。在加利福尼亚州，两年前曾在甘薯地里喷洒过 BHC 而遗恨无穷，因为甘薯检测出有农药残毒而不宜加工，不得不全部弃之不用。有一年，一家公司来南卡罗来纳州签订供应合同，结果发现甘薯种植地已被大面积污染，这个公司只能承受血本无归的巨额损失，放弃合同，到自由市场去购买甘薯。还有更令人恼火的事情，轮流种植的花生也难逃药物残留的定数，在南部的一些州，通常将花生与棉花轮流种植，因为棉花地喷洒了 BHC，轮到花生种植的时候，花生从土壤中吸收了大量的杀虫剂残毒。其实只需使用微量的 BHC，那种令人讨厌的毒臭味就会直逼人的嗅觉，无法隐瞒出生于哪块土壤。更棘手的是化学药物一旦进入了果核，就是永久性的渗透，没有任何处理方法能除去霉臭味，且变得更加臭气熏天。对于要想决心排除 BHC 残毒的经营者来说，只有一法，那就是将出自被化学药物污染过的土壤产品全部丢弃，包括处理过的农产品，毫不妥协地放弃。

来自农药的威胁并不完全只针对人类，有时农作物本身也是被威胁的对象，只要土壤里有杀虫剂污染，这种威胁就如影随形。对于有些敏感的植物，一些杀虫剂的危害更是显而易见，作物的根系生长和幼苗发育都会因为农药而受到妨碍，比如黑麦、豆子、小麦、大麦等。有一个来自华盛顿州和爱达荷州很值得思考的例子，那里的蛇麻草栽培为我们提供了一个范例。1955 年春天，一些酒花栽培者在这儿开展了大规模的治理象鼻虫防治工作，因为这儿的蛇麻草根部滋生出数不胜数的象鼻虫幼虫，大有泛滥成灾之势。在农业专家和杀虫剂商家的联合动员下，他们选择了七氯作为控制药剂。使用七氯的一年间，凡是喷洒过药剂的园子里，藤蔓相继枯萎并死去，而没有使用七氯的地方却没有什么问题发生。使用农药和未使用农药之间界线分明，一边是死亡的阴影笼罩着，一边则风平浪静。人们不得不破费很多钱重新种上新的作物，但灾害并没有结束，第二年，新长出来的根还是没有逃脱农药残毒而死掉了。直到四年之后，土壤中仍然有七氯的残留，科学家一筹莫展，无法预测土壤中的残毒到底还要存留多久，也拿不出有效的措施来应对。直到 1959 年，农业部才终于认识到使用七氯对付蛇麻草的象鼻虫是一个严重的失误，便撤销了这一建议。但此时认错已为时太晚了，蛇麻草的栽培者们现在只有一个指望，看能不能在这场官司中索赔到一些赔偿。

只要不停止杀虫剂的使用，顽固到不可摧毁的农药残留就会在土壤中旷日持久地与人类抗衡，直至我们无法应对。这说明，我们已经麻烦缠身，正在朝着一条越走越危险的路前进。1960年，在思尔卡思大学举行的土壤生态学讨论会上，专家们达成了共识，大家总结了这种“如此有效但却为人了解甚少的工具”的化学品所带来的危害，“由于人类盲目无知地蛮干，可能会使土壤的生产力遭受灭顶之灾，害虫却逍遥法外，地球的主人易手，各类昆虫作为接收大员坐镇地球”。

第六章　地球的绿色斗篷

水、土壤以及各类植物编织的绿色斗篷，构成了滋养地球上各种生物的生存环境。但现代人类却很少认识到这一事实，如果不是植物利用太阳的能量生产出人类生存所必需的基本食物，人类就不能存活。老实说，我们对植物的认知态度极为偏狭，一种植物有无种植价值完全取决于它是否对我们有利，而不是要考虑是否对整个生态环境有益。如果一种植物看似有某种直接用途，我们就种植它。如果我们看着它不顺眼，哪怕是毫无厘头，我们也会毫不手软地弄死它。除了各种对人类或牲畜有毒或者排挤农作物的植物以外，很多植物之所以遭到毁灭，只是因为我们认为它们不走运，在一个错误的时间长在了一个错误的地方。还有一些是因为它们长在了正好是我们要除掉的植物中间，因此不幸成了覆巢之下的牺牲品。

生命之网中一个重要组成部分就是大地上的植物，其间存在着植物与大地之间、不同植物之间、植物与动物之间微妙且重要的关系。在某些情况下，如果我们别无选择不得不破坏这种关系，在动手之前最好小心谨慎一些，全面衡量一下我们的所作所为在时间和空间上会产生什么样的后果。然而，当今除草剂行业正逢其时，生产商只管大量生产杀死植物的化学药剂，哪里会考虑使用化学药剂会带来什么后果。

我们不计后果地对环境大肆破坏的事件很多。这里不妨举出一例，在西部山区的鼠尾草地带，那里的人们正在大规模地毁灭鼠尾草，以便将草原全面改造成一个牧场。这个悲剧的性质在于毁掉了一段珍贵的历史，因为这儿自然景色正是各种力量相互作用的生动体现，它展现在我们面前的不仅仅是一幅自然景观的惊人之美，而且是一本打开的自然历史书籍，我们可以从中读到这片土地的历史演变，以及我们为什么有必要保持它的完整性。这种有深刻意义的阅读却没使我们产生兴趣。现在，书本打开了，我们却懒得去阅读它。

几百万年前，地壳运动使落基山系隆起了一片土地，这是西部高原和高原山脉的低坡地带，是长满鼠尾草的地方。这个地方并非土肥水美，而是常年气候恶劣：在漫长的冬季，暴风雪如千军万马从山上直扑下来，覆盖了平原，地上是厚厚的积雪；在炎热的夏天，雨水稀缺，烈日炎炎，土地龟裂，干燥的风吹走了植物枝叶和茎干中的水分。

这片气候严酷之地在自然演进的过程中逐步更迭它的生存方式，这是一个需要时间和耐心的过程，一种植物接着一种植物被移植到这片严寒酷暑的高原上，但这里却不是它们的落脚之处，所有努力都失败了。终于，一种由造物主造就、兼备了此地生存所需的全部特性的植物在这片土地站住了脚，鼠尾草——低矮的灌木状鼠尾草在多次试验失败之后脱颖而出，在这片山坡和平原上扎下根来并迅速繁衍生长，漫山遍野地蔓延，它那灰色的小叶子像一把小伞，帮它抵挡住烈日的照射和来自东南西北的风，成功地保持住了留在它体内的水分。这绝非偶然，而是物竞天择、适者生存的进化结果，它尽善尽美，就是为了这片土地而生，于是，被鼠尾草覆盖的土地成了西部大草原。

动物生命进化的脚步一刻也没有停下，它们也和土地的迫切需要步调一致。有两种动物恰逢其时，它们像鼠尾草一样最佳地适应了它们的栖息地，一种是哺乳动物——敏捷而优雅的尖角羚羊；一种是鸟类——鼠尾草松鸡，它还是名声在外的路易斯和克拉克地区的平原鸡。

鼠尾草和松鸡谁也离不开谁，它们相互依赖的关系在二者的生存期是如此一致：当鼠尾草因为衰败而缩小地盘，松鸡的数量也相应地减少，可谓一荣俱荣，一损俱损。生活在这片平原上的鸟依赖鼠尾草而生存，在山麓地带的低矮处，茂密的鼠尾草为松鸡提供了绝佳的游玩场所和庇护之地，鸟巢及幼鸟安然无恙地藏身于低矮的草丛中，任何时候，鸟儿都可以任意地取食鼠尾草，这是上天赐给它们的主食。鼠尾草和松鸡的关系是一个彼此依赖的关系，并非只是哪一方受益，松鸡独特的求偶方式让鼠尾草下面的土壤变得非常松散，并且清除了影响鼠尾草生长的其他杂草。

羚羊和鼠尾松鸡都是这片平原上的主要居民。冬天，初雪悄无声息地降临，在山间度夏的羚羊向低矮处转移。山脚下茂盛的鼠尾草是它们越冬的食物，当其他植物的叶子凋零时，鼠尾草依然常青，它那缠绕在浓密的灌木丛茎梗上的叶子依然生机盎然，叶子略带苦味，散发出独特的芳香，含有丰富的蛋白质和脂肪，以及动物必需的无机物。即便大雪压顶，鼠尾草仍然从厚厚的积雪中露出它的顶端，羚羊用尖利的蹄子轻轻一挠动，就会刨到这些可口的食物。聪明的松鸡也会在裸露的、被风刮得突起的岩架上找到鼠尾草，或者跟随羚羊到它们刨开积雪的地方觅食。

鼠尾草也是其他生命的保障，黑尾鹿常常指望鼠尾草过活。可以这样说，鼠尾草保证了食草牲畜在冬季的食物供给。在绵羊过冬的牧场上，独领风骚的鼠尾草在冬季的牧场上郁郁葱葱。从营养价值来看，鼠尾草比紫苜蓿含有更高的能量，几乎每年有一半的时间，绵羊都以鼠尾草为主要食物。

严寒笼罩的高地平原，长着紫色枝丫的鼠尾草，优雅敏捷的羚羊以及鼠尾草松鸡，构成了一个尽善尽美的自然平衡系统。果真能好景常在吗？至少在人类跃跃欲试改变广阔的鼠尾草高地平原时，情况出人意料，“是”改成了“否”。现在，这样的地区正在被开发利用，土地管理局在进步的旗号下，迁就放牧者的贪婪需求，置保护生态环境于脑后，尽力打造人工草场。于是，那一片与鼠尾草天造地设的高地平原在劫难逃，这原本是一片适合于与鼠尾草混杂或生长在鼠尾草遮盖下长草的自然选择，现在在人们的规划中是要剔除鼠尾草，创造一片纯净的草场。没有人开动脑筋想一想，问问人工干预的草地是不是能在这一区域达成符合需求的目标。当然，大自然的回答与人们的愿望相左，在这一片雨水稀缺的土地上，年降雨量根本不足以支撑起一个可以提供优质草皮的草场，但它对鼠尾草遮掩下的多年生羽茅属丛生禾草十分有利。

对鼠尾草的杀灭计划进行了多年，一些政府机关乐此不疲，工业部门也很积极地加入进来，鼓吹发展这一事业的好处，可以增加草种销量，带动各种耕种、收割机器的市场繁荣。而实现这项计划最得力的助手就是化学喷剂。现在，数百万英亩长满鼠尾草的土地上都被喷洒了农药。

这种甩开膀子大干的后果是什么？人们一厢情愿地想象除掉鼠尾草并播种牧草的基本效果，这种靠推测的结果真的靠谱吗？深谙这片土地习性的人们知道，单独种植牧草的生长效果会差得很多，不如让牧草与鼠尾草混杂生长或在鼠尾草遮掩之下种植牧草，因为裸露在外的牧草失去了鼠尾草的遮掩就会流失水分。

这个鼠目寸光的短期行为撕裂了和谐的生态结构，紧密交织的生命之网被毁于一旦，羚羊和松鸡的踪迹随着鼠尾草的消失而消失了，鹿儿也没有好日子过，依赖土地的野生生物的毁灭使这片土地变得贫瘠。那些在计划中可以大大长膘的牧畜都会因为夏天青草的缺乏而遭殃，往昔鼠尾草茂盛，耐寒灌木和其他野生植物争相生长的平原消失了，绵羊只能在饥饿中度过漫长的冬季。

这些都是我们看到的最明显的影响，还有更为严重的影响会接踵而至，这种恶劣的影响是那杆喷药枪搞出来的，目标之外的大量植物在喷药的同时无一幸免，尽遭毁灭。1959 年，也就是喷药的那一年，司法官威廉·道格拉斯来到了这个地方，看到枯萎而垂死的柳树，哀鸿遍野的荒地，使他大为震惊，这是怀俄明州的布里杰国家森林中由美国森林服务管理局制造的生态破坏的典型例子，在他的最新著作《我的旷野：东去凯达丁》中，他表达了对这个“巨大的、难以弥合的创伤”的愤怒。由于对那些希望拥有更多草地的牧人的妥协，在一万多亩长满鼠尾草的土地上喷了农药，鼠尾草难逃厄运，按计划被除灭了。然而，沿着曲折蜿蜒的小河，在原野上错落有致的柳树也遭了池鱼之殃，正如鼠尾草对于羚羊一样，麋鹿依赖于柳树，它们一直生活在柳树丛中，以柳树为食的河狸也是那个大家庭的一员，柳树被农药扳倒了，它们也失去了家园。过去，这儿的一切都是那么养眼，横跨河流的水坝在河狸辛勤的劳动下形成一个小湖。原来在山溪中游动着许多鳟鱼，这种鱼一般不超过 6 英寸，但在这个湖里，鳟鱼又肥又漂亮，很多鱼都在 5 磅以上，水鸟也在湖光山色的吸引下来到了湖区，由于柳树及依靠柳树为生的河狸的存在，这个湖成为引人入胜的渔猎胜地，人们络绎不绝来此钓鱼和打猎。

时隔一年，道格拉斯重返这片被农药喷洒过的土地，他想了解一下喷洒农药之后的结果，麋鹿怎样了？河狸创造的那片小天地还在吗？可是，河狸和麋鹿已不见了踪影，它们另寻生路去了，那个精巧的水坝因为无人打理而消失了，湖泊干涸了，滴水不剩，没有一条大一丁点儿的鱼留下来，贫瘠燥热的土地上找不到一个荫凉的落脚处，仅存的小溪流苟延残喘，没有什么可以在这个被遗弃的小溪里生存。这个生命世界已遭万劫不复的毁灭。

除了每年对超过 400 万英亩的牧场喷洒农药以外，其他类型的大片地区为了控制野草生长，也同样采取直接或间接的方式喷洒化学药物。例如，公用事业公司控制着一个比整个英格兰还大的区域，足有 5 000 万英亩的土地在公用事业公司的计划之下，排着队接受例行的“灌丛防治”，在西南地区，约有 7 500 万英亩的豆科植物土地需要治理，最为推崇的方法是化学药物治理。还有一片具体数目不大清楚，但面积不小的木材产出地目前正在接受空中喷药，这是为了杀死针叶树中的阔叶硬木，为抗药性更强的松柏腾出空间。自 1949 年以后的十年间，施用除草剂的农田范围翻了一倍多，到 1959 年达到了 5 300 多万英亩。如果把私人草坪、花园和高尔夫球场都算在内，总面积会是一个令人咋舌的数字。

化学除草剂是一种时髦的新型玩意儿，它们有像变戏法一样的惊人效果，可以立竿见影地让人们看到它们杀虫的本事。它们在使用者眼前展现出征服自然的神奇力量，使人们对它们的魔术叹为观止，但由此带来的长远的后果却被人们漠然视之，认为这是悲观主义者杞人忧天的想象和臆测。农业工程师眉飞色舞地讲述着“化学耕种”的好处，鼓吹将喷雾枪取代犁头，成千个村镇的父老乡亲和政府官员，被那些化学药物推销商和承包商热情洋溢的说辞蛊惑得心花怒放。他们歼灭路边的“野生丛林”来换取承包商手中的酬金，叫卖声比割草还划算，这些数据表都将在官方文件中表现出来。但是，真正付出的成本并非只是美元，而是在不久的将来我们要面临的各种难以对付的麻烦和无可挽回的损失，那就是对环境和赖以生存的各种生物长期而深远的破坏。如果最后的胜负可以用美元来折算的话，化学药品广告是一笔高昂的费用。

受每一个商会关注的游客评价是个什么反映呢？现在，越来越多的人站到了反对使用化学喷剂的阵营中，曾几何时，路边美丽的野花和浆果消失了，蕨类植物点缀的灌木丛和长满羊齿植物的田间都变成了一片枯萎的棕黄色，死气沉沉的。化学喷剂杀死了大地上所有生意盎然的生物，美丽的景物仿佛有死亡的幽灵游荡其间。新英格兰一位妇女给报社写信投诉说：“我们正在把道路两旁的风景糟蹋得一蹶不振，制造出一个肮脏的、毫无生气的灰色地带，我们为了宣传这儿的美景，掏空了口袋里的最后一分钱，但这种景观并不是游客们所期望的。”

1960 年夏天，一群来自各个州的环保人士聚集到缅因州一个幽静的岛上，共同见证由国家奥杜邦[①]协会主持人米莉森特 · T · 宾厄姆的演讲。当天讨论的中心议题是保护自然景观，保护从微生物到人类交织的丰富多彩的生命之网。但所有来到岛上的人谈论的中心都指向了沿途路边的环境。过去，漫步于绿树成荫的小道是件赏心悦目的事情，道路两旁长满了杨梅，青葱欲滴的羊齿植物，赤杨和越橘。现在我们的视野中除了灰褐色的荒芜景象，再也看不到养眼的东西。一位环保人士在 8 月份游历了缅因州的一个岛，他写下了这份日记：“我为缅因州遭遇毁灭的原野而愤怒，前些年我也曾来过这儿，那时的公路两旁野花怒放，茂盛的灌木丛连绵不断。而现在，1 英里接着 1 英里的，只有死去植物的残枝败叶……如果用钱来衡量的话，试问，由于美丽的风景遭到毁灭而丧失了游人的信誉，缅因州输得起吗?”

目前，在全国范围内，以治理灌木丛为名义，一场破坏行动正在如火如荼地进行。缅因州只是其中一个案例，对于喜欢缅因州那美丽景色的人来说，这是个很难接受的痛苦事实。

康涅狄格植物园的植物学家宣称，漂亮的原生灌木和野花正在遭受万劫不复的毁灭，我们已陷入“路旁原野危机”。杜鹃花、紫越橘、越橘、月桂树、山茱萸、低灌木、苦樱桃、杨梅、冬浆果、羊齿植物以及野李子，都在化学药物大举进攻之时死去。曾经给大地带来迷人妆容的雏菊、黑眼苏珊花、安妮女王花和秋麒麟草都已枯萎了，它们曾经赋予大地富有魅力的美丽景色。

农药的喷洒行动并非是一个简单的计划不周的问题，而是有钱就可以任性。在新英格兰南部的一个小镇，一个承包商完成了他的工作后，桶里还剩下一些农药粉，他不假思索地将这些药粉随意抛洒在路边的林地，这片林地本来是不允许喷洒农药的。他的随意滥用使这一片美丽的风景遭到破坏，以前，这儿的紫菀和秋麒麟是这个小镇秋天最惊艳的植物，它们天蓝色和金黄色的色彩点缀在道路两旁，描绘出最令游客流连忘返的图景。在新英格兰的另一个城镇，一个承包商在没有得到公路局允许的情况下，擅自修改了喷药标准，喷药高度达到 8 米，而最大限度为 4 米，足足超标一倍，结果给这条宽阔的道路留下了一片永远无法愈合的伤痕，那是一道深褐色的伤口，难看且触目惊心。因为一个农药推销商的游说，马萨诸塞州的一个乡镇官员从农药推销商手中购买了除草剂，却不知道这种除草剂中含有砷，结果喷药之后，他成了间接的凶手，由于砷中毒，杀死了 12 头母牛。

1957 年，沃特福德镇清理道路两旁的杂草，喷洒了除草剂，结果祸害一方，康涅狄格植物园自然保护区的树木受到了严重伤害，即使大树没有喷洒农药，但树叶的生长受到了影响，时值万物勃发的春季，但橡树叶却不能舒展地伸开，卷曲成一团且颜色发暗。接着，新芽迫不及待地冒出来，长得超乎寻常的快，树上悬挂着一些垂枝。两个季节过后，一些粗壮的枝丫死了，其他树枝上的树叶已全部凋零，光秃秃地变了形，垂枝像破布片儿悬挂在那儿，整个森林呈现一片破败的景象。

我印象中有一条路，那是大自然的杰作，大地在这条道路的各个尽头孕育了繁茂的赤杨、羊齿植物、荚蒾和杜松，道路两旁由于这些青翠欲滴的植物而年轻美丽，季节的转换就像舞台转换一样，不同的精彩让人们大饱眼福。时而鲜花争奇斗艳，繁花似锦，香气袭人；时而硕果累累，挂在树上的各种浆果闪耀着宝石一样诱人的光泽。这条道路还有一个舒心之处就是畅通无阻，它没有堵车的烦心事，整齐的灌木对驾驶员的视线没有妨碍，又没有急转弯和岔路口。后来，喷药人接管了这条公路，噩梦开始了，再也没有人留恋这条公路了，道路两旁华丽的装饰被剥得赤条条的，人们路过时都选择快速通过，对贫瘠的忧虑使我们的心灵世界阴霾密布，这些破败的景象需要我们以极大的耐心来忍受，而制造出这丑陋的伤口，正是我们手上掌握的技术。不知道为什么很多地方的权威机构总是迟疑不决，拿不定主意来应对。由于某种意外的疏忽，在计划喷药的范围内会偶然地留下些荒漠绿洲，正是这些劫后余生的美丽绿洲与被毁得贫瘠荒凉的大地形成巨大反差，这更加令人难以接受。在这些绿洲里，飘动着白色的三叶草，还有成片的如云霞般的紫色野豌豆花，百合花火焰般的红色点缀其中，这些景色都是治愈大师，可以使我们的心情变好，为之振奋。

只有那些搞化学销售行当和使用化学药物的人，才会把这些价值不菲的植物视为“野草”。在杂草防治协会刊发的一期《公报》中，我看到一篇关于除草剂原理的奇谈怪论，作者提出了一个法西斯暴君似的论点，那些有益的植物被杀灭，是因为“它们和坏的植物共生”。那些对杀死路边野花心怀不平的抱怨使这位作者产生了灵感，他联想到历史上的反对活体解剖者，“依他们之见，”他说，“是不是一条走迷了路的野狗的生命比孩子们的生命更加神圣不可侵犯”。

持有这种高论的作者显然歪曲了我们的原意。我们珍爱野豌豆、三叶草和百合花那神来之笔的野性之美，它们短暂而惊艳的美在一年四季中轮番上演。现在，这一切像被一场大火烧尽了一样，只剩下断垣残壁似的伤痕，葱绿的灌木变成了赤褐色，而且非常脆弱，曾经有着美丽花朵的羊齿植物，如今无精打采地耷拉着。我们显得那么懦弱无力，逆来顺受地忍受着这糟糕透顶的现状，对野草的斩尽杀绝并不能赢得我们的赞同，我们不会为人类征服了这个混乱的自然界鼓掌欢呼。

司法官道格拉斯参加过一个联邦的农民会议，与会者讨论的是关于对鼠尾草喷洒农药的议题，这就是我在前面一章里提到过的内容，专家们并不重视一位老妇人反对清除野花的计划，认为这是一个笑话。这位善良而富有洞察力的法官反驳道：“难道她想寻找一株葶草或虎百合不是她的权利吗？这就如同一位牧人寻找一片森林，或者一位伐木者寻找一棵大树一样无可非议。要知道，原野的美与山脉中的铜矿和金矿以及旷野的树林一样珍贵。”

当然，除了审美价值以外，在我们希望保护的原野植物中，还有更多植物的实用价值远超审美价值，大自然的组合有人类不能看透的奥秘，自然植被的搭配在乡间尤为突出，乡村小路的树篱与邻近的原野相得益彰，是众多鸟类觅食的天堂，树篱的低矮处恰到好处地成为鸟类孵养和隐蔽的最佳场所，是幼小动物的安乐窝。仅在美国东部的地区，在 70 种典型的路边植物中，就有 65 种灌木和藤蔓植物是野生生物的重要食源。

野蜂和其他授粉类昆虫也很青睐这样的植被，乐意来此栖息，可悲的是，人类并没有意识到我们需要这些天然授粉者，乡间农夫也对野蜂的价值知之甚少，甚至反其道而行之，采取措施杜绝了野蜂对人类的殷勤奉献。实际上，一些农作物和许多野生植物或部分，或全部都要依靠天然授粉昆虫的效力。有数百种野蜂参与了农作物的授粉过程，单就紫苜蓿花而言，就有 100 多种野蜂传粉。如果没有昆虫的授粉作用，在尚未耕耘的地方保持水土流失并使土壤更加肥沃的植物必死无疑，进而殃及整个生态系统，造成深远而无可挽回败局。森林中和牧场上的野草、灌木丛和乔木的繁殖全都依靠天然昆虫；如果没有这些植物，许多野生动物和牧场牲畜就会食源匮乏。现行的“清耕法”和化学药物对树篱和野草的歼灭，无疑是在毁灭授粉昆虫的家园，随着它们避难所的覆灭，生命与生命之间的链条也被切断了。

正如我们所知道的，这些昆虫对我们的农业原野有着举足轻重的作用，它们理应得到回报，人类应该善待它们，而不是粗暴地践踏它们的栖息地。正是原野上的秋麒麟草、蒲公英和芥菜这一类“野草”的花粉，为蜜蜂和野蜂的幼蜂提供了丰富的食源。在春天，苜蓿开花之前，蜜蜂的基本口粮就是野豌豆花，它们靠着这个度过春荒季节。大自然有一双巧手，精致而准确地把时间把握得恰到好处，当柳树开花的那一天，准会有一种野蜂按时出现。懂得这些道理的人不在少数，但总会有一些人热衷于用化学药物来污染那妙不可言的美丽景观。

那些深知保护野生动物栖息地价值的人士躲到哪儿去了？他们中间有很多人开始胡说八道，说什么除草剂对野生动物是“无害”的，为除草剂的毒性辩护，说除草剂的毒性弱于杀虫剂，于是那个荒谬的除草剂无害论便出笼了，既然无害，就可以用。然而，当除草药剂撒向森林和田野、撒向沼泽和牧场之时，死亡的阴影也降临了，野生动物的栖息地明显地受到了破坏，乃至永久性的毁灭。从长远来看，毁掉野生动物的家园和食源恐怕比直接杀死它们还要残酷。

对公路两旁进行所向无敌的化学扫荡具有双重的讽刺意味，这种措施将计划解决的问题永久性地搁置了起来，证据是，地毯式的滥用除草剂对持久控制路旁的“丛林”显得心有余而力不足，那些被喷洒了除草剂的“丛林”，野火烧不尽，春风吹又生，不得不年年喷洒一遍。更具有讽刺意味的是，我们就这样一条路走到底，全然忘了更为妥当的选择性喷洒方法，这种方法可以科学地控制植物生长，犯不着下大力气做反复喷药的蠢事。

事实上，控制公路两旁灌木丛的目的，并不是要把地面上青草以外的所有植物都清除掉，说得更简洁明了就是，只是除去那些妨碍驾驶员视线的植物，这里指的是高大的乔木。而大多数灌木都很矮，包括羊齿植物和与地面亲密接触的野花，它们对道路安全都不构成威胁。

选择性喷药是弗兰克·伊格勒博士的主意，当时他正在美国自然历史博物馆任公路灌丛防治建议委员会主任。着眼于自然的内在稳定这一事实，即大多数灌木丛植物对高大乔木天生有抵御能力，选择性喷洒正好迎合了这一自然界固有的安定性。相对来说，草原更容易受到树木幼苗的大举入侵。选择性喷药的最佳效果就是清除掉高大的乔木植物，在路边培养起青草和其他植物，这种清理行动往往只需一次足矣，如果遇到了意外的强烈抵抗，可以追加处理。这种做法的好处是既实现了灌木防治，除灭的乔木也不能复生。事实上，植被防治的最佳手段不是通过化学药物，而是通过其他植物，以物易物。

这种方法一直在美国东部的研究区中进行试验，结果表明，只要处理得当，一个区域的植被环境便会趋于稳定，至少在20年内无须再喷药。这种喷药方式是由工作人员手动控制，喷药的人背着喷雾器步行完成药物的喷洒，这可以有效地控制喷嘴。有时也可以将压缩泵和喷嘴安置在卡车的底盘上，但绝不进行地毯式喷药，而是针对乔木和长得过高的灌木进行清理。如此一来，整个环境的完整性便得到很好的保存，野生动物价值不菲的安乐窝皮毛无损，而羊齿植物、灌木和野花交织而成的美丽景色也安然无恙。

很多地方都采用过选择性喷药的植物管理方式，但归根结底，要撼动约定成俗的旧习惯，一个字：难！地毯式的喷洒看似一举消灭了害虫，但它们很快死而复活，每年都要纳税人掏腰包出重金来重复喷洒，这个沉重的代价还不是钱的问题，而是会导致整个生态系统走向毁灭。因为地毯式喷洒的弊端不为人知，纳税人年复一年地拿钱来做这有百害而无一益的事。如果有一天，他们一旦明白了喷洒药剂的钱不是只需一代人一次性缴纳，而是一年一次地埋单，他们肯定会心疼自己的腰包，起来反抗，要求进行改变。

选择性喷药有诸多的优越性，其中之一就是，它可以把用在某一地区渗透到土壤中的化学药物减少到最低限度，而它本身的药效则有的放矢，直逼高大乔木的根系，无须广泛喷药，而是定点清除。这样，对野生动物的潜在危害就能控制在最低限度。

目前广泛施用的除草剂是2.4－D、2.4.5－T以及有关的化合物，姑且不论这些化学药物是否有毒，我们只举一个事实，在自家草坪上喷洒2.4－D药物的人，只要身上沾了药水，严重的神经炎症就会找上门来，最严重的甚至会瘫痪。虽然此类事情的案例不是经常发生，但医药当局已发出警告，建议谨慎使用这类化合物。而在2.4－D的药物中，可能潜藏着其他的危害，实验显示，这些药物会像X射线那样破坏染色体，扰乱细胞内呼吸的基本生理过程。最近一项研究表明，即便使用远远低于致死量的剂量，2.4－D以及其他一些除草剂对鸟类的繁殖也会产生不利影响。

暂且不讨论药物的直接毒性作用，只说某些除草剂在使用过后发生的一些后果，这是一种令人诧异的间接性后果，一些动物，不论是野生食草动物还是家畜，它们对喷洒过药物的植物像被勾了魂似的喜欢，这些植物对它们不可抗拒的诱惑并非它们是天然的。我们假设，如果使用了毒性较强的含砷药物，动物对枯萎植物的强烈愿望会使它们付出生命的代价。如果碰巧某些植物本身带有毒性或者长有荆棘或芒刺，即便毒性很小的药物也会引起致死的后果。例如，牧场上有些野草本身就有毒，喷洒药剂之后，这些野草一夜之间成了牲畜的美味佳肴，对动物有了巨大的吸引力，家畜迷恋于这些包着糖衣的食物，最后死于这种异常的吃食。兽医药物文献记载：猪吃了喷洒过药剂的瞿麦草会患上严重的疾病，羊羔吃了喷过药物的蓟草也会得病；蜜蜂在喷过药的芥菜花上采蜜会中毒。野生樱桃的叶子本身就有很强的毒性，可是喷上2.4－D以后，牛会狂热地喜欢上野樱桃。还有更离奇的，一旦喷上药，即便是割下来的干草，对牲畜有更为致命的吸引力。豚草就是一个不同寻常的例子，这种草本身并不受牲畜欢迎，牲畜平时都不屑于吃它，除非在冬季食源缺乏或春荒时才被迫去吃，可这种草的叶丛一旦喷上 2.4 – D 以后，动物便会对它趋之若鹜。

从药理方面来说，化学药物使植物本身的新陈代谢发生了变化，植物内的糖分会暂时飙升，带有甜味的植物会深得动物的喜欢。

2.4 – D 还有一个奇怪的效能，不管对牲畜还是对野生动物，甚至对人，都会出现明显的反应。大约 10 年前曾做过一些实验，结果显示，凡是喷洒过 2.4 – D 药剂的谷类或甜菜，硝酸盐的含量都会急剧增加。同样，高粱、蜘蛛草、向日葵、羊腿草、藜、荨麻都会有同样的变化。这当中的许多植物本来并不合牛羊的胃口，它们根本不愿吃，但一喷上 2.4 – D，这些植物就成了牛羊的美味食物，吃得津津有味。农业专家说，很多家畜的死亡都与喷过药的野草有关系，致死的罪魁祸首就是 2.4 – D，这种把毒药化装成美味的隐性杀手最致命的武器就是硝酸盐，对于反刍动物特有的生理过程来说，硝酸盐对其生命是一个很大的威胁。反刍动物大都具有复杂而特殊的消化系统，它们的胃都有四个腔室，其中纤维素的消化由于微生物（瘤胃细菌）的作用在一个胃室完成。当动物进食了含硝酸盐浓度异常高的植物后，瘤胃中的微生物会将硝酸盐转化为毒性很强的亚硝酸盐，接下来，一系列致命环节的链条便随即发生：亚硝酸盐作用于血色素，使其产生一种巧克力一样的褐色物质，这种物质是封杀氧气的，一旦氧气被封锁起来，呼吸系统便成了重灾区，没有呼吸过程，氧就不能由肺部输送到身体的各个机体组织中，因为缺氧，几个小时内死亡就会降临。至此，那些在喷洒过 2.4 – D 的草地上放牧的家畜发生伤亡的报告，终于尘埃落定，得到了一个合理的解释。这样的危险对野生的反刍类动物来说，更是难逃一劫，比如鹿、羚羊、山羊和绵羊。

虽然其他因素也能够引起硝酸盐含量的增高，比如异常干燥的气候条件。但 2.4 – D 的滥卖和滥用造成的后果已到了不能等闲视之的地步。威斯康星大学农业实验室已经对此报以极大的关注，他们在 1957 年就提出过警告："喷洒过 2.4 – D 的植物中可能含有大量的硝酸盐。"这种威胁已经蔓延到人类，这一危险来得正是时候，最近连续不断发生奇怪的"粮仓死亡"事件，为人类敲响了警钟，当含有大量硝酸盐的谷类、燕麦或高粱放进仓库后，在贮存期间会形成可怕的隐性杀手，就是有毒的一氧化碳气体，这对人是一种致命的物质，进入粮仓的人一旦吸入一氧化碳便可能引发化学性肺炎。明尼苏达州医院研究了一系列这样的病案，除一人幸存外，全部死亡。

"我们在大自然中散步，如同大象行走于摆满瓷器的陈列室一样。"这是荷兰科学家 C. J. 贝尔金对使用杀虫剂做出的评价，"我认为，我们对很多事物的判断都是臆测，我们根本没有弄清楚长在田野中的那些野草是否全部是毒草，还是有一部分是有益的植物？"贝尔金博士如是说。

这一问题的提出实属难能可贵，野草和土壤之间究竟存在什么样的关系？我们即便只从狭猛的自身利益考虑，研究它们的关系也是有价值的。我们已经知道，土壤与其中、其上的生物无一不是相互依存、彼此互补的关系。野草从土壤中吸取了适合自身的营养物质，但它也会对土壤有所贡献。最近，我们得到了一个很好的佐证，荷兰的一座城市花园里的玫瑰花长势不怎么好，通过提取土壤样品发现，花园里的土壤已遭到线虫的严重侵害。荷兰植物保护局的科学家绕开了使用化学药剂对土壤进行处理的习惯用法，建议把金盏花种植到玫瑰花当中。不用说，化学药物的卫道士们一定会嗤之以鼻，认为这是在玫瑰花中种进了杂草。实际上，金盏花正是土壤害虫的克星，从它根部分泌出的一种物质可以杀死线虫。人们采纳了这个建议，在一些花坛中种植了金盏花，而另外一些花坛则不种金盏花，两相比较，结果显而易见。种植了金盏花的玫瑰花坛，得益于金盏花的保驾护航，玫瑰花长势繁茂；没有种植金盏花的花坛中，玫瑰花病恹恹地耷拉着，半死不活地枯萎了。现在，很多地方都采用种植金盏花来消灭线虫。

从这一点来看，由于我们的无知，缺乏对其他一些植物作用的了解，过去被我们无情地杀灭的其他植物，正对土壤起着积极的作用，它们保证了土壤的健康。被斥之为“野草”的自然群落的一个非常有效的作用就是可以作为土壤的指示剂。当然，这种有效的作用在那些施用化学除草剂的地方已经消失了。

那些热衷于使用喷药解决问题的人们忽略了一个具有重大科学意义的事实，有一些自然群落很有保留的必要，这些植物可以作为一个参照标准来衡量人类活动带来的变化。植物群落的存在为各种昆虫和其他有机生物提供了一个安身之所，这个栖息之地对杀虫剂的有效抵抗正在改变昆虫及其他有机生物的遗传基因（详情在16章中解释）。一位科学家提出了一个大胆的设想，在昆虫的基因组合被改变之前，抢先建立一些保护特别种类昆虫的“动物园”，比如螨虫及同类的生物。

我们得到过一些专家的警告，日益增加的杀虫剂可能会在植物中产生细微却难以捉摸的植被变化。清除阔叶植物的化学药品2. 4 – D的施用使草类没有了克星而疯长起来。如今，那些长势繁茂的草类却变身为“野草”，这又给我们增加了一个防治目标，控制杂草的新问题出现了，噩梦又开始了，向着另外方向转化的循环启动了。在最新一期的农作物问题的寻杂上，这种奇怪的现象得到了认证：“限制阔叶植物的2. 4 – D的广泛使用，助长了其他草类的迅猛生长，谷物与大豆面临新的威胁。”

花粉症患者的病源——豚草就是一个防治失当、反受其害的例子，这是人类在“搬起石头砸自己的脚”。有数万加仑的化学药品在沿道路两旁派上了用场，目的是控制这一带的豚草。然而，事实给出的答案却令人悲哀，地毯式的喷药反倒给豚草的生长帮了倒忙。豚草作为一年生草本植物，它的特点是幼苗需要在开阔地带才能生长。所以，治理这类植物的解决办法应该是保持茂密的多年生植被，比如灌木丛及羊齿植物，而喷洒药物杀死了我们需要保留的植物，空旷而荒芜的区域恰好给豚草腾出了大片空间，等于我们亲手给豚草创造了尽情生长的条件。此外，引起过敏症的花粉含量可能不该怪罪路边的豚草，但与城市地块与休耕地上的豚草有关。

清除山查子草的化学除草剂隆重上市，本是一个错误的方法，却受到狂热的追捧。其实，与其年复一年地使用化学药品，不如以战休战来得更为实效，这种廉价而又有实效的做法就是给山查子草提供一个竞争对手，让它跟另外一种牧草竞争，这种竞争使山查子草一败涂地，被杀得丢盔卸甲，无法残存。山查子草有一个特性，只适合在贫瘠的土地上生长。我们提供肥沃的土壤让需要的草类长势繁茂，这就抑制了山查子草的生长，等于说创造一个环境使山查子草没有生存的空间，因为只有在开阔的空间里，它的种子才能发芽。

大家都没有冷静地考虑一下客观情况，苗圃工人盲从化学品生产商的意见，郊区居民又盲从苗圃人员的意见，一条龙错到底。于是，郊区居民为了清除山查子草，把数量惊人的除草剂喷洒在草坪上。在商品名字中根本看不出它们的配方和它们的特性，实际上在这些化学药物的配制中包含了多种毒素，比如：汞、砷、氯丹。人们在化学药品生产商和苗圃工人的鼓动下，把大剂量的农药洒进了草坪，留下了数量巨大的残毒。按照使用参数，他们将在一英亩地中使用 60 磅氯丹产品，如果使用另外一种产品，他们就将在 1 英亩地中使用 175 磅的砷。在第 8 章里，我们会看到鸟类的死亡，触目惊心，只是目前我们还没有线索得知这些草坪对人类的危害程度有多大。

实验表明，采取选择性喷药对路边和公路标界的植物进行管理，是一个大有希望的方向，作为健全的生态防治体系，我们需要用正确的方法对农场、森林和牧场以及其他植被实行规划控制。这种方法的终极目标不是毁灭某一种特别植物，而是将整个植被当作活的群落，实行有效的管理。

在取得的一些有效的成就说明中，我们有能力达到解决问题的预期目标。在如何控制不需要的植物生长方面，采用生物控制已经取得了惊人的成就。人类遇到的一些头疼等问题，大自然也绕不过去，但大自然是一个医术高明的医生，往往可以妙手回春，成功自救，通过她自身的办法成功地解决这些问题。对于掌握了足够知识的人类来说，运用智慧去观察大自然，进而利用大自然的有利因素服务于人类，就会获得应有的回报。

有一个控制多余植物的经典案例，加利福尼亚州的克拉玛斯草（山羊草）是一个外来物种，它原是欧洲的“土著居民”，在它的故乡，人们叫它圣约翰斯沃草，它踩着人类的脚印迁移到了西方，1793 年，在美国第一次发现了它的身影，它的落脚地就在靠近宾夕法尼亚州兰开斯特的地方。1900 年，它入侵到了加利福尼亚州的克拉玛斯河附近，于是，这个地名就成了它的名字。1929 年，它势不可当地占领了近 10 万英亩的牧场，1952 年，它已在约 250 万英亩的土地上泛滥成灾。与本土植物鼠尾草相比，克拉玛斯草在本地的生态系统中没有自己的空间，没有动物或其他植物与它产生相互依赖的关系，它对谁都没有存在的价值。它出现在哪一方，就危害一方，牲畜吃了这种有毒的草就会“满身疥癣，口舌生疮，无精打采”。土地的价值一落千丈，因为克拉玛斯草名声欠佳，长满这种草的土地都会折价。

而在欧洲，克拉玛斯草或者叫圣约翰斯沃特草却没有任何这般难堪的处境，与这种植物一道进化出的多种昆虫，与它们构成了相生相息的依赖关系，这些昆虫以这种草为食，由于昆虫的大量进食，这种草的生长规模得到了有效的控制。尤其是法国南部的两种甲壳虫，个头有豌豆那么大，浑身闪烁着金属般的光泽，它们的生存完全依赖于这种草，它们只进食这种草，并靠这种草繁殖后代。

1944 年，美国首次引进了这两种甲壳虫，这是一个生态领域的革命性创举，是北美利用食草虫来控制植物生长的一次尝试。到 1948 年看到了效果，两种甲虫都繁殖兴旺，此时犯不着再用货运专列从国外进口了。传播它们的方法是，在甲虫的原始群落收集甲虫，然后把它们以每年数百万按比例投放出去，先在小范围的区域完成甲虫的散布，任甲虫自行扩散，一旦此地克拉玛斯草枯萎，甲虫便会在彼地准确地安营扎寨。当甲虫强势地削弱了克拉玛斯草后，那些被克拉玛斯草欺凌的、人们所需要的牧场植被又茂盛如初了。

1959 年一项费时十年完成的调查显示，对克拉玛斯草的控制减少到了原来的百分之一，说明这项防治工作“取得了倡导者所预期的更好效果”，剩余的克拉玛斯草已不构成任何威胁，为了甲壳虫的生存，保留这些草的余数也是必要的，甲壳虫的繁殖足以对付克拉玛斯草的增长。

澳大利亚有用经济而高效的手段成功地控制杂草的例子。按照一种习俗，殖民者常会带一些植物或动物到新的国家。1787 年，一位名叫阿瑟·菲利浦的船长带了许多种类的仙人掌到澳大利亚，他的初衷是想利用它们培育一种可作染料的胭脂红虫。一些仙人掌和霸王树在果园里生长良好，1925 年，发现有 20 多种仙人掌遁出花园成为野生植物。在这片广阔的天地里，野生仙人掌没有控制它们的天然植物克星，任性地疯长，像地下野火一样蔓延，最后占据了约 6 000 万英亩的土地。这些土地至少有一半被浓密的仙人掌完全覆盖，变成毫无用途的荒地。

1920 年，一批澳大利亚昆虫学家前往南美和北美，研究当地仙人掌的昆虫天敌，经过对一些种类的昆虫反复试验后，1930 年，他们把 30 亿颗阿根廷飞蛾卵带回了澳大利亚。7 年之后，最后一批长势茂盛的仙人掌被成功清理，曾经不宜居住的荒地又重现生机，适宜居住和放牧了。整个防治工程的成本每亩不到一个便士，而那些令人失望的化学控制费用则在每英亩土地上砸了 10 英镑。

这些成功的防治案例表明，在考虑清除不理想植物的方案中，不妨下点功夫研究一下食草昆虫的作用，往往会达到意想不到的效果。在所有食草动物中，这些昆虫都是些挑食一族，恰恰是它们独特的摄食习惯出其不意地对人类做出了贡献，而我们的牧场管理科学却对这种可能性完全忽略掉了。

【注释】

①John Jamcs Audubon：（1785—1851 年），美国著名鸟类学家。

第七章 浩 劫

人类野心勃勃，为了征服自然在所不惜，在摧毁大自然的记录中大书特书。揭开那些令人痛心的毁灭历史，我们看到，这些无情摧毁自然的后果就是直接危害人类本身，我们不仅破坏了自己在大地上的家园，还危及到与我们共享大自然的其他生命。最近几个世纪就是一部黑暗的死亡篇章——野牛在西部平原遭到大屠杀；狩猎者为了交易猎杀海鸟；为了掠夺白鹭的羽毛，猎人的猎枪把它们逼入濒临灭绝的境地；诸如此类。现在，我们鲜廉寡耻，在这部黑暗之书上增添新的暴行，在土地上肆意施暴，把大量化学药剂喷洒在本身无辜的大地上，致使鸟类、哺乳动物、鱼类以及其他野生生物都难逃死亡的厄运。

我们正在跟着感觉走，这是指导我们命运的哲学，没有什么能够阻挡人们拿起喷雾器的冲动。在喷药过程中，那些由于杀灭昆虫而遭池鱼之殃的受害者的命就像纸一样薄，就像芥草一样贱。如果知更鸟、野鸡、猫或浣熊恰好跟那些要遭屠灭的昆虫是左邻右舍，杀虫剂是不分青红皂白的，它们会被一起杀死，任何人不得抗议。

现在，有良知的居民希望帮那些遭受不公正对待的野生生物讨个说法，这使他们陷入了无所适从的两难境地。外界也是两种呼声，一方面，环保人士和众多的野生动物专家断言，喷洒杀虫剂会带来严重的损失，乃至灾难性的后果；另一方面，病虫防治机关却言之凿凿，否认有伤害一说，或者即使有损失也无关紧要。那么，哪一种观点是我们能够接受的呢？

事实胜于雄辩，用证据来说话是最具有说服力的。在现场的野生动物学家最有发言权，他们最清楚野生生物受到了什么样的伤害，而专门的昆虫学家却缺乏这点眼力，或者说专业训练还欠火候，他们看不清楚这一问题，而潜意识里也不希望看到控制计划带来的负面影响。那些在州政府和联邦政府负责防治的人员（包括化学药品生产商）则坚决否认生物学家对事实的报道，他们一直和坚持事实的生物学家隔空互撕，声称充其量对野生生物有轻微的伤害。就像圣经故事中的牧师和利未人[①]一样，互相无视对方的存在。如果我们退让一步，善意地把他们的否认解释为专家的目光短浅和利益相关者的考量，这也并不意味着我们承认他们说得有道理。

确定客观见解的最佳方法是参考一些主要控制计划，请教熟悉野生动物并对化学药物秉持公正态度的观察人士，倾听他们的意见，当毒药水像雨水一样从天而降落入野生生物界后，大地上发生了什么。

对于爱鸟人士，那些在自家花园里打赏花鸟的郊区居民、猎人、渔民或荒野探险者，任何一个地区对野生生物种群的破坏，哪怕只是在一年之内，也等于剥夺了他们享受快乐的合法权益，这是一个有说服力的观点。有时候，一些鸟类、哺乳动物和鱼类会在一次大规模药物喷洒之后，顽强地活下来，即便这样，危害已然发生。

况且，活下来并不容易，甚至不可能真正恢复，因为喷药都是反复进行，很难让野生动物漏网，即使它们只接触到一次，恢复的机会也微乎其微。喷药造成了一个毒化了的环境，一个致命的陷阱，毒化的环境使本地原有的生物死亡，移居来的外来物种也步其后尘，无一幸免。喷药面积越大，危险性越强，致使安全的绿洲荡然无存。现在，在一个为期十年的防治昆虫的计划中，几千英亩甚至几百万英亩的土地都喷洒了药剂；这 10 年当中，私家领域以及社区都在喷洒药剂，美国野生生物遭到毁坏以及死亡的报告接二连三送到相关机构的案牍上，堆积成山。我们可以来了解一下这些计划，看看究竟发生了什么事。

1959 年秋天，密歇根南部和底特律市的很多郊区，约 2.7 万英亩的地区有一种最危险的氯化烃药物——艾氏剂从空中喷洒。这个喷药计划是由密歇根农业部和美国国家农业部联合启动执行的，宣称是为了杀死日本甲虫。

其实没有证据表明非要采取这种轰轰烈烈的危险行动。美国最为著名的博物学家沃特·尼克尔发表了相反的意见，他在密歇根南部的时间很长，每年夏天都会把大部分时间花在田间地头，他说："30 年来，以我的直接经验来看，底特律的日本甲虫数量稀少，随着时间的推移，并没有看见日本甲虫数量有增长趋势。1959 年，除了在政府布置的捕虫器当中看到过几只日本甲虫，在天然环境中我只看见过一只日本甲虫……所有事情都在不声不响地干着，我没有得到任何关于昆虫数量增加的情报。"

来自州政府的官方消息称，这种甲虫已经出现在清除的指定区域，尽管缺少充分的理由，密歇根州提供大量的人力物力，推动这项计划启动并监督执行，联邦政府提供设备和人力，费用则由乡镇和各个社区摊派。

日本甲虫来到美国是一个意外事件，1916 年，在新泽西州发现了这种昆虫，发现者在靠近里维顿的一个苗圃中看到几只浑身闪闪发亮的虫子，它们有金属般绿色的外壳，起初人们没有认出这是什么虫子。后来才确认它们是日本主岛的原住民，显然，在 1912 年限制条例宣布之前，这些虫子随着苗木进口踏足美国领土。

日本甲虫进入美国以后，在它们的最初落脚点向密西西比河以东向外扩张，那里的温度和降雨条件对它们的生存很有利。每年它们都会向外扩张，越过已有的分布界线。在甲虫定居时间最长的东部，由于人们进行自然控制的不懈努力，许多记录显示，甲虫一直被限制在较低的范围内。

在东部，尽管对甲虫的自然控制有序进行，但甲虫扩张边缘的中西部各州，试图以最猛烈的攻势消灭甲虫，这种扫荡足以消灭最凶恶的敌人，而不是普通害虫；由于使用了毒性最强的化学药物，初衷是消灭甲虫，不料却反受其害，许多人、家畜以及大批的野生动植物中毒，大批动物和家畜死亡，这还不是结束，人类还将面临躲不过去的危险。在控制日本甲虫的旗号下，密歇根州、肯塔尼亚州、艾奥瓦州、印第安纳州、伊利诺伊州以及密苏里州的许多地方，都成了化学武器大举进攻的地区。

第一批大规模空中喷洒农药是从密歇根州开始的，此后一发不可收拾。当时选用的是艾氏剂，这是化学药物中毒性最强的一种杀虫剂，而选它并非因为它对杀灭日本甲虫有特效，而是考虑成本，因为艾氏剂在杀虫剂中虽毒性强却是便宜货。一方面，官方在公开发行的出版物中承认艾氏剂“有毒”，另一方面又语焉不详地暗示药物不会在人口密集的地方对人类造成危害。（对于“我们的预防措施是什么?”一类的问题，官方回答得很干脆：“预防什么，对你没有影响。”）至于喷洒以后的效果，当地一家出版物引用了联邦航空公司一位官员的话：“这是一种安全行动。”底特律公园和娱乐部的一名代表信誓旦旦地保证：“这种药粉对人类是无害的，对植物和动物也都没有伤害。”人类稍微动动脑筋就不难得出答案，没有哪个官方人士查阅过艾氏剂毒剂是什么等级的资料，也没有哪个官方人士认真查阅过美国公共卫生调查所、鱼类及野生生物调查所公布的报告。

密歇根州对消灭害虫方面在法律上有特权，法律允许州政府无须告知个人或不必取得土地所有者的同意，可以单方面进行喷药行动。于是，低空飞行的飞机开始在底特律区域作业。紧接着，市政府及联邦航空公司立即热闹起来，市民的投诉电话打得震天响，担忧的呼声创下了历史纪录，一个小时内就接到了近800个愤怒的质问，警方求助于报纸和电视台，要求媒体告知市民，“我们的城市上空发生的事情是安全的，这是安全行动”。联邦航空公司的安全员向公众保证说：“飞机的安全系数没有问题，受到严密的监控，低空飞行也是得到了授权的。”为了降低公众的恐惧心理，这位安全员又做了一个适得其反的安抚公众的努力，他画蛇添足地补充说这些飞机安装有安全阀门，随时可以倾斜180度，倒出飞机上的所有负载。谢天谢地，总算只是说说而已，没有这样干。但是，这些飞机在执行喷洒任务时，杀虫剂的药粒落在甲虫上，也落在人们身上。无论是出门上班或去购物的人们，还是走出校门回家吃午餐的孩子，“无害的”毒物洒满了他们全身，家庭主妇们从门廊上和人行道上清扫出很多白色的颗粒，她们说：“看上去像下过雪一样。”之后，密歇根州的奥杜邦协会指出：“在屋顶的天花板缝隙里，在檐沟中，在树枝和树皮的裂缝中，落满了像针头一样的白色艾氏剂黏土混合颗粒……一旦下雨或下雪，每个水洼都会成为死亡陷阱。”

空袭行动几天后，关于鸟儿死亡的报告和救助鸟类的呼吁电话打到了底特律奥杜邦协会。据协会秘书长安妮·博伊斯夫人说：“星期天早上，我接到了一名妇女的电话，她说在从教堂回家的路上，看到了许多死去的和濒死的鸟儿，这是喷药行动后的第一个迹象。人们开始关心喷药的后果，据这名妇女说，那一带是星期四喷的药，现在已经看不见飞翔的鸟了。最后，她在自家院子里发现了一只死去的鸟，她的邻居们还发现了死去的松鼠。”那天，在博伊斯夫人接到的电话中，所有报告都指向一个事实，“发现大量死去的鸟，看不到一只活着的鸟”……那些从事喂养野生鸟类的人说：“已经没有鸟可喂了。”从地上捡起的垂死鸟儿呈现典型的杀虫剂中毒症状：颤抖、丧失飞翔能力、瘫痪、抽搐。

受到直接影响的并不仅是鸟类，当地一名兽医说，他的诊所挤满了前来求助的人，他们带着突然病倒的小狗小猫来看病，爱臭美的猫咪细心地梳理着自己的毛发，舔着自己的爪子，所以猫的发病率最高，病情也最严重，它们出现了严重呕吐、腹泻和抽搐的症状。一筹莫展的兽医唯一能提供给他们的帮助就是一条忠告，如果没有必要，尽量不要让宠物外出；如果小狗小猫跑出去了，要给它洗干净爪子。只是这种保护措施的有效性非常有限，因为水果蔬菜上的氯化烃是洗不掉的。

城镇卫生委员会极力否认这个事实，坚称鸟类的死亡另有原因，是死于“某种喷雾”，但当地卫生部门仍受到持续不断的投诉。底特律有一位资深内科大夫，一天，这位大夫前去给四位病人看病，在路上正好遇见飞机作业，他们在观看时接触了杀虫剂。所有人都发病，而且症状相同：呕吐、恶心、发烧、发冷、极度虚弱、咳嗽。

由于对使用化学药品治理日本甲虫的推崇，催生了“底特律经验”，作为一种对付甲虫的强有力的手段在其他地方推广开来。在伊利诺州蓝岛市，人们发现了几百只死去的和垂死的鸟类。从收集的数据来看，80% 的鸣禽成为杀虫剂的牺牲品。1959 年，伊利诺伊州朱利叶市约有 3 000 英亩土地实行了七氯处理，一个地方渔猎俱乐部送来一份报告，称在喷洒过药剂的地方，鸟类“已被消灭得干干净净”。同时，还发现一些死亡的兔子、麝鼠、袋鼠和大量的鱼，当地一所学校将死于杀虫剂的鸟类收集起来，作为一个科研项目进行研究。

伊利诺伊东部的谢尔顿市和相邻的易县洛魁县地区，恐怕算得上是杀灭甲虫运动中最悲惨的一个地区，这个地区本来是清白的，没有一只甲虫。1954 年，美国农业部和伊利诺伊州农业部联手启动了清除即将登陆本州的日本甲虫的行动，在甲虫入侵伊利诺伊州的沿途路线上展开了一场惊心动魄的扑杀，人们信心满满，自信采用高浓度的喷药可以将日本甲虫赶尽杀绝。在第一次的“扑杀运动”那年，狄氏剂从空中洒落到 1 400 英亩的土地上，1955 年，另外的 2 600 英亩土地也以同样的方式加以处理。这次行动大获全胜，越来越多的地方起而效尤，要求进行化学处理，到 1961 年末，约有131 000英亩土地接受了化学药物喷洒。回过头来看，在执行喷药计划的第一年，很多野生动植物和家养牲畜死于非命，然而，化学处理仍如火如荼地进行着，既没有和美国鱼类及野生生物调查所打个招呼，也没有同伊利诺伊州狩猎管理局商量（在 1960 年春，在一次国会委员会上，农业部官员对一项要求提前协商的法案投了反对票。他们措辞委婉地宣布，该议案没有必要，因为合作和协商是“经常性的”。这些官员根本没有想到那些地方的合作还没有达到“华盛顿层面”的默契。在当天的听证会上，他们明确宣称，不愿意与州立渔猎局协商。）

用于化学控制的财源颇丰，但伊利诺伊自然历史调查所的生物学家们却捉襟见肘，他们在调查化学药物对野生动植物所带来的危害时，手头上只有一点零星资金可用。1954 年，他们雇用野外助手的资金只有区区 1 100 美元，而 1955 年，却分文没有，没有专项资金的拨款。即便面临无法继续的局面，生物学家们还是克服了重重困难，收集到了足够的事实证据，用这些证据描绘出野生动物遭遇的前所未有的毁灭性的全景图，这种悲剧在计划实施时便拉开了序幕。

食虫鸟类中毒的原因不仅取决于喷洒的毒药，还与使用药剂后引发的事件有关联。谢尔顿市在早期执行的计划中，每英亩土地的使用比例是 3 磅狄氏剂，实验室拿出的鹌鹑实验报告显示，狄氏剂的毒性是 DDT 的 50 倍，人们只需记住这个报告结果就可以了解狄氏剂对鸟类的危害了。按这个数值推算，谢尔顿市每英亩土地大约承受了 150 磅 DDT！而这还是最小值，因为在农田的边缘地带和角落还重复喷洒了化学剂。

化学品渗进土壤后，中毒的甲虫和它们的幼虫都会逃到地面上来，它们爬上地面活一段时间之后死去，它们的尸体特别是胖嘟嘟的幼虫对食虫鸟类是不可抗拒的诱惑。喷药之后的两个星期之内，各种类型的昆虫大量死亡或垂死，这就很容易让我们看到喷药对鸟类的影响了。褐色长尾莺、野云雀、燕八哥、白头翁和野鸡几乎绝迹。根据生物学家的报告，知更鸟更是“无一幸存”。一场细雨之后，地上横七竖八躺着许多死去的蚯蚓；据推测，很可能知更鸟吃了这些带有毒素的死蚯蚓。其他鸟类的命运也难逃这个魔圈，邪恶的毒素将滋润大地的雨水变成了要命的毒药水，要命的毒药水彻底毁灭了飞禽的生活，洒到哪里，鸟类死在哪里。喷药几天之后，甚至有人看见在雨水坑中喝过水或梳洗过羽毛的鸟儿，无一幸免地全部死去。侥幸活下来的鸟类也丧失了繁殖能力，生不如死地活一天算一天。虽然在喷洒过药物的地区发现了几个鸟窝，窝里有几只鸟蛋，可是蛋里根本没有发现幼雏。

在哺乳动物中，松鼠可说是灭绝一族，从它们的残体中明显看出有中毒暴毙的特征。在喷洒过药物的地区，发现了死去的麝香鼠，野兔子也死在田野上。狐鼠是城镇居民家中的常客，喷药之后，它们都跑得无影无踪了。

在残酷的甲虫战争中，谢尔顿地区的农场若还能看见一只猫，那真是上帝格外开恩了。在喷药之后的一个季度里，狄氏剂让90%的猫暴毙。这些不幸的事情本来是可以预见的，因为早有毒药造成的记录案底。猫几乎对所有的杀虫剂都过敏，尤以狄氏剂为最。世界卫生组织在爪哇岛西部有过一次抗虐行动，在那次抗虐过程中，报道了大量的猫死亡案例。是什么杀了爪哇岛上的猫，以至于猫的身价一夜之间翻了两倍以上，同样，在委内瑞拉，世界卫生组织的喷药行动使当地的猫成了珍稀动物。

在谢尔顿地区，并非只有野生生物和宠物才是杀虫剂的牺牲品，观察表明，就连家养的牛和羊都有中毒死亡的现象，这就是说，牲畜也在杀虫剂的死亡阴影之中。自然历史调查所的报告描述了事件之一：

羊群横穿过一条沙砾路，它们原先生活的田野在5月6日被喷洒了狄氏剂，现在它们朝着一块没有喷过农药的长着鲜美嫩草的小牧场走去。显然，化学药物并没有放过这片长着优质野生牧草的原野，喷药的时候，一些药粉随风飘散，落到了这片牧场上。被赶到这片牧场上的羊儿很快出现中毒症状……它们对鲜美的嫩草失去了兴趣，极度烦躁不安。它们围着牧场的篱笆团团转，好像要找一个出口……它们很不情愿被驱赶，无精打采地耷拉着头，咩咩地叫着，最后，它们还是被带离了牧场……它们渴得要命，表现出极度想喝水的症状。在穿过牧场的小溪旁，发现有两只羊已经死去，其余的羊不断被驱离那条水溪，最后不得不把一些羊硬生生地从水里拉出来。最后，又有3只羊死去了，活下来的羊从表面上看总算得以恢复。

这就是1955年末的情况。在化学战争连续征战的这些年，研究经费的资金源头已经断流。进行野生生物与昆虫杀虫剂关系研究所需的资金不是单独预算，而是划入一个年度预算中。这个年度预算由自然历史调查所提交给伊利诺伊州立法机关，但在第一次审查中，这个预算就被“毙”了。到了1960年，他们才设法弄到了一点钱雇了一个野外工作助手，而这个助手付出的辛劳，足以抵得上4个人的工作量。

1955年，当生物学家重启一度中断的研究时，野生动植物遭到的毁灭性灾难的事实依然存在，满目凄凉。这时使用的化学药物升级了一个版本，变为毒性更强的艾氏剂。对鹌鹑进行的实验表明，艾氏剂的毒性是DDT的100至130倍。到1960年，在这一地区栖息的所有野生哺乳动物全部遭殃。鸟类的情况更甚，在多拿温这个小城镇，悦耳的鸟鸣声不再，知更鸟绝迹，白头翁、长尾鸲鸟和燕八哥，没有哪一种鸟有好下场。在别的地方，上述种类的鸟儿和其他鸟类数量锐减。打野鸡的猎人最为深刻地体会到扑杀甲虫的惨痛后果，在药剂所到之处，鸟巢的数量减少过半，一窝中孵出的小鸟数量也明显减少。前些年，这个地方是打野鸡的天堂，现在由于野鸡的绝迹，变得无人问津了。

尽管轰轰烈烈的扑杀甲虫行动取得了阶段性的成果，在 8 年多的时间里，伊诺卡斯城坚持不懈地对 10 多万英亩的土地进行化学处理，但战果只在一夕之间，暂时平定了这些昆虫，日本甲虫的余种呈现出星火燎原之势，并向西蔓延。可能我们永远无法算清这个低效的计划造成的损伤价值几何，伊利诺伊州的生物学家测定出的只是一个最小值。假如我们有足够的经费保证研究计划的运转，展开全面的调查，破坏情况被揭露出来的准确数值可能会让人瞠目结舌。在计划实行的 8 年时间里，生物学家野外研究所的资金仅有区区 6 000 美元，而联邦政府为控制工作却砸了近 37.5 万美元，州政府后来还追加了几千美元。如此，全部研究经费仅占化学喷药计划资金的 1% 。

中西部地区的喷药计划一直是在风声鹤唳的恐慌中闹哄哄地进行的，就好像甲虫的入侵即将爆发一场极度危险的战争，为了击溃来犯的敌人，可以不择手段。但实际情况并非如此，我要说的是，如果承受了化学战争之苦的人们了解一下日本甲虫在美国的早期历史，他们会反对用化学药物与日本甲虫抗衡的做法，从而改变应对策略。

相对来说，东部各州比较幸运，在合成剂发明之前他们就遭受了入侵甲虫之害，但他们成功地避免了虫灾，有效地控制了昆虫的繁殖数量。他们的有效手段就是采取生物控制法，有的放矢地控制了虫灾，而且对其他生物没有任何危害。在东部的任何地方都不像底特律和谢尔顿市那样大范围地洒药，东部所采用的方法就是利用自然力量，不仅效果显著，而且对环境安全有多重优越性。

甲虫在原住地有许多约束它们生长的因素。而在入侵美国的最初 10 多年间，失去了这些约束因素的甲虫便迅速地发展起来。1945 年，入侵的甲虫蔓延到大部分区域，但这时它已不是害虫之最，原因是遭遇到了天敌，这就是从远东进来的寄生虫，这种寄生虫可以使甲虫发生致命的病原体，从而遏制了甲虫的繁殖。

1920 年至 1933 年间，研究者们经过艰苦卓绝的调查，在日本甲虫的原产地捕捉到了 34 种捕食性昆虫和寄生性昆虫，以实现对日本甲虫的自然控制。其中有 5 种已在美国东部安营扎寨。最有效而且分布最广的就是来自朝鲜和中国的一种寄生黄蜂。当一只雌蜂在土壤中翻找到一只甲虫幼蛆时，雌蜂会对幼蛆注入一种可以使其麻痹的液体，并将自己的一只卵产在蛆的表皮之下。蜂卵孵化成幼虫，幼虫就以这个麻痹的甲虫幼虫为食，把它吃得干干净净。在大约 25 年当中，各州政府与联邦机构联合计划，将这种黄蜂引入了东部的 14 个州。黄蜂在这些地区定居下来，大显身手，卓有成效地控制了日本甲虫，它们的重要贡献得到科学家的普遍认可。

更让人耳目一新的是，一种细菌性疾病发挥了更为重要的作用，这种疾病对甲虫科的杀伤力巨大，而日本甲虫就属于金龟子科昆虫。这种细菌是一种非常特殊的生物，它不攻击其他昆虫，对蚯蚓、温血动物和植物亦无害，这种疾病的芽孢生长于土壤之中，觅食的甲虫幼蛆吃下这种芽孢后，它们就会在幼虫的血液中以惊人的速度繁殖起来，使幼蛆变成异常的白色，俗称“牛奶病”。

1933 年，首例“牛奶病”在新泽西被发现，到了 1938 年，凡甲虫繁殖之处，都有牛奶病发生。为了能更快地使这种病传播开来，为控制甲虫助一臂之力，当时还没有发明出用人工方法来扩张牛奶病菌的媒介，但有一种替代方法填补了这个空缺：将受到感染的幼虫碾碎、晾干，掺入白灰中，按照 1 克混合物含有 1 亿个芽孢的比例混合。从 1939 到 1953 年，由于州政府和联邦合作计划的实施，东部有 14 个州大约 9.4 万英亩土地进行了处理，联邦的其他区域也得到了处理；另有不计其数的私人组织或个人自行处理，这种方法的广泛使用收到了很好的成效。到 1945 年，在康涅狄州、纽约、新泽西州、特拉华和马里兰州，牛奶病孢子迅速覆盖了甲虫的流行之地，实验表明，受感染的幼虫高达 94%。1953 年，这一扩张计划以政府的名义结束，转而由一家私人实验室接手。这个私人实验室继续提供给个人、园艺俱乐部、公民协会以及所有需要控制甲虫的人。

对甲虫实行的自然控制卓有成效，东部各区总算一劳永逸，可以喘一口气了。这种细菌在土壤中可以存活很多年，这种细菌是控制效力的有力保证，它们按预期目的适应土壤并通过自然媒介继续传播。

然而，伊利诺伊和其他中西部各州对东部地区如此成功的经验却视若无睹，继续沉湎于狂热的甲虫化学战争当中，他们为什么不尝试用这种天然控制的办法来取得一劳永逸的成果呢?

有人告诉我们，牛奶病孢子接种“太昂贵”，但在 40 年代，东部 14 个州的人没有谁认为“昂贵”。况且，不知这个“昂贵”的标准是如何界定的，是依据什么计算方法得出的，应该不会是谢尔顿的喷洒计划造成的全面毁灭的代价换算出来的吧？这个评估还忽略了一个至关重要的事实——用孢子接种只需一次，也就是说，第一次的费用就是全部的费用。

在甲虫分布较少的地区不适合使用牛奶孢子，除非土壤中大量的甲虫幼蛆泛滥成灾了，才适合牛奶孢子定居。这番说法很有支持喷药的意味，这种观点值得打个问号。引起牛奶病的细菌至少可以感染40种甲虫，这些甲虫分布广泛。即使在日本甲虫数量稀少甚至完全不存的地方，牛奶病细菌仍然可以发挥它传播甲虫病害的功能。况且孢子在土壤中的存活时间很长，它们可以在没有虫蛆的情况下静静地蛰伏不动，等待条件成熟，大显身手，就像目前在甲虫分布的边缘一带，张网静候甲虫的入侵。

那些不惜耗费巨资，巴不得立即看到效果的人，肯定会继续使用化学药剂来对付甲虫。他们愿意花重金反复操作，使化学药物控制昆虫的工作长盛不衰。而另一些想要得到圆满结果的人则耐心地等待上一两个季节，他们寄希望于牛奶病，他们肯定会得到对甲虫的彻底控制权，而且这种控制权永远有效，不会随着时间的流逝而消失。

在伊利诺伊州皮奥利里的美国农业部实验室中，一项全面的研究项目正在进行，这个研究项目的终极目标是要找出一种人工培植牛奶病细菌的方法。这个方法将极大地降低成本，造福大自然。经过多年的努力，已有一些成果报道，但现在还处于“现在进行时”，当它到了“现在完成时”，我们对日本甲虫的应对方式会使我们重拾理智和远见。之前，猖獗的甲虫肆虐中西部地区，为此实施的化学控制计划简直就是一场噩梦。

就伊利诺伊州东部地区的喷洒农药事件而言，这不是一个单纯的科学层面上的问题，而是道德层面的问题。我们要思考的问题是：任何文明是不是都能做到对其他生命发动围剿、而这场围剿只能摧毁对方而不毁灭自身，同时还不能失去文明的尊严。

我们使用的杀虫剂都是一锅端，它们不具有选择性的毒效，以专门的杀虫功效针对某一种特定种类的昆虫。每种杀虫剂之所以派上用场只有一个冠冕堂皇的理由，即它们是致命的毒物，因此，凡接触到它的生物，必死无疑。家庭饲养的宠物，主人心疼的狗啊猫啊，农民的耕牛，田野里活蹦乱跳的兔子，高空飞翔的云雀，河里游动的鱼儿，这些生物跟人类无冤无仇，对我们不构成任何伤害。恰恰相反，正是因为有了它们，人类的生活才丰富多彩，充满了欢乐。然而，人类却用阴险的手段把毛骨悚然的死亡送给了它们。谢尔顿市的一位科学家观察了一只濒临死亡的百灵鸟，他是这样描述的："它侧躺着，肌肉松弛，已经失去飞翔的能力，既飞不起来，也不能站立。但它不停地拍打着翅膀扑腾着，一双爪子紧紧收缩成一团。它的嘴是张开的，艰难地呼吸着。"更惨的是垂死挣扎的松鼠那无声的控诉，它呈现出"一种特别的弥留状态，脊背软弱无力地弯了下来，两只前爪收缩在胸前，握得紧紧的……它的头和脖子努力地向前伸着，嘴里通常都含有脏兮兮的东西，我们可以想象，这个可怜的小动物在它奄奄一息之时是怎样痛苦地啃着地上的泥土。"

活生生的生命在这种痛苦的折磨中结束，我们居然无动于衷。作为人类，还好意思说我们在道义上没有堕落吗？

【注释】

①利未人：在《旧约・圣经》中，利未支派是以色列十二支派中的一个支派，为世袭的祭司支派，在旧约时期，必须是这个支派出身的人才能在耶和华的殿里供职，担任祭司。

第八章　再也听不到鸟儿歌唱

如今，一道道早春时节靓丽的风景线在美国越来越多的地方逐渐消逝，以致我们有可能永远也看不到了，那就是鸟儿飞来报春的场景：清晨，我们在鸟儿悦耳的鸣唱声中醒来，可是现在，到处是一片可怕的沉寂，鸟儿的歌声哪儿去了？鸟儿是给我们这个世界增添色彩、美丽和快乐的使者，这些变化来得如此猝不及防，消失得那样迅速且令人难以察觉，那些还未受到影响的地区，人们甚至还没有感觉到异样。

在伊利诺伊州，一位绝望的主妇写了一封信给美国自然历史博物馆鸟类名誉馆长、世界著名鸟类学者罗伯特·库什曼·墨菲：

在我们村子里，连续几年来一直在给榆树喷药（这封信写于1958年）。6年前，我们刚搬到这儿来的时候，鸟儿多极了。于是，我安装了一个饲鸟架。在漫长的冬季里，山雀、北美红雀、绒毛鸟、五子雀都会陆续飞来这儿觅食，热闹极了。夏天的时候，红雀和山雀会带着它们的孩子飞回来。

喷洒了几年DDT之后，这里几乎看不到知更鸟和燕八哥的踪影了。我的饲鸟架上冷冷清清，已经有两年没有看到山雀飞来啄食了。今年红雀也消失了，邻居家只剩下一对筑巢的鸽子，也许还有一窝猫鹊。

在学校读书的孩子们知道，联邦法律是保护鸟类免遭捕杀的，可是，叫我怎么说得出口，鸟儿已经被杀害了。“它们还会回来吗？”孩子们问，而我却沉默无语。榆树正在死去，鸟儿也不能幸免。采取相应的措施了吗？有什么可行性措施？我该怎样做呢？

联邦政府为扑杀火蚁进行的大规模喷药计划实施之后的一年里，亚拉巴马州的一位妇女写道：“大半个世纪以来，我们这片地方一直是鸟儿的天堂。就在去年七月，我们发现鸟儿突然比以前多了起来。可是在8月的第二个星期，鸟儿在一夜之间都消失了。我有早起的习惯，起来喂我心爱的母马，它已产下了一匹小马驹。可是在黎明的清晨，我听不到一声鸟儿的鸣唱。这是一种令人凄凉和心慌意乱的感觉。这个美好的世界发生了什么？一直熬过了5个月，我才看见了一只蓝冠鸦和一只鹪鹩。”

她提到的那个秋天，从美国南部接二连三传来了令人沮丧的报告，国家奥杜邦协会和美国渔业及野生生物管理局出版的季刊《野外纪事》中说，在密西西比州、路易斯安那州及亚拉巴马州南部，出现了“没有任何鸟类的可怕的空白点”，这种奇怪的现象令人触目惊心。《野外纪事》的撰稿人都是一些资深的观察家，他们具有丰富的实地考察经验，熟谙鸟类的一切习性，这些观鸟者在特定的地区蹲守了很多年。一位观鸟者在她的报告中说，那年秋天，她在密西西比州南部“开车行驶了好长一段路程，却始终没有看见一只鸟儿”。另一位来自巴顿鲁日的观察家，她说，她的喂食器放在那儿，“几个星期都没有一只鸟儿来光顾过”；她院子里的灌木快要抽条了，但枝上仍然缀满浆果，早先的时候，浆果早被吃光了。还有一位观察家报告说，从他的窗口望出去，“常常有四五十只红雀和其他各种鸟儿，组成一幅天女散花的图画，可现在却很难看到一两只鸟儿出现”。西弗吉尼亚大学教授莫里斯·布鲁克斯——一位阿拉巴马地区的鸟类专家，他在报告中说西弗吉尼亚的鸟类“正在以难以置信的数量急剧减少”。

现在来讲一个故事，这是鸟类悲惨命运的一个象征，一些鸟儿已死于残酷的命运，一些鸟儿正处于威胁之中。这就是广为人知的知更鸟的故事。对于所有美国人来说，第一只知更鸟的出现意味着冬天开始结束，知更鸟到来的消息甚至有新闻价值，可以登上报纸版面，大家在餐桌上兴奋地交谈着这个消息，并向邻里互相转告。随后，大批的候鸟翩跹而来，越来越多的鸟儿住进了林子，森林一天天绿意葱茏。当晨曦初露的时候，人们聆听着知更鸟在黎明时那婉转清丽的合唱，悦耳的音符在晨曦中跳跃。然而现在，一切都变了，甚至连鸟儿理所应当的迁徙都成了稀罕事儿。

知更鸟与其他很多种类的鸟都与榆树休戚相关，一存俱存，一亡俱亡。历史上，从大西洋沿岸到落基山脉，成千上万的城镇都有榆树的一席之地，它那庄严华贵的绿色为街道增添了美感，广场、大学校园都因它那浓墨重彩的拱道而生辉。现在，榆树病了，而且病得不轻。很多专家被榆树来势凶猛的疾病搞得焦头烂额，束手无策，他们拿不出有效的应对措施，绝望地看着他们一切的努力最后都徒劳无益。榆树死亡的消失是一个悲剧，但是如果我们在拯救行动中再闹一个乌龙，把鸟类也推向覆灭的深渊，这更是一出雪上加霜的悲剧。而现在，我们正面临着后果极其严重的威胁。

大约是1930年，随着装饰镶板工业的兴盛，从欧洲进口了很多榆树段用于装饰业，就在这时，一种来自荷兰的榆树病进入了美国。这是一种真菌病害，病菌入侵榆树的输水导管，芽孢通过树汁的流动扩散，由于有毒物质的分泌和阻塞作用，榆树的枝叶开始枯萎，继而死亡。罪魁祸首是榆树皮甲虫，甲虫从生病的榆树传播到健康的榆树上。甲虫在死去的榆树皮下开凿一条通道，通道中密密麻麻满是入侵的真菌芽孢，身上沾满了芽孢的甲虫飞来飞去，它飞到哪里就把病害带到哪里。控制这种榆树病只有一个办法，控制传播的媒介——甲虫。于是，在美国中西部和新英格兰各州，凡是榆树分布比较集中的地方，都展开了一次大规模的喷药行动，村庄一个接着一个地被广泛喷药。

这种喷药行动对鸟类的生命，尤其是对知更鸟产生的危害是什么？首先发现这种危害的是密歇根州立大学的两位鸟类学家乔治·华莱士教授和他的学生约翰·梅纳。1954 年，梅纳攻读博士学位时，选择了关于知更鸟种群的研究课题。这也是天赐良机，当时还没有人察觉到知更鸟正处于危险之中，就在他的研究工作开展之时，事情发生了。这件事情是一个风向标，改变了他研究课题的性质，并且剥夺了他的研究对象。

1954 年，第一次针对荷兰榆树病的喷洒行动在大学校园的一个角落开始。第二年，东兰辛城（大学所在地）加入了喷药的行列。在预定计划中，当地针对毒春蛾和蚊子的药物喷洒也在进行中，于是，化学喷剂像倾盆大雨，东边下完西边又下。

1954 年，就在首次小范围喷药的那一年，表面上一切波澜不惊。第二年春天，知更鸟开始了它们一年一度的迁徙，飞回了校园，一切看起来似乎没有什么不一样。正如汤姆林森的散文《失去的树林》中描述的风信子那样，当它们回到熟悉的地方，“并没有预感到有危险在逼近”。但是，很快，狰狞面目出现了，校园里开始出现死去的鸟类和垂危的知更鸟。在过去鸟类啄食和成群聚集的地方，门可罗雀，甚至看不到一只鸟儿了。没有发现有新筑的鸟巢，也看不见一只幼鸟。连续几个春天，这种单调到令人不安的情况反复出现。喷药区已是无鸟区，成了一个死亡陷阱，可以在一周时间内，杀死一批迁徙回来的知更鸟。然后，下一批飞回来的鸟儿又在此地重蹈覆辙，注定难逃一劫的死亡数量在不断增加；这些飞来赴死的鸟类会在校园里痛苦地战栗，挣扎着死去。

华莱士教授说："春天，对于大多数想在校园里筑巢的知更鸟来说，这儿就是它们的葬身之地。"这是为什么呢？最初他们认为可能是鸟儿的神经系统出了问题，但很快就看出病因源自人类的喷药行为，尽管喷药的工作人员言之凿凿，杀虫剂"对鸟类无害"，但事实是，知更鸟的确死于杀虫剂中毒，它们的中毒症状是，失去平衡、颤抖、惊厥乃至死亡。

一些事实提供了更为明确的证据，知更鸟并非死于直接与杀虫剂的接触，而是由于吃了中毒的蚯蚓。这在一项研究中得到了证实，偶尔用校园里的蚯蚓喂食蝼蛄，蝼蛄会很快死去。一条养在笼子里的蛇吃了蚯蚓之后，剧烈地抽搐，而校园里的蚯蚓正是知更鸟在春天的主要食物来源。

很快，厄巴纳市伊利诺伊自然历史调查所的罗伊·巴克博士揭开了知更鸟死亡之谜。在巴克博士的著作中（1958 年发表），知更鸟死亡迷局的拼图脉络分明，知更鸟的命运与地上的蚯蚓首先发生关系，通过蚯蚓又和榆树发生了联系。榆树在春天里被喷了药（喷药剂量近每 50 米一棵树使用 2 至 5 磅 DDT，相当于在榆树密集处每英亩使用 23 磅），而且一般到了 7 月份，再重复喷洒一次，浓度减少前次的一半。强力喷枪对准高大树木全方位喷出条条毒龙，在杀死树皮甲虫的同时，其他昆虫也一并遭殃，其中有授粉的昆虫和捕食其他昆虫的蜘蛛和甲虫。喷在树上的毒药形成一层又黏又牢的薄膜，紧紧地覆盖在树叶和树皮上，即便雨水也冲不掉。秋天，落叶满地，潮湿的树叶厚厚地堆积。慢慢地，腐烂的树叶融入土壤之中，成为一体。在这个转变过程中，蚯蚓是有力的推手，因为榆树叶子是它们最爱的食物。蚯蚓在吃掉树叶碎屑的同时，也吃下了附着在上面的毒药，杀虫剂的毒素便在它们体内累积和浓缩。巴克博士在蚯蚓的消化道、血管、神经和体壁中都发现了药物沉积物。毫无疑问，一些斗不过药性的蚯蚓死去了，而活下来的蚯蚓就成了"生物放大器"。春天到了，飞回来的知更鸟也使整个循环中又增加了一环。鸟儿只需吃下 11 条大蚯蚓就足以致死。而一只知更鸟一天绝不可能只吃 11 条蚯蚓，那是它食物中很小的一部分，一只鸟儿只需几分钟就可以轻松吃下 10 至 12 条蚯蚓。

并非所有知更鸟都能吃下致命的毒剂量，但另一种后果更残忍，致命的毒素可以使鸟儿断子绝孙，它们的生育系统会遭到毁坏，不孕的阴影笼罩着所有鸟儿，并且潜在的威胁正在逼近所有的生物。每年春天，占地 185 英亩的密歇根州立大学校园内，总共才发现二三十只知更鸟，在喷洒药物之前，知更鸟的保守数目估计有 370 只。1954 年，梅纳观察到每只雌鸟都生下了鸟蛋，到 1957 年 6 月末，至少应该有 370 只幼鸟（成鸟数量的子女）在校园里飞来飞去地觅食，可是梅纳只看见了一只幼鸟。一年后，华莱士教授报告说："1958 年的春天和夏天，寻遍校园任何角落，我都没有看见一只羽毛已丰的幼鸟，到目前为止，从没听说还有谁看见过知更鸟。"

没有幼鸟出生的原因之一是，在筑巢之前就有一对或更多的知更鸟已经死去。但华莱士教授的观察记录证实了一种更为不幸的事实，鸟类的繁殖能力已遭毁坏。在他的记录中，知更鸟和其他鸟类筑巢却没有生蛋，生下的蛋也孵不出小鸟，"一只知更鸟信心满满地伏窝 21 天，却不见雏鸟破壳而出。正常的伏窝时间应该是 13 天……分析发现，伏窝鸟儿的睾丸和卵巢中含有高浓度的 DDT"。1960 年，华莱士教授在国会委员会上说："10 只雄鸟睾丸的 DDT 含量为百分之三十到百分之一百零九，两只雌鸟卵巢的卵滤泡中 DDT 的含量为百万分之一百五十一到百分之二百一十一。"

很快，其他区域出现的情况也令人非常担忧，威斯康星大学的约瑟夫·希基教授和他的学生们开展了研究对比，把喷药区和未喷药区仔细研究后，拿出了可靠的数据：知更鸟的死亡率至少为 86%—88%。密歇根州百花山旁的克兰布鲁克科学研究所曾试图努力地估算出鸟儿由于榆树喷药而死亡的数量，1956 年，他们要求将所有怀疑是 DDT 中毒死亡的鸟儿送到研究所，进行化验分析。这一要求大大出乎他们的预料，在几个星期内，送来的鸟儿大大增加了他们的工作强度，研究所里平时几乎闲置不用的仪器简直忙不过来，一直超负荷运行，不得已只好拒绝接受其他鸟类的样品。1959 年，仅在这个社区就有约 1 000 只鸟儿中毒，其中主要受害者是知更鸟（一位妇女打电话向研究所报告，说她家草坪上躺着 12 只中毒死去的知更鸟），研究所还对 63 种鸟类进行了检查。

总之，知更鸟只是与榆树喷药相关的毁灭性链条中的一环，而榆树喷药计划又是全国性大面积喷药计划中的一个。约有 90 多种鸟儿蒙受伤亡，其中很多鸟儿都是郊区居民或业余爱鸟者最熟悉的老友，在那些喷过药的城镇，筑巢鸟儿的数量锐减百分之九十，正如我们了解的情况一样，各种鸟儿都难逃厄运，不管是地上吃食的，树梢上找食的，树皮上啄食的，甚至猛禽。

我们有充分理由相信，凡是以土壤中生物为食包括吃蚯蚓的鸟儿，都在死亡的边缘徘徊，非常危险。约有 45 种鸟类以蚯蚓为食，山鹬就是其中一种，这种鸟儿都是在南部地区过冬，现在南部地区已被大量的七氯覆盖。如今，对山鹬有两个重要发现，在新布伦瑞克的繁殖地，幼鸟数量明显减少，而经过分析表明，已经成年的鸟儿都是 DDT 和七氯的携毒者。

有令人担忧的记录显示，20 多种地面觅食的鸟儿已出现大量死亡的现象，它们的食物——蠕虫、蚂蚁、蛆虫或其他土壤生物全部中毒。有 3 种画眉鸟：绿背鸟、黄褐森鸫和隐居鸟，它们是最有天赋的歌唱家，有优美悦耳的歌喉，每天清晨或傍晚在森林中唱出动听歌声的就它们。此外，还有那些掠过森林和灌木丛，在沙沙落叶中觅食的雀类——歌雀和白喉雀，它们都因为榆树喷药而步入死亡之路。

哺乳动物也不能安全地置身其外，它们直接或间接地卷入这一恶性循环中。在浣熊的食物种类中，蚯蚓是最主要的一种，负鼠在春天和秋天时也喜欢吃蚯蚓。而像专门掘地洞的地鼠和鼹鼠，更是大量地吃蚯蚓，然后，毒素通过这样的媒介又传给了鸣枭和仓枭之类的猛禽。在春天的一场暴雨过后，威斯康星州发现了几只死去的鸣枭，它们的死因不难判断，可能是吃了中毒的蚯蚓。曾经还发现猫头鹰和老鹰处于战栗状态，包括鸣角枭、赤肩鹰、大角鹰、食雀鹰、泽鹰，它们中毒可能是因为吃了肝脏或其他器官中累积了足够量的杀虫剂毒素的鸟类和老鼠，引发二次中毒而死亡的。

并不是只在地面上捕食的鸟儿才会踩到毒物陷阱，还有那些它们的猎食者和在树叶上找昆虫吃的鸟儿，在重度喷药区内，这些本来就活在危险中的鸟儿终于消失了，还有那些森林精灵——红冠和金冠的鹪鹩，捕捉孑孓的捕蚊者以及五颜六色的鸣鸟，它们喜欢在春天里成群结队地飞过森林，像金蛇狂舞那样闪耀着活力四射的光芒，所有从枝头或树叶或地面觅食的鸟儿都从喷药地区消失了。1956 年，由于推迟了喷药时间，在暮春时节的迁徙高峰，大群鸣禽正好撞在喷药枪口上，飞往这个地区的鸟类无一幸存。在威斯康星州的白鱼湾，在往年正常情况下，总能看到至少有 1 000 只迁徙的桃金娘鸣鸟，1958 年，榆树喷药后，观察者只发现了两只鸟。各村各镇的鸟儿死亡情报频频传来，这个黑色的死亡名单越来越长。我们看到的鸣禽中，有一些很有治愈疗伤的作用，它们的死亡给人们的心灵上蒙上了一层阴影：黑白林莺、黄林莺、木兰林莺和五月蓬鸟。在五月的森林中，灶巢鸟放声歌唱；黑斑林莺、加拿大林莺和黑喉绿鸟，闪动着它们火焰般的双翅在林中飞舞。这些在树上觅食的鸟儿要么吃了中毒的昆虫而死，要么死于食物短缺等间接影响。

食物匮乏对在空中飞翔的燕子也是一个致命的打击，它们像青鱼遨游大海捕捉浮游生物那样，在空旷的天空搜寻和它们一样长着翅膀的虫子。威斯康星州的一位博物学家报告：“个个都抱怨连天，燕子遭到了致命伤害，比起四五年前，现在燕子很少见了。4 年前，我们头顶上的天空莺歌燕舞，现在寂寥无比，难得看到一只燕子……也许是由于喷药使昆虫减少，也许是燕子吃了中毒的昆虫。”

至于其他鸟类，这位观察家写道：“另一种遭到重创的是菲比鸟，捕食幼虫的猛禽在很多地方几乎灭绝了，以往很常见的体质健壮的菲比鸟也不见了踪影。今年春天，我看见了一只，去年春天也是这样。威斯康星州的其他猎人也怨声载道。我以前养了五六对北美红雀，现在全没了。在我的花园里，每年都能看到暖心的一幕，鹪鹩、知更鸟、猫鹊、鸣角枭在忙着筑巢，而现在一只筑巢的鸟也没来了。夏天的清晨缺少了鸟儿的歌声，生活没了滋味。只剩下害鸟、鸽子、燕八歌和英格兰麻雀。这是我最难以承受的悲惨局面。”

秋天到了，喷药榆树的病更重了，毒素侵入了树皮的每一个缝隙，已经体无完肤的榆树提供给鸟类的食物没有哪一样不是有毒的，这就是山雀、五子雀、啄木鸟以及褐旋木雀的数量急剧减少的原因。在 1957 向 1958 年过渡的那个冬天，华莱士教授多年来第一次发现一个令人悲哀的事实，没有一只山雀和五子雀来他的饲鸟处觅食。后来，他从发现的那 3 只五子雀身上顺藤摸瓜，看到了一个无可挽回的因果关系：一只五子雀还在树上啄食，另一只已呈现出典型的 DDT 中毒状态，奄奄一息，第三只已经命丧黄泉。从死去的五子雀体内组织中检测出百万分之二百二十六的 DDT 残毒。

向榆树或昆虫喷药，使得所有以昆虫或以树叶为食的鸟儿们慷慨赴死，另一方面来看，从经济和其他不十分明显的方面造成的隐性损失难以估量。在夏季，白胸脯的五子雀和褐啄木鸟主要以对树木有害的昆虫卵、幼虫或成虫为食。而山雀的食物四分之三是动物，包括处于成长期的各种昆虫，在阿瑟·克利夫兰·本特的不朽著作《生命历史》中，精彩地描述了北美鸟类觅食的情景："当一群山雀飞到树上时，每一只鸟儿都仔细地在树皮、细枝的缝隙和树干上搜寻，猎获细碎的食物（蜘蛛卵、茧或其他休眠昆虫）。"

对昆虫的关键控制权取决于鸟类，这是在各项科学研究中得出的共识。素有"森林医生"的啄木鸟控制着恩格曼针枞树甲虫的数量，它可以将这种甲虫由百分之五十五下降到百分之二，苹果园的鳕蛾也无法在啄木鸟的控制下蔓延，而留在这儿过冬的山雀和其他鸟儿则是尺蠖的死对头，由此成为苹果园的安全卫士。

本来人类可以借鸟类之手消灭意欲杀死的昆虫，但世界发生了化学战争，使得大自然中一切自然状态失去了平衡，浸透世界的喷药战争不仅杀死了昆虫，也杀死了昆虫的主要天敌——鸟类。等于人类砍掉了自己的左膀右臂，昆虫在喷药之后卷土重来时，它们的主要对手——鸟类已被清除，元气大伤。这时，有害昆虫大举进犯森林及田野，再也没有鸟类控制它们的繁殖数量了，密尔沃基公共博物馆的鸟类馆长欧文·格罗梅给《密尔沃基日报》投稿写道："昆虫的天敌就是另外一些捕食性昆虫、鸟类以及一些小型哺乳动物，DDT 不分青红皂白地毁灭了自然界的生态平衡，肆意杀戮了自然界的卫士和警察……我们借发展的名义，做了摧毁发展的凶手，杀害了控制有害昆虫的有益鸟类和有益昆虫。这种疯狂的杀戮可以得到暂时的缓解，但最后终究会陷入失败的泥淖。到那时，面对大肆反扑的新害虫，我们还有什么办法呢？榆树被毁灭，大自然的卫士（鸟类）死于化学武器的毒害，新生害虫会攻击其他劫后余生的树种，那时我们恐怕还手无力了。"

格罗梅先生说，自威斯康星州的喷药计划开始以来，这几年间，关于鸟儿死亡或濒死的电话都被打爆了，他天天面对人们的控诉，说在那些喷过药的地方，鸟儿快死绝了。

格罗梅的经历并非个例，他这种体验是美国中西部大部分研究中心的鸟类学家和观察家的共同感受，那些来自密歇根州鹤溪研究所、伊利诺伊州自然历史调查所和威斯康星大学的同仁，都和格罗梅一样受着痛苦的煎熬。他们关注着所有正在进行喷药地区的报纸上的读者来信栏目，通过那些来信，他们可以明显地感受到公民们的觉醒和愤怒，他们不仅表达出对喷药行动的愤怒，而且比那些对喷药行动有狂热兴趣的官员们对此危害性有着更加深刻的理解。“我真放心不下，恐怕许多美丽的鸟儿就要死在后院了，想起这一天的到来我就非常害怕。”一位密尔沃基的妇女写道：“这是一件既可怜又可悲的事件……确切地说，是令人失望和愤怒的，显而易见，它根本没有达到我们所希望的杀灭目的……从长远来说，保不住鸟儿，保得住树吗？在生态系统中，它们不是相互依存吗？难道我们就没有办法两全其美，既不造成破坏，又能维护大自然的平衡吗？”

其他的信中反映出了一种这样的观点：榆树是高大威严能够遮阴的大树，但它并不是“神牛”，不能为了它而对其他生命不依不饶地进行围剿。威斯康星州的另一名妇女写道：“我很喜欢榆树，它们屹立在田野上，就像我们的一张名片，但是，树有许多其他种类。我们必须要考虑拯救我们的鸟儿，我不敢想象，春天里没有了知更鸟的歌唱该是多么郁闷且无趣啊。”

我们是要鸟儿，还是要榆树？这是一个很容易形成非此即彼的简单选择。可是，二者择其一真的那么简单吗？实话告诉你，没那么简单。化学药物作为控制领域的时代宠儿大行其道，但是它具有的讽刺意味和它的流行一样广泛而深远，假若我们在这条路上撞死南墙不回头的话，最后的结果就是既没有鸟儿，也没有榆树，两头落空。化学药物屠杀了鸟儿，也保不住榆树。希望喷药计划能够拯救榆树的幻想就像精神病人陷入分裂症一样，毫无理智地向着毁灭狂奔，它使一个又一个的社区误入歧途，为巨大的开支缺口埋单，大量的喷药经费使人们既破费了又得不到真正的安宁。在康涅狄格州的格林尼治，雷打不动地喷了 10 年农药，然而，一年的干旱就使甲虫变本加厉地卷土重来，老天大大地给甲虫的繁殖创造了极为有利的条件，喷过药的榆树毫无抵抗之力，死亡率上升 10 倍。1951 年，荷兰榆树病首次出现在伊利诺伊州大学所在地——俄本那城，1953 年开展了喷药治理，到 1959 年，6 年的喷药计划把校园里 86% 的榆树送上了死亡之路，其中有一半是榆树病的受害者。

在俄亥俄州托莱多城，林业部的管理人约瑟夫·斯威尼以客观的态度对喷药计划的后果做出了客观的判断，这个喷药计划始于 1953 年，一直持续到 1959 年。斯威尼发现喷药后的棉枫鳞癣病更严重了，呈现大面积蔓延的情况，而他们喷药计划是依照“书本和权威机构”的建议进行的。他开始实地检查榆树的喷药效果，结果大为震惊，真正得到控制的不是喷药计划区域，而是那些为了防止被病树感染而采取果断措施移植到别处的榆树，而喷药区域的榆树病反而失去了控制。在乡村，那些没有实行喷药计划的区域，疾病的传播并不像托莱多城的蔓延来势凶猛。这表明，化学喷药杀死了所有榆树的天敌。“我们正在考虑放弃喷药计划防治榆树病，这样一来我与那些支持美国农业部主张的人发生了冲突，但我手里有事实，我掌握着真理，我会使他们陷入尴尬。”

在中西部地区，榆树病刚开始发生，这些地区的人不用脑子想一想就急不可耐地花巨资加入到昂贵的喷药计划中，真想不明白他们为什么不向那些已取得经验的地方做些调查，讨一些经验。纽约州对控制荷兰榆树病有一套方法，这是他们长期而持续地坚持得来的经验，1930 年，带有病毒基因的榆木由纽约港进入美国，时至今日，在控制和治理榆树病方面，他们还完整地保留着一份制止扑杀榆树病虫害的记录。他们对榆树病的成功控制并没有依赖于药物喷洒。事实上，在该州的农业推广局增设业务项目一栏中，药物喷洒这一项一直榜上无名。

他们是如何取得这样瞩目的成就的呢？为了保护榆树，他们从第一天起做出的应对措施就是选择最正确的方向，直到今天，他们一直沿袭从始至终的严格防卫措施，一旦发现苗头，迅速将染病的榆树实行转移甚至毁灭。起初的结果不怎么尽如人意，这是因为他们手软了，没有考虑对有病的树进行彻底的消灭，不仅要毁掉病树，而且还要把带有虫卵的所有榆树全部毁掉。带有虫卵的榆树砍下后作为冬季的柴火使用，而且要在开春前烧完。否则，一旦开春，那些滋生出的带病菌的甲虫从冬眠中醒来，在四五月份觅食的成虫会广泛传播榆树病。纽约州的昆虫学家根据经验，可以发现哪些种类的甲虫产卵后的木材会是成为传播疾病的元凶，他们把这些木材收集起来集中销毁，取得了很好的防治效果，而且把防治成本降到了合理范围。到 1950 年，纽约市的 55 000棵榆树的发病率降至百分之一。1942 年，在维斯切特郡开展了一场防卫计划，之后的 14 年间，每年的榆树损失仅为百分之一。拥有 185 000 棵榆树的水牛城，防卫计划实现了很好的控制效果，近些年来的年均损失率仅百分之一。换句话说，这样的损失速度，需要 300 年的时间才能全部损失掉水牛城的榆树。

锡拉丘克的情况尤为显著，1957 年以前，他们对榆树病虫害的控制一直处于放任状态，有计划但没有付诸实施，在 1951 年至 1956 年间，锡拉丘兹有将近 3 000 棵树在能够保住的情况下损失了。当时，纽约州林学院的霍华德 · 米勒指挥了一场围剿战争，对所有染病榆树和可能吃榆树甲虫的源头进行清除，将榆树的损失率降到百分之一。

控制榆树病最聪明的办法是专家们所倡导的经济实用、成本低的方法，“在绝大部分情况下，实际成本比预计的要少。”纽约州农学院的马蒂斯说：“如果一棵树已死或折断了树枝，最有效的方法就是砍去它，这样就可以防止财产损失或人员受到伤害，如果是一堆劈柴，就要在春天来临之前把它烧掉，树皮可以剥去，或者找一个干燥的地方堆放这些木头。果断地把将死或已死的榆树移除，将榆树病害成灾的关口前移，比起事后再来处理的费用，前者要经济实用得多，因为在大城市里，大部分死去的树终究要清除。”

所以，如果采取明智的措施，荷兰榆树病的解决并非没有办法，尽管我们现在还没有找到彻底根除疾病的方法。只要容忍荷兰榆树病在某一个群落里站稳脚跟，我们手头上的现行办法基本上是无用功，只有采取遏制的办法将它控制在一定范围内，而不是做那些没脑子的事，徒劳无益不说，还对鸟类造成极大的伤害。自然界中存在很多奥秘，比如在森林发展学的领域中，有一线曙光就是我们的希望，实验表明，我们可以发展一种杂种榆树来对抗荷兰榆树病。欧洲榆树的免疫功能很强，现在已在华盛顿特区广泛种植，即使城市的大部分树都染上病害，这种树也能安然无恙，不受荷兰榆树病的侵害。

我们需要填补空缺地带，对那些正在失去大量榆树的地方进行紧急移植，制定一个紧急移植计划来弥补空白，这非常必要，而且这种计划一定要把抗病能力强的欧洲榆树考虑进去，同时也不排除其他树种，这样就有备无患，不会陷入被动，可以有效地避免将来有一天可能会有一场突如其来的传染病将我们城市的树木尽行摧毁，正如英国生态学家查理·艾尔顿所言，健康的植物或动物群落的核心在于“保持生物多样性”。我们现在落得很被动的地步就是输在过去对生物的单纯化这一着棋上。恐怕再过一代人的时光也不会有人明白一个道理，在一大片地方种植单一植物其实就是埋下祸根。过去，我们种植成排的榆树来美化城市街道和公园。今天，榆树没了，鸟儿也没了。

和知更鸟的命运一样，还有一种美国鸟也栽进了死亡深渊，濒临灭绝，它就是美国的象征——鹰。在过去的10年间，鹰以惊人的速度锐减。事实证明，鹰的生存环境中一定有潜伏的杀手，这个杀手毁了它们的繁殖能力，只是这个杀手还没有擒拿到，真凶很可能就是杀虫剂。

从坦帕到迈尔斯堡，沿佛罗里达西海岸筑巢的鹰是北美地区研究得最多的一种鹰。1939至1949年间，一位来自温尼伯的退休银行家查尔斯·布罗科因为标记了1 000多只小秃鹰而在鸟类学领域声名鹊起（在此之前，历史上只有166只鹰做了标记），当幼鹰在离开鸟巢之前的那几个月里，布罗科就为它们绑上了鸟足带。后来追踪到那些做了标记的鹰从出生地佛罗里达沿海岸线飞到了加拿大，远至爱德华王子岛。以前人们认为这些鸟不属于迁徙一族，秋天的时候，它们又飞回了南方。在宾夕法尼亚州东部的霍克山顶是一处绝佳的观察地，人们在这个有利位置观察它们的迁徙活动。

每年都会发现125个鸟巢的海岸线上，最初几年，布罗科先生选择这儿作为研究对象，他每年要给约为150只小鹰绑上足带。1947年，幼鸟的出生数量开始下跌，一些鸟窝成了空巢，没有一只鸟蛋，而有些鸟窝虽然有蛋却孵不出小鸟。到了1952至1957年间，大约百分之八十的鸟窝没有孵出幼鸟。在这一时期的最后一年里，只有43个鸟窝还有鸟住着，其中有7个窝有幼鸟出生（一共8只）；23个鸟窝虽然有蛋，却是空欢喜一场，一只鸟也没有孵出来；13个鸟窝成了鹰的觅食落脚地，根本没有一只蛋。1958年，布罗科先生不惜长途跋涉，沿海岸走了100英里才找到了一只小鹰并给它做了记号。在1957年时，还有43个鸟窝里住着大鹰，而现在只在10个鸟窝里还能看到大鹰。

布罗科先生于1959年去世，这个价值连城的线索从此中断，再也没有进行系统的观察，万幸的是佛罗里达奥杜邦协会以及新泽西和宾夕当尼亚州报告了这一观察趋势，这一趋势会迫使我们重新寻找一种新的国家象征。霍克山禁猎区管理人莫里斯·布朗的报告引起了广泛关注。位于宾夕法尼亚州东南部的霍克山有一处美丽如画的山脊区，那是阿巴拉契亚山脉东端的山脊沿海平原的最后一道屏障，西风吹到这儿就会遇到阻力而向上吹去。所以到了秋天，吹到这儿的风形成一股气流呈螺旋状向上升，向南方迁徙的鹰和鹫鹰展开它们那宽大的翅膀，乘着这股气流扶摇而上，直冲云霄。借着这股力，它们可以在一天之内毫不费力地飞很长一段路程。山脊在霍克山区汇聚，空中航道也在这儿交汇，鸟儿们从广阔的北方通过这条瓶颈似的繁忙枢纽飞向南方。

莫里斯·布朗先生是禁猎区的管理人，20多年来，布朗观察记录下来的鹰比任何一个美国人记录的鹰都多。8月底和9月初是秃鹰的迁徙高峰期。这些佛罗里达鹰应该是在北方度过夏天以后飞回它们的家乡（还有一些大鹰会在深秋和初冬时节从这儿飞过，飞向一个未知的地方过冬，这些鹰估计是北方鹰的另一个种类）。从1935到1939年禁猎区成立之初的那几年，观察到的鹰中有百分之四十是1岁鹰，这从它们那颜色黯淡的羽毛上很容易就能认出来。但在近些年，这些幼稚的鸟儿简直成了稀有之物。在1957至1959年间，幼鹰占鹰总数的20%；而在1957年一年中，每32只成鹰中只有一只小鹰。

事实证明，霍克山的观察结果与其他地方的发现一致，来自伊利诺伊州自然资源协会的一名官员埃尔顿·福克斯写出了一份相同的报告，估计在北方筑巢的鹰会在密西西比河与伊利诺伊河过冬。1958年，福克斯先生报告说根据最近统计的59只鹰当中有一只幼鹰。在世界上唯一的禁猎区——萨斯奎哈纳河的蒙特·约翰逊岛上，狰狞的面目已经掀开了盖头，从那里传来的报告说这个岛上鹰类的灭绝正在呈现出某种征候。这个岛距离康诺云格坝上游区 8 英里，但呈现的是一片与文明格格不入的蛮荒状态。兰开斯特禁猎区负责人赫伯特·贝克也是一位鸟类学家，从 1934 年开始，他就一直对这儿的一个鸟窝进行观察。从 1935 年到 1947 年，这个鸟窝都有鸟住，伏窝规律，并且成功地孵出了小鸟。从 1947 年开始，虽然有成鹰在窝里居住，并下了蛋，但却不见有幼鹰孵出。

与佛罗里达一样，蒙特·约翰逊岛上出现了同样的问题，成鹰在窝里生下了蛋，但却几乎没有幼鸟出生的影子。如果究其原因，只能搜出一种原因符合指向的事实，环境因素罪责难逃，由于环境因素恶化，导致鸟类迅速滑向绝种的边缘，几乎每年看不到小鹰出生。

著名的美国鱼类与野生动物管理局的詹姆斯·德威特博士曾做过很多经典实验，实验表明，这些都是人手惹的祸。这可以从研究杀虫剂对鹌鹑和野鸡的影响中得到证实，在接触了 DDT 之后，虽然对成鸟没有表现出明显的伤害，但它们的生殖能力基本上被摧毁了。鸟类受影响的途径虽然不同，但殊途同归，最终结果是一样的。例如，在鹌鹑的繁殖期给它喂了掺入 DDT 的食物后，它仍然可以存活，而且照样下蛋，但几乎不能孵出幼鸟来，德威特博士说：“许多小鸟在胚胎孕育的早期阶段是正常的，但在破壳时却夭折了。”即便有的胚胎孵化出了小鸟也活不过 5 天。在把野鸡和鹌鹑作为同时观察对象时发现，如果成鸟全年吃的食物中都含有杀虫剂的话，它就生不出蛋来。加利福尼亚大学的罗伯特·路德博士和理查德·吉尼里博士得出的结果相同：“如果给野鸡的食物中掺了狄氏剂，它们的产蛋率会明显下降，幼鸟的成活率也很少。”根据科学家的观察实验表明，狄氏剂先是积累在蛋黄中，在孵化时期和幼鸟孵出之后逐渐吸收，给幼鸟带来致命的伤害。

这一看法得到了支持，华莱士博士和一个研究生理查德·伯纳德提供了这一支持。他们在近期的研究中发现，密歇根州大学校园里的知更鸟体内含有大量的 DDT，所有雄性知更鸟的睾丸中，在正在发育的卵泡中，在雌鸟的卵巢里，在已经发育完整但还没有生的蛋中，从刚刚孵出但已经死去的幼鸟身体中，都发现有杀虫剂药物残毒。

这些研究是一个重大发现，证明了一个事实，生物一旦与杀虫剂有了接触，杀虫剂的毒性就会对下一代的生命造成影响，毒素在滋养胚胎的蛋黄里贮存，这是一个死刑判决，这就解释了为什么在德威特博士的实验中幼鸟会夭折于蛋壳中，或在破壳几天内就死亡，归根结底，致死的元凶就是杀虫剂。

要在实验室对鹰进行研究的可行性有着不可逾越的困难，野外研究已经在佛罗里达、新泽西以及其他地方展开，以期找出造成鹰不孕症的可靠证据。同时，根据一些情况的判断，间接的证据指向了杀虫剂。在盛产鱼类的地方，也是鹰聚集的地方，因为鱼类是鹰的主要食物来源（在阿拉斯加约占百分之六十五，在切萨皮克湾地区约占百分之五十二）。毫无疑问，布罗利先生研究的鹰绝大多数都是食鱼的。从 1945 年以来，这里的海湾地区就遭受了溶于燃油的 DDT 的反复喷洒。空中喷洒的目标是杀灭盐沼蚊，这种蚊子繁殖最旺的区域就是沼泽地和沿海地区，而这个地区正是鹰集中猎食的区域。大量的鱼儿和螃蟹死于非命。实验显示，它们体内的 DDT 含量浓度高达百万分之四十六。清湖中的水鸟吃了湖中的鱼，体内杀虫剂毒素残留积累到了很高的浓度，这些觅食的鹰也不例外，在它们的体内组织中慢慢贮存 DDT。就像那些水鸟一样，野鸡、鹌鹑和知更鸟的生育能力江河日下，很难维持种群的繁衍了。

关于鸟儿面临的危险，全世界各地惊呼声一片，虽然各地报告的细节有不同，但主题是相同的，中心内容都是描述杀虫剂的使用导致了野生动物的死亡。在法国，使用含砷的除草剂处理葡萄园残枝后，几百只小鸡和鹧鸪死去；在曾经一度以鸟类众多而闻名于世的比利时，由于农场喷洒了杀虫剂，大量松鸡都死亡了。

英国的问题有些特殊，他们使用的方法与现在的潮流一致，在播种之前对种子进行处理。但早些年，他们使用的是杀菌剂，没有发现对鸟儿造成什么影响。到了1956年，处理方法改用双重功效的升级版，既解决种子问题，也解决土壤中的昆虫问题，除杀菌剂外，还动用了狄氏剂、艾氏剂或七氯，这下问题真的严重了，情况变得一天比一天糟糕。

1960年春天，关于鸟类死亡的报告如同来势凶猛的洪水涌进了英国管理野生生物当局，前来告状的有英国鸟类学会、皇家鸟类保护协会以及猎鸟协会。诺福克的一位农场主写道："我们这里现在就像一个战场，管理人员发现了大量的尸体，其中有各种小鸟：苍头燕雀、金翅雀、绿莺雀、红雀、篱雀、麻雀……这么多鸟儿尸横遍野，惨不忍睹。"一位猎场管理人写道："那些被杀虫剂处理过的谷物杀死了我的松鸡，还有野鸡和其他鸟类，成百上千只鸟被杀害了……我干了一辈子的猎场管理员，这种情况真是让人痛心疾首，看到一对对的松鸡死去，非常悲哀。"

在英国鸟类学会与皇家鸟类保护协会的一份联合报告中，描述了67例鸟类遇害的情况，请注意，在1960年春天被毒害的鸟类远不止这个数字。这67只鸟中，有59只是吃了杀虫剂处理过的种子死亡的，8只是由于接触到喷洒的药剂而死的。

次年，在使用毒剂的新高潮中同时出现了新一轮的中毒高潮。众议院接到报告说，诺福克地区的一家庄园有600只鸟死亡，在北埃塞克斯的一个农场里有100只野鸡死亡。不难看出，相比于1960年，更多的郡卷入其中（1960年为23个郡，1961年为34个郡）。以农业为主的林肯郡是重灾区，损失惨重，约有10 000只鸟类死亡。从北部的安格斯到南部的康沃尔；从西部的安哥拉到东部的诺福克，整个英格兰农业区哀鸿遍野。

1961 年，对问题的担忧达到了顶峰，众议院为此专门成立了一个特别委员会，着手调查问题，从农民、农场主、农业部代表以及各种关注野生动物的政府和非政府机构获取证据。

一位目击者提供证据说："飞翔的鸽子会突然从空中掉下来死去。"另一位报告者说："不信你开车行驶一二百英里，看在伦敦郊区有没有一只红隼。"自然保护区的官员作证说："在 20 世纪或我知道的任何时期内，从未发生过类似情况，这是野生动物面临的最大危机。"

由于实验设备的严重匮乏，对死亡鸟类的化学分析受到很大限制，整个国家只有区区两名化学家能够进行这样的分析（一位是政府机构的化学家，另一位供职于皇家鸟类保护协会）。目击者对焚烧鸟儿尸体的熊熊篝火印象深刻，他们尽一切可能收集了鸟儿的尸体送去进行检验，分析结果表明，只有一只例外，其他的所有鸟儿体内都含有农药残毒。唯一例外的是一只沙锥鸟，因为这种鸟儿是不吃种子的。

还有一种间接的伤害也不可小觑，狐狸吃了中毒的老鼠或鸟儿，也会成为间接的受害者。英国的兔子繁殖力超强，简直泛滥成灾，而狐狸正是兔子的克星。但在 1959 年 11 月至 1960 年 4 月，不到半年时间里有 1 300 只狐狸死了。尤其在红隼以及猛禽几乎灭绝的地方，狐狸的死亡率非常高。很容易就可以判断出，这是由于吃了含有毒素的动物通过食物链的传播引起的中毒，扩散到吃种子的动物，再传到长毛和长羽的肉食动物体内。垂死的狐狸在惊厥而死之前，神志恍惚，极其悲惨，它们的双眼半瞎像迷了路一样地转着圈子，最后剧烈抽搐而死，这与其他由于氯化烃中毒身亡的动物一模一样。

所有证据都使听证会的委员们感到野生动物面临的威胁"非

常危险”。因此，委员会奉告众议院，要求“农业部长和苏格兰事务大臣要行动起来，立即采取措施禁止使用含有狄氏剂、艾氏剂、七氯或强毒性化学物质来处理种子。”随即，委员会推荐了许多控制方法，在进入市场之前，化学品必须接受充分的野外和实验室试验。值得强调的是，这是所有地区在杀虫剂研究领域的一个空白地带。生产商只对普通动物——老鼠、豚鼠、狗进行生产性试验，但不包括野生种类，不用鸟类，也不用鱼类；还有一个条件，这些实验要在人为可控之下进行。当这些试验结果应用于野外的野生动物身上，出入很大。

因为处理种子而殃及鸟儿的事件并非只发生在英国，在美国的加利福尼亚及南方盛产水稻的地区，这个问题就像挥之不去的噩梦。多年以来，作为保护稻秧免受蝌蚪虾和水甲虫危害的一项措施，加利福尼亚水稻种植区一直是用 DDT 来处理种子。以前，加利福尼亚的猎人总是满载而归，因为水稻田里的水鸟和野鸡满目皆是。但在过去的 10 年里，从种植水稻的郡县传出的关于鸟儿消失的报告满天飞，特别是野鸡、野鸭和燕八哥的伤亡最惨重，“野鸡病”家喻户晓。一位观鸟者报道：“鸟儿会非常口渴，它们费劲地到处找水喝，结果瘫痪在水沟旁或稻田埂上，浑身颤抖着。”这种“鸟病”一般都发生在春天，正值稻田播种的时候，这时是使用农药的高峰期，喷到田里的农药是足以杀死成年野鸡剂量的很多倍。

几年以后，毒性更强的杀虫剂又问世了，对种子处理产生了更加严重的危害。对野鸡来说，艾氏剂的毒性相当于 DDT 的 100 倍，这个东西由于大力推广而广泛用于拌种。在德克萨斯州东部水稻种植地区，著名的栗树鸭由于艾氏剂的应用而损失惨重，数量急剧下降，这种像鹅一样的呈黄褐色的野鸭生活在墨西哥湾海岸一带。完全可以有理由相信，已经把水稻种植区的燕八哥杀得无处躲藏的人们，正在使用双重功效的杀虫剂，把夺命剑指向产稻区的各种鸟类。

自“剿灭”那些使我们烦恼或看不顺眼的生物以来，杀戮就成了一种习惯收不住了，鸟类现在越来越倾向于是被杀对象，而不是毒剂的意外受害者。从空中喷洒对硫磷这样的毒物引领了杀戮的时尚潮流，目的很明显，控制农夫们不喜欢的鸟类。鱼类和野生生物管理局已经感觉到了这一趋势的严重性，并表示高度关注，他们指出：“经过对硫磷处理的地区已对人类、家畜及野生生物构成了潜在的致命危害。”1959 年夏天，在印第安纳州南部的一群农夫合伙雇了一架飞机，对一片河岸地区低空喷洒对硫磷。这片地区的庄稼地附近恰好是几千只觅食的燕八哥最理想的栖息之地。这个问题完全可以采用最符合生态的办法来解决，只要在田里种上一种芒长的麦种，就可以让鸟儿不能接近庄稼，这个简单的操作问题解决起来是如此得容易，但农夫们却听信了毒药的效果，选择了自食其果的错误做法，他们花钱雇飞机执行杀戮任务。

农夫们当然对这个眼前的短期利益心满意足，约有 65 000 只红翅八哥和燕八哥上了那份死亡清单。至于那些没被发现的、忽略的、没有报道的野生生物的死亡情况根本无人问津。对硫磷并不只对燕八哥有杀伤力，这种毒药的杀伤力很广，可以波及那些走到河岸的低地漫游的野兔、浣熊或负鼠，它们也许清白无辜得很，它们根本没有吃农民一棵庄稼，但却同样被判有罪而遭屠杀，因为法官和陪审团根本不知道这世上还有它们的存在，或者说根本不在乎它们的存在。

人类的结果又怎样呢？在加利福尼亚的果园里，因为喷药使果园里的一草一木都成了有毒的，一个月前喷过药，一个月后才接触到叶丛的工人们病倒了，成了危重病人，由于医生的奋力抢救和精心护理，才把他们从死神手中抢了回来。印第安那州的顽皮男孩们，他们天性好奇，喜欢穿过森林和田野，到处漫游，还到河岸去探险，这样的孩子在这片区域有没有？如果有，有谁来守护这片有毒的区域，防止那些试图寻求纯洁大自然奥秘的孩子误入雷区呢？有谁在做守望者，警告那些无辜游客不要一脚踏进这个被死亡阴影笼罩的田野和果园呢？这里的所有植物都蒙上了一层致命的毒药。然而，没有人对农民们危险而粗暴的行为提出忠告——他们没有必要对燕八哥发动毁灭性的战争。

在这些层出不穷的恶性事件中，我们都忽略了一个最重要的问题：这是谁拿定的主意？这个主意就像对平静的湖里投了一块石子，一石激起千层浪，打破了平静的湖水泛起了死亡的波澜，并且呈螺纹状向外扩散；是谁在天平的一端放了一片被甲虫吃掉的树叶，此举使得天平的另一端装满了五颜六色的羽毛——死于杀虫毒剂喷枪下的无辜鸟儿的遗物；是谁对千百万根本没有与之商量的人独断专行，用他自己的决定剥夺别人的选择权——这是谁在滥用权力？这个决定制造了一个没有鸟儿、没有昆虫的世界，尽管这个世界由于没有鸟儿的自由飞翔而黯淡无光，没有昆虫的爬行而死气沉沉，这个决定还是付诸实施了。这是一个暂时得逞被委以权力的独夫民贼的决定，他在千百万人的一时疏忽中抛出了这个遗祸万年的决定。而对芸芸众生来说，自然界的美丽有序仍然具有一种深刻内涵的美的意义，这种意义的价值是任何事物都无法取代的。

第九章　死亡之河

在大西洋蓝色海水的深处，暗流涌动之下有很多小径通往海岸，这些小径就是鱼儿洄游的路径，虽然这些小径看不见也摸不着，但它们与来自陆地的河流浑然一体。几千年来，鲑鱼熟门熟路，闭着眼睛都可以摸清这些由淡水形成的水线，并能循着这些淡水线游回河流。每条鲑鱼一生中最重要的使命就是回到它们生命之初的那些小支流里。1953 年夏秋季节，一种鲑鱼从觅食的大西洋回来了，这些浪子从遥远的地方回到了它们的故乡，这是一种在新布伦瑞克叫作“米拉米奇”的河鲑。秋季的米拉米奇河上游风景如画，在溪流的交汇处，绿荫掩映着溪流交织的河网，鲑鱼在河床的沙砾中产卵，从河床上流过的溪流清凉而柔软。这里的云杉、铁杉、松树组成一个巨大的针叶林区，仿佛是一个天然的防护屏障，为鲑鱼提供了得天独厚的产卵地，使它们的繁衍得以延续。

这是一个良性循环，很多年来，米拉米奇河成为北美地区名声很响的鲑鱼产出地。但在 1953 年，米拉米奇河良好的生态模式被摧毁了。

在秋冬季节，个头大大的而且还带着硬壳的鲑鱼卵舒服地躺在覆盖着沙砾的水槽中，那是母鱼为它们的宝宝准备的育儿温床。在寒冷的冬天，鱼卵发育缓慢，从它们的生长规律来看，春天才是它们生长的好时候，温暖的春天使小溪流完全融化，这时小鱼便从鱼卵中探出头来，在孵化之初，它们藏身于河底的石缝中，那时它们只有半英寸长。这时候的它们没有学会吃东西，只靠着一个大黄囊生存，直到卵黄囊被完全吸收完了，小鱼才摇头摆尾地游到溪流中去找虫子吃。

1954 年春天，米拉米奇河流又有了一批新生的小鱼，这条河流中既有一两岁的鲑鱼，也有刚刚破卵而出的幼鱼。这些小不点身披炫目的条纹和红色斑点织成的灿烂外衣，在水里游来游去，贪婪地搜寻溪水中可以吞食的各种昆虫。

夏天来临了，发生了猝不及防的变化。这一年，米拉米奇河流西北部流域被纳入了一项大规模的喷药计划中。在头一年，加拿大政府为了治理云杉卷叶蛾时就把这片区域纳入了考虑范围，卷叶蛾是一种本地昆虫，有侵害多种常青树木的恶名。在加拿大东部，这种昆虫每隔 35 年就要来一次爆炸式的增长。20 世纪 50 年代，一次数量猛增的卷叶蛾让人们看到了它们的厉害。为了对付它们，人们拿起了喷药枪，开始喷洒 DDT；起初喷洒的范围不大，到了 1953 年，情况突然起了变化，为了拯救造纸工业所需的原料冷杉树，喷药枪对准了几百万英亩的森林。一夜之间，喷药范围从最初的几千英亩规模跨越式发展到几百万英亩的规模。

于是，1954 年 6 月，米拉米奇河西北流域喷洒，药水的白色烟雾在天空中弥漫着。每英亩喷洒 0. 5 磅溶解于油的 DDT，药剂在冷杉森林中渗落，其中有些最后落到了地面上，渗入土壤并渗进了林间的溪流。飞行员只在意他要完成的任务，并不在意避开河流或在飞过河流时关闭喷药枪管。实际上，这些像雾一样的喷洒物即使在很微弱的气流中也可以随风飘得很远，所以，即使飞行员采取了措施，也未必能取得效果。

喷洒行动刚一结束，状况恶化的迹象便毕露无遗，两天之内，已死的或垂死的鱼在河流两岸随处可见，其中有很多幼鲑，死亡的鱼中还有鳟鱼。道路两旁的森林中，鸟儿的挽歌响成一片，它们接二连三地死去。河流中一片可怕的死寂。在喷药之前，这里的河流中拥有取之不尽的水生生物，它们是鲑鱼和鳟鱼的粮仓。这些水生生物中有飞蛴螬的幼虫，用黏液把树叶、草梗或砾石黏在一起的松散空间就是它们的舒适居所；在湍急的河流中，飞石虫蛹紧紧抓住涡旋中的岩石，在沟底石头上或溪流从斜石飞流直下的地方生长的、像虫子一样的黑飞虫幼蠕。这些对小鱼来说丰盛无比的昆虫都被 DDT 杀死了，幼鲑的食物来源断了。

处在这样一个死神徘徊的环境中，幼鱼本身的生存也岌岌可危，或者说根本不能逃脱死亡的命运。到了 8 月份，在春天孵化它们的沙砾河床中再也没有看见一条幼鲑的影子，一整年的辛苦孵化白忙了。早先孵出的一岁或更大一点的鲑鱼的境遇稍微好一点。在飞机飞过的河流中，1953 年孵出的鲑鱼中每 6 条中只有一条幸存下来；而 1952 年孵出的准备游向大海的鲑鱼，却有三分之一命丧河流。

自 1950 年起，加拿大渔业研究协会开始着手对米拉米奇河西北流域的鲑鱼进行研究，这些事实才得以揭露。这个协会每年都要对这条河流中的鲑鱼进行一次普查，生物学家记录下当时回来繁殖的成年鲑鱼的数量，每个年龄段的小鲑鱼的数量，鲑鱼和共同生存于这条河流中的其他鱼类的正常数量。由于喷药之前有完整的记录，基本上可以比较精确地估计喷药之后造成的损失。

这一调查不仅查清了幼鱼受损的情况，还摸清了这条河流正在发生恶化的原因。反复喷药已摧毁了河流的环境，作为鲑鱼和鳟鱼主要食源的昆虫已经全部被杀死。即使遭受了一次喷药，要想大量繁殖恢复到喷药以前的昆虫数量来支撑鲑鱼的食用，也需要很长的时间，这个时间不是以月计，而是以年计。

较小的蚊蚋、黑飞虫可以很快恢复，它们是几个月大的幼鲑的最佳食物，但对于两三龄的鲑鱼赖以为食的昆虫恢复起来就没有那么乐观了，这些水生昆虫就是蛴螬、石蝇和金龟子的幼虫。就在 DDT 污染河流的一年之后，除偶然发现有小石蝇外，幼鲑再也找不到什么可吃的了。为了不让这些幼鲑挨饿，加拿大人试着将蛴螬幼虫和其他昆虫移植到米拉米奇河这片苍白的水域中。但也是白忙活，只要一喷药，所有的迁移功夫都打水漂了。

卷叶蛾的数量并没有像预期想象的那样减少，反而像星火燎原那样势不可当，其势更加凶悍；从 1955 年到 1957 年，新布伦瑞克和魁北克各处多次喷药，有的地方甚至喷了 3 次。到 1957 年，有 1 500 万英亩的土地被喷了药。就在喷药暂停的一段时间内，卷叶蛾突然爆发式地急剧繁殖，于是在 1960 年和 1961 年又各喷了一次。确实，喷药不过是控制卷叶蛾的权宜之计，各地都没有迹象表明，喷药可以一劳永逸地使树木免于连续落叶而死亡；喷药不止，副作用不息，人们不断感受到喷药的严重后果。为了将喷药对鱼类的危害减轻到最低限度，加拿大林业局出台禁令，将 DDT 的浓度由之前的每英亩 0.5 磅减至 0.25 磅（在美国，每英亩的施用标准仍沿用每英亩 1 磅的致命标准）。通过对喷药效果进行连续观察之后，加拿大人看到了一个喜忧参半的复杂状况。但可以肯定，如果喷药继续，对于从事鲑鱼捕捞的人来说高兴不起来。

一系列不寻常的综合事件使米拉米奇河西北流域发生了转机，跳出了预计向毁灭的进程发展的魔咒，但这个对米拉米奇河有拯救意义的事情在一个世纪以内都不会再出现了。现在我们来了解一下这儿发生了什么事，以及发生的原因。

我们已经知道，1954 年在米拉米奇河的西北流域喷洒了大量的药剂，1956 年又在河流的一个狭窄地段再度喷洒了一次，此后就没有再喷药了。1954 年秋天，一场热带风暴奇迹般地扭转了米拉米奇河鲑鱼的命运。艾德纳飓风一路北上，势不可当，新英格兰和加拿大海岸普降倾盆大雨。大雨形成的河流携带着淡水奔入海洋，招引了异常多的鲑鱼，这样一来，在鲑鱼的产卵地——河流的沙砾河床上出现了多得不可胜数的鱼卵。这些于 1955 年春天在米拉米奇河西北部孵化而出的幼鲑有了好运气，它们在理想的环境中出世。虽然 DDT 杀死了河中全部昆虫，但一年之后蚋蚊和黑飞虫的繁殖已经恢复，幼鲑们现在食源丰富，而且没有与它们争夺食源的竞争对手。1954 年的喷药杀死了稍大年龄段的鲑鱼，1955 年的鲑鱼由于生存环境好，它们吃得饱，长得快，而且数量极多。它们顺利地在河流中完成了发育阶段，早早奔向大海。1959 年，它们中很多又返回河流，在溪流中产下多得出奇的鱼卵。

米拉米奇河西北流域的幼鲑之所以恢复情况良好，是因为只喷过一次药。其他地区反复喷药造成的后果在两相比较下，清楚地看到了成败，那些地方的鲑鱼数量惊人地减少了。

在所有喷药的河流中，各种大小幼鲑都很少见。根据生物学家的报告，最年幼的鲑鱼“几乎已经灭绝”，1956 年和 1957 年，在米拉米奇河西南流域无死角地喷了药，1959 年孵出的幼鲑数量降到了 10 年中的最低点。渔民们议论纷纷说洄游鱼类中的最小幼鲑在急剧减少。在米拉米奇河口的采样处，1959 年幼鲑数量仅是上一年的四分之一。1959 年，米拉米奇河流域所有首次奔向大海的两三龄幼鲑只有 60 万尾，是过去 3 年来的 1/3。

在这样的背景下，新布伦瑞克的鲑渔业只有一个指望，指望着哪一天能有取代 DDT 的东西发明出来。

加拿大东部的情况也没有什么特殊之处，不同之处是他们喷药的森林面积更大。缅因州也有同样的云杉和冷杉森林，同样也面临防治森林昆虫的难题。缅因州也有洄游的鲑鱼，虽然数量远不如从前，但这些劫后余生的鲑鱼都是生物学家和环保人士竭力挽救的结果。然而，在工业污染的河流中还有木材淤积的问题，在这样有限的生存环境中，残余鲑鱼仅凭生物学家和环保人士的努力，很难保证它们能活下去。虽然这些地区也采用了喷药计划来对付无处不在的蚜虫，但受影响的范围相对较小，重要的是没有影响到鲑鱼产卵的河流。但是，从缅因州内陆渔猎业局在一个区域河鱼中观察到的情况来看，也许是未来的一个不祥之兆。

该局报告说："1958 年喷洒药物之后，不久就在大戈达德河中发现了大量垂死挣扎的亚口鱼，这些鱼表现出典型的 DDT 中毒症状，它们的游姿很奇怪，冒出水面喘气，颤抖并痉挛，在喷药后的头 5 天里，在两个河段的渔网中就发现了 668 条死亡的亚口鱼。在小戈达德河、卡利河、阿德河和布勒克河中，大量的鲦鱼和亚口鱼中毒而死。水面上经常有濒死的鱼儿虚弱地挣扎着，翻着白肚顺着河流漂向下游。在一些案例中，在喷药一个星期以后，仍可看见濒死的或瞎眼的鱼儿顺水漂下。"

各种研究证实，DDT 可以致鱼儿的眼睛变瞎。1957 年，一位观察家在温哥华岛北部对喷药后状况的报告中说，原来最生猛的鳟鱼现在软弱无力，可以在河中轻而易举地把它们用手捧起，它们行动迟缓，也不回避抓捕。分析发现，它们的眼睛都蒙上了一层雾蒙蒙的白膜，这使它们的视力下降或完全瞎了，加拿大渔业部门进行的实验表明，这些鱼（银鲑）即便躲过了浓度百万分之三的 DDT 的杀戮，也逃不脱毒药的祸害，它们的水晶体出现不透明的瞎眼症状。

在郁郁葱葱的大森林中，防治昆虫的现代手段对树荫下、河流中栖息的鱼类和各种生物都有可怕的威胁。1955 年，在美国的黄石公园及其附近喷洒农药，引发了一个鱼类毁灭的著名案例。那年秋天，黄石河中惊现大量死鱼，钓鱼爱好者和蒙大拿渔猎管理处震惊不已。这次约有 90 英里的河流受到影响，在 300 米长的一段岸边就有 600 多条死鱼上了统计名单，其中有鳟鱼、白鱼和亚口鱼。作为鳟鱼的主要食源——水生昆虫已被消灭得干干净净。

林业局管理局宣称，他们是按照每英亩 1 磅 DDT 的标准施用的，符合"安全"条例。但是喷药的实际后果表明，标准离安全线还是不靠谱的。1956 年，蒙大拿渔猎局及两个联邦机构——鱼类和野生生物管理局、林业部开始了联合研究。那一年，蒙大拿州喷药 90 万英亩，1957 年，又有 80 万英亩被处理，所以，生物学家要找一个研究场所再容易不过了。

鱼类的死亡呈现出一种典型的模式，森林上空弥漫着 DDT 的气味，水面上漂浮着一层油膜，河流两岸都是死鱼。对所有鱼类进行检测，无论是死了的还是被活捉的，它们的身体组织中都有 DDT 残留。在加拿大东部，喷药引发的最严重后果是鱼类饵料的急剧减少，从很多研究地区发现的情况来看，水生昆虫和其他河底动物种群的数量已减少到原来的十分之一。水生昆虫是鳟鱼生存的必要食源，一旦毁灭，恢复起来需要很多时日，至少要以年计。即便喷药后的第二年夏末，也只有少量的水生昆虫出现。在一条曾经有非常丰富的底栖动物的河流中，现在几乎看不到昆虫的影踪，这条河里的捕鱼量也减少了 80%。

鱼一般不会在喷药后立马就死亡，可是，延缓死亡比立即死亡更加严重。蒙大拿州的生物学家们发现，由于延缓死亡发生在渔汛期以后，所以鱼儿的死亡情况往往不会引起重视，基本上没有相关的报道。在研究的所有河流中，大量产卵鱼的死亡都发生在秋季，其中有褐鳟、河鳟和白鱼。这也不是什么奇怪现象，因为，不论是鱼还是人，所有生物的生理高潮期间都要积蓄脂肪作为能量来源。这就解释了为什么贮存于脂肪组织中的 DDT 具有杀死鱼类的作用。

很清楚，以每英亩 1 磅 DDT 的比例进行喷药，对林间和河流都是非常不安全的，更糟糕的是，对蚜虫的控制也只是隔靴搔痒，起不到什么作用，这就使得很多地方要反复喷药。蒙大拿渔猎局对许多登记要求反复喷洒的计划强烈反对，不赞同这种危害渔猎资源的做法，因为喷药计划的必要性和成绩都值得怀疑。然而，前面的话音刚落，该局又宣布，要与林业部继续合作，“竭力减少副作用的途径”。

但是，这样的合作是不是真的能拯救鱼类？现在来援引英属哥伦比亚提供的一个经验。在当地，黑头蚜虫繁殖猖獗，肆虐多年，林业部担心另一个季节性的树叶脱落会造成大量树木死亡，于是在1957年决定采取一项措施，但渔业局更关心的是洄游的鲑鱼。通过和渔业局多次协商后，森林生物分局同意修改这一喷药计划，尽可能在不影响效果的情况下，保住鱼类不受侵害。

虽然采取了预防措施，也确实付出了种种努力，但至少有4条河流中的鲑鱼百分之百地死于非命。

在其中的一条河里，4万条洄游成年银鲑中的幼鱼几乎无一幸免，几千条硬头鳟幼鱼和其他种类的鳟鱼也没逃脱被杀灭的命运。银鲑鱼有3年的循环生活周期，汇聚成群的洄游鱼几乎都是同一个年龄段的。与其他种类的鲑鱼一样，银鲑的洄游本能超强，它们会准确地游回自己的出生地，而不会窜到其他河流，不同河流的银鲑各就各位。这意味着，每隔3年的鲑鱼洄游结束了，除非通过精心的人工繁殖或其他办法来恢复这一有巨大经济意义的鲑鱼洄游。

其实有一些办法完全可以一举两得，既保护了森林，又可以拯救鱼类。假如我们将生命的河流变成死亡之水，这是对绝望和失败的屈服。勇敢且积极的做法是更广泛地利用我们已知的可替代的方法，并且必须发挥创造力，动员全民智慧和各种资源创造出新的方法。从那些载入史册的例子中可以看到，天然寄生生物控制了蚜虫，而且控制效果比喷药来得更好。我们需要广泛地应用自然控制方法，或者利用低毒农药，更好的方法是引进微生物，这些微生物可以使蚜虫致病致命，从而很好地保护整个森林的生命结构。在后面，我将阐述这些可替代的方法以及它们的功效。同时，我们必须深刻地认识到，对森林昆虫喷药并不是唯一的办法，也不是最好的办法。

有些杀虫剂是对鱼类构成威胁的主要药剂。一种是与森林喷药的有关杀虫剂，并且牵涉到北部森林中洄游河流中的鱼类，这几乎完全可以归罪于 DDT 的作用。另一种是范围广泛、持续蔓延和可扩散性的杀虫剂，这种杀虫剂的影响很恶劣，可以导致不同种类的鱼类死亡，如鲈鱼、刺盖太阳鱼、翻车鱼、亚口鱼等，这些鱼类的居住地分布于美国各地的水域中。这类杀虫剂几乎都是现代农业的宠儿，其中能被检测出来的只有异狄氏剂、毒杀芬、狄氏剂、七氯。还有一个问题需要我们马上放进议事日程加以考虑，即：未来会发生什么事情还是个未知数，因为此类研究才刚刚开始，这些都是与盐化沼泽、海湾和河口中的鱼类紧密相关的问题。

新型有机杀虫剂的广泛使用，使鱼类无处可逃地遭到毁灭。鱼类对氯化烃异常敏感，而现代杀虫剂新宠大部分正是由氯化烃组成的。当数百万吨的有毒化学药物砸到地面上时，它们会穿透地表以各种方式进入陆地与海洋之间永不停歇的水循环中。

人们对鱼类惨遭荼毒已司空见惯，层出不穷的报告已是家常便饭，以至于美国公共卫生署不得不设立一个专门机构，负责到各州去收集各地报告，作为水污染的指标。

这是一个与广大民众休戚相关的问题，在美国，把钓鱼当作一项娱乐休闲活动的人估计有 2 500 万，另外，至少有 1 500 万人游离于钓鱼者阵营的边缘，不定期地来休闲娱乐一次。他们每年在执照、小船、野营器材、汽油以及住宿方面耗资 30 亿美元。如果这些人失去了钓鱼场所，这会对经济利益产生巨大的冲击。而商业性渔业代表着更重要的利益，说它更重要是因为鱼类是一个重要的食物来源。内陆和沿海渔民（近海捕鱼量除外）每年至少捕获 30 亿磅的鱼。然而，正如我们耳闻目睹的，杀虫剂侵入到溪流、池塘、江河及海湾，无论对休闲钓鱼还是商业性捕鱼，都带来了严重威胁。

对农作物喷药水或喷洒药粉，到处都有由于使用农药给鱼类造成危害的例子。在加利福尼亚州，为了治理一种稻叶害虫而使用了狄氏剂，那一次莽撞的行为就损失了约 6 万条供垂钓的鱼，其中主要是蓝鳃鱼和其他翻车鱼。在路易斯安那州，由于在甘蔗地里使用了异狄氏剂，在 1961 年的一年当中，就发生了 30 多次鱼类大量死亡的现象，堪称重大事故。在宾夕法尼亚州，在果园里喷洒了异狄氏剂对付老鼠，结果却杀死了大量的鱼。西部高原为了控制跳蚤而使用了氯丹，结果使溪流中很多鱼类死亡。

在美国南部的一项农业计划中，恐怕再也找不出如此大规模的喷药行动了，这个计划使数百万英亩的土地被农药覆盖，为了对付一种火蚁，他们使用的是七氯，这种农药对鱼类的毒性与 DDT 相比稍弱一些，而狄氏剂却是一种毒死火蚁的强效药剂，由于它对所有水生生物具有极大的危害而臭名昭著，异狄氏剂和毒杀芬则坏得更甚，对鱼类构成的威胁更大。

在火蚁生活的任何角落，不管是使用七氯还是狄氏剂，都会使水生生物逃生无门，从各处的报告中只要摘出不多的话，就知道专门研究药物危害的生物学家透露了多么严重的坏消息。德克萨斯州的报告说："尽管付出了最大努力保护水道，水生生物仍然损失惨重。""在所有处理过的水域中，鱼类大量死亡。""鱼类死亡严重，已经持续了 3 个多星期。"亚拉巴州报告说："喷药后几天之内，成鱼都死得差不多了（在维尔克斯县），临时性水域和小支流中的鱼类已遭到灭门之祸。"

在路易斯安那州，农场主怨声载道，抱怨池塘中的鱼损失惨重。在一条运河上，不到四分之一英里的一段河道上，就有 500 多条鱼死亡。它们在水面上毫无声息地漂浮着或躺在河岸边的浅滩处。在另一个教区里，有 150 条翻车鱼死亡，占原有数量的四分之一。另有 5 种鱼则一条活的也没有剩下来，全部死亡。

在佛罗里达州，从喷过药剂的池塘中送检的鱼儿体内检测到含有七氯残毒和一种次生的化学物质——氧化七氯。这些鱼包括翻车鱼和鲈鱼，对于钓鱼爱好者来说，最受青睐的就是翻车鱼和鲈鱼，不仅增加垂钓的乐趣，还是人们的盘中餐。而食品与药物管理局惊呼，这些鱼体内的毒素在人类食入短短几分钟就会转换成很危险的物质，哪怕摄入量很小。

很多地方有关鱼、青蛙和其他水生生物死亡的报告像雪花一样飘来，一个致力于研究鱼、爬行动物和两栖动物的权威性机构——美国鱼类学家和爬行类学家协会坐不住了，遂于1958年通过了一项决议，呼吁农业部及在各州的有关部门“在造成不可挽回的损失之前，中止从空中喷洒七氯、狄氏剂以及此类毒剂的使用”。协会呼吁关注生活在美国东南部的各种鱼类及其他生物，其中包括那些迄今为止在世界各地出现但尚未被认识的物种。协会提出严重警告：“这些动物的生存空间往往只在一隅很小的范围内，因而很容易迅速灭绝。”

南部各州为了对付棉花昆虫也动用了杀虫剂，此举对种类繁多的鱼类是一个致命的打击。1950年夏季，亚拉巴马州北部产棉区经历了一次猖獗的虫灾。在此之前的一年，为了控制棉铃象鼻虫，一直有节制地使用有机杀虫剂。但天公不作美，一连几个冬季都是暖冬，这给象鼻虫创造了繁殖条件，1950年，象鼻虫呈爆发式增长，慌了神的农民有80%～95%的人倾向于农业专家的建议，在本地掮客商的催促下拿起了喷药枪，他们主要使用的是毒杀芬，这是化学药物中对鱼类杀伤力最大的药物。

就在这一年，他们又迎来了一个多雨的夏季，频繁而丰沛的雨水将化学药物冲进了河流；农民们为了补偿这一流失复又进行喷洒，每英亩棉花喷了63磅毒杀芬，有的农夫竟在每英亩农田中洒了200磅之多的药剂；有一个农夫更厉害，在1英亩地里使用了四分之一吨药剂，简直骇人听闻。

不用说，结果可想而知。在流入惠勒水库之前，富林特河在阿拉巴马产棉区有50英里的流域，在富林特河中发生的事情是一个典型的例子。8 月 1 日，大雨如注，富林特河流域在倾盆大雨中一下子“胖”得让人不认识了，雨水先是涓涓细流，很快汇流成河，最后像洪水猛兽一样由土地奔腾进入富林特河，富林特河水上涨了 6 英寸。第二天清晨，人们透过雨水看见还有其他东西出现在河面上，鱼儿在水面像中了邪似的兜着圈子浮游，有时，鱼儿会自动扑向岸边，往岸上跳，很容易就可以抓到它们。一个农民捡到几条鱼，把它们放进一个由泉水补给的池塘，水池中的鱼儿在清洁的水中慢慢恢复了常态。但河里的大量死鱼终日顺水漂浮而下。这一次的鱼儿死亡只是拉开了一个序幕，接着上场的事件是更多的鱼儿死亡，因为今后每次下雨都会有更多的杀虫剂残毒进入河流，荼毒更多的鱼儿。8 月 10 日，一场罕见的大雨把整条河流搞得天翻地覆，几乎杀死了河中的全部鱼类，以至于 8 月 15 日再次下大雨把毒物冲进河里后，竟几乎没有鱼儿死亡。关于这种化学物质造成的伤害，生物学家得到的证据是——把装有实验金鱼的水箱放进河里，一天之内，金鱼全部死亡。

在富林特河这场大浩劫中遭难的鱼类包括大量的白刺盖太阳鱼，这种鱼也是垂钓者们的最爱。此外，在富林特河水注入惠勒湾里还有大量死亡的翻车鱼和鲈鱼，包括这些水域的其他杂鱼：鲤鱼、鼓鱼、水牛鱼、砂囊鲥和鲶鱼都被一网打尽了。这些鱼都是健康的，没有任何病兆，这表现在它们在濒死时的反常行为和不寻常的深葡萄酒颜色的鱼鳃。

在温暖而封闭的农场鱼池附近使用杀虫剂，一样会把池塘内的鱼杀死。就像我们前面举的事例一样，雨水和径流会附和着雨水由周围的土壤进入水域中。有时，进入水域中的毒物也未必是被污染了的径流所致，而是飞行员飞过水域上空时没有关闭喷粉器，毒物就这样长驱直入地进入了水域。或者，情况并不需要这么转弯抹角，即便正常的农药剂量也足以致鱼类于死地。换句话说，即使大量削减用药经费也难以扭转局势，因为每英亩 0.1 磅以上的剂量对鱼塘来说就可以划为有害范围了。而且这种毒物一旦渗进了池塘，就像油入面一样很难清除。如果一个池塘为了清除看不顺眼的银色小鱼而使用DDT来处理，即使反复排水也很难肃清流毒，这些毒物慢慢积蓄起来，把池塘里的翻车鱼杀死百分之九十四以上，显然，化学物质是隐身于池塘底部的淤泥中的。

很明显，比起新式杀虫剂刚刚投放市场时，现在的情况并不见得好到哪里去。1962年，俄克拉荷马州野生生物保护局宣称，有关农场鱼塘和小湖中鱼类的死亡报告至少每周收到一次，现在越报越多。最不幸的是，如果向农田喷洒一次药物，下暴雨时，雨水就会将毒素冲进池塘。在俄克拉荷马州，这种对天意人为造成的损失多年来已为当地人熟悉，他们已经见惯不惊了。

在有些地方，池塘养鱼作为食物的重要来源之一。由于欠缺周全的考虑，贸然使用了杀虫剂，立刻就引发了问题。例如，在德罗西亚，使用了浓度仅为百万分之零点零四的DDT，就杀死了一种重要的浅水鱼——卡菲鱼的幼鱼。很多其他杀虫剂更厉害，即使更小的剂量也会祸害浅水里的鱼。这些浅水鱼的生存环境正好也是蚊虫的最佳繁殖地。又要保护食用鱼类，又要杀死蚊虫，这实在是一个两难问题，在中非地区始终没得到妥善解决。

在菲律宾、中国、越南、泰国、印度尼西亚和印度，奶鱼的养殖也面临着同样的问题。这些奶鱼的养殖环境都是在海岸线的浅水塘里，有时候，这种鱼的幼鱼群会突然出现在沿岸的海水中（没有人搞得清楚它们是通过什么途径来的），人们捞起它们，放进蓄养池，它们就在池里一天天长大。对于生活在东南亚和印度的数百万吃大米的人来说，这种鱼是一种优质动物蛋白来源。因此，它们进入了太平洋科学界的视线，科学代表大会已启动相关研究，建议在全球范围内搜寻它们至今无人知晓的产卵地，以期获得广泛养殖这种鱼。但是，杀虫剂的喷洒使池塘主蒙受了惨重损失。在菲律宾，在蚊虫滋生的区域进行喷药而使鱼塘主人亏得要跳楼。一个养了 12 万尾奶鱼的池塘，在喷药飞机光顾之后，鱼塘主人拼尽全力注入水流稀释塘里水中的毒素，但无力回天，一半以上的鱼死亡。

1961 年，在德克萨斯州奥斯汀市的科罗拉多河，发生了近年来最严重的鱼类死亡事件。1 月 5 日，这是一个平常的星期日，随着黎明的到来，天渐渐亮了，在新唐湖以及下游地段约 5 英里的河面上，惊现死鱼。就在头一天，一切风平浪静，没有任何迹象表明有灾难即将发生。到了周一，有报告传来，说河流下游 50 英里发现了死鱼。情况很清楚，有毒物质正在顺着河流往下游扩散。到了 1 月 12 日，在下游 100 英里靠近拉格朗吉附近的地方，有鱼类被毒死了。一个星期以后，毒素还在蔓延，到了奥斯汀下游 200 英里处。在 1 月的最后一周，当局被迫关闭内海岸河道的水闸，防止有毒物质进入马塔戈达湾，这股毒流遂转道流向墨西哥湾。

奥斯汀的调查者们在工作时，闻到一种氯丹和毒杀芬杀虫剂的气味。在一条下水道中，这种气味尤其强烈刺鼻。这个下水道过去曾经出过问题，因为排放工业废物而酿成事故。当德克萨斯渔猎委员会的调查人员沿着湖泊一路找上来时，他们在管道附近闻到一种好像六氯苯的气味，这种气味是从一个化学工厂飘散出来的，一直飘向很远的进水线的地方。这是个主要生产 DDT、六氯苯、氯丹和毒杀芬的化工企业，同时还生产少量的其他品种的杀虫剂。工厂负责人承认最近一段时间以来，他们的杀虫剂药粉排放到了下水道中；更要命的是，该厂管理人员认为把杀虫剂溢流和残毒排放进下水道，这种处理方式在过去十年间一直是常态。

在进一步的调查中，渔业官员发现，其他厂里的杀虫剂也可以在雨水和日常生活用水的冲刷下流进下水道。另一个发现厘清了整个事件的脉络，作为这一连锁反应的最后一环，也就是流域的水质成为毒流的前几天，为了冲洗整个排水系统，有几百万加仑的水在加压的情况下注入了排水系统。这一路滔滔洪流将沿途的沙砾、沙和瓦块中的沉积物全部冲刷了出来，这当中有很多杀虫剂残毒，然后，这一股洪流又将这些乌烟瘴气的东西带入湖中，带到江河，化学物质又在湖水与河水中呈现出它的毒性来。

致命的毒物顺着科罗拉多河流奔腾不息，流往下游，把死亡不可抗拒地带到了它的脚踪所到之处，下游 140 英里以内的鱼儿几乎无一幸免，后来人们采用拉网式搜寻，试图找到幸存的鱼儿，但一无所获。共计发现了 27 种鱼类死亡，每 1 英里河上计有一千多磅的死鱼。在这条河中，有一种斑点叉尾鲶鱼是最主要的捕捞对象，此外还有蓝色的和扁头的猫鱼、鳅、四种翻车鱼、小银鱼、鲦鱼、石滚鱼、大嘴鲈鱼、鲤鱼、胭脂鱼、亚口鱼、河吸盘鲤、砂囊鲥和水牛鱼，都在死亡名单上。其中有些鱼在这条河里资历很深，从它们的个头可以判断出是元老级的鱼，很多扁头鲶鱼重达 25 磅。据报告，当地人还捡到过重达 60 磅的鱼，据官方记录，有一条蓝鲶鱼重达 84 磅。

渔猎委员会有一个悲观的估计，即使不再发生进一步的污染，要恢复这条河里的鱼类种群需要很多年的时间，而且还不敢保证有些鱼类一定就能恢复，那些只能生存于天然水域中的鱼类恐怕永远没有指望了，而其他鱼类也只能寄希望于大量人工养殖才有可能恢复。

奥斯汀鱼类发生的鱼类灾难虽然公之于世，但真相的揭露并不意味着没事了，事情远未结束，这些带有毒物的河水向下游流淌 200 英里之后，对鱼类仍然具有杀伤力。如果这一毒流进入玛塔高达海湾，那一带的牡蛎产地和捕虾场全部都要遭殃；为了保住这一隅水域，转而将毒流引向浩瀚的墨西哥湾。然而，这就万事大吉了吗？这个引出去的毒流会在那儿产生什么样的影响？或许还有其他带着有毒物质的洪流也流进了那儿，这一切会带来什么样的影响？

到目前为止，对这类问题的答案只能凭猜测去推断，不过，有一点可喜的苗头，越来越多人开始关注河口、盐沼、海湾和其他沿海水域中农药残留的危害。这些水域不仅要接受含有农药残毒的水流，有时为了控制蚊子或其他昆虫，直接喷洒药剂。

杀虫剂对于盐沼、河口以及所有宁静海湾的生物造成的危害，在佛罗里达东海岸印第安河沿岸乡村发生的案例是一个最明显的例子。1955 年春天，为了将沙蝇幼虫赶尽杀绝，圣露西郡用狄氏剂对 2 000 英亩盐沼地进行处理，使用的剂量是每英亩 1 磅药剂，而对水生生物来说，这样的杀伤力根本扛不住，州卫生部昆虫研究中心的科学家们对这次荼毒后的现场进行了视察，现场惨不忍睹。他们在报告中说，鱼类的死亡是“彻底的”。海岸上的死鱼堆积如山，从空中俯瞰可以看到水中的鲨鱼可以任意捕捉那些中毒而失去活力的鱼儿，垂死的无力逃命的鱼儿成了鲨鱼的美食。这些鱼包括：胭脂鱼、银鲈、食蚊鱼、锯盖鱼。

“在印第安河沿岸以外的整个沼泽区中，至少有 20 至 30 吨鱼惨遭杀害，估计有 117.5 万条，种类达 30 多种（调查组的小哈灵顿和比德林梅耶尔报告）。”

表面上看，软体动物似乎躲过了一劫。甲壳类生物全部被杀绝，水生螃蟹遭到重创；提琴手蟹除了极少数在明显漏掉喷药的小块沼泽地苟延残喘之外，全部被杀死。

最先死去的是较大型的垂钓鱼和食用鱼……螃蟹爬到腐烂的鱼儿身上大饱口福，到第二天它们也死去了；蜗牛狼吞虎咽地吃着鱼的尸体，两个星期后，鱼儿的残体消失得干干净净。

赫伯特·米尔斯博士在佛罗里达对岸的坦帕湾走了一遭，对这一带进行观察后描绘了这幅触目惊心的图画，国家奥杜邦协会在那里建立了一个鸟类禁猎区，禁猎区的版图包括威士忌湾在内。具有讽刺意义的是，当地卫生部门的一次消灭盐沼蚊的喷药行动之后，禁猎区成了一个荒凉的避难所，鱼儿和螃蟹首当其冲，又成为重创群体。提琴手蟹身披斑斓的外壳，是一种小巧迷人的甲壳动物，当它们成群地爬过泥地或沙地上时，就像放牧的羊群在草地上移动，它们赤裸裸地暴露在人们的喷药枪下，毫无抵抗能力。历经这一年夏、秋季的连续喷洒之后（有的地方喷药次数多达 16 次），米尔斯博士对劫后余生的提琴手蟹进行了统计："这一次，很明显地看到提琴手蟹的数量锐减。在这一天（10 月 12 日）的潮水和气候条件下，本应是提琴手蟹大举聚集的时候，然而在海滨上只看到区区不足 100 只，而且都是濒死的或有病的，它们颤抖着，抽搐着，一步一磕绊地勉强爬行着；而在邻近没有喷洒的水域中，提琴手蟹多得不可胜数。"

在整个生态系统中，提琴手蟹的生态地位不可或缺，它是许多动物的食物来源。它是沿海浣熊的美食，又是铃舌秧鸡的佳肴，海岸鸟以及靠沼泽生物为生的鸟类也吃它们。在新泽西州一个喷过 DDT 的盐沼中，笑鸥的数量在几周内锐减百分之八十五，究其原因就是在喷药之后，这些鸟类的食源断了。作为食腐动物，沼泽提琴手蟹还有一个独特之处，它们喜欢到处挖洞，这样就使得沼泽泥地通过孔隙通气，给渔人提供了大量的饵料。

在潮汐沼泽和河口中遭到灭顶之灾的并非只有提琴手蟹，有一些对人类更为重要的生物也受到严重的威胁。生活在切萨皮克湾和大西洋海岸中鼎鼎有名的蓝蟹就是一个显著的例子。这种蟹对杀虫剂极其敏感，所以在潮汐沼泽、溪流、水沟和池塘的每一次喷药都是对蓝蟹的一次大屠杀，大部分蓝蟹必死无疑。死亡的还不仅仅是当地的蟹，还有从其他海洋来到喷药区域的蟹也惨遭毒手。很多情况下它们的中毒是间接的，比如在印第安河畔的沼泽中，那里的蟹像清道夫一样吃掉垂死的鱼儿，然后死鱼的毒性在它们身上发作，它们也死了。大红虾遭到的危害目前还不大为人所知。要知道，它们和蟹一样是节肢动物，而且和蓝蟹是同族，这就是说它们的生理特征在本质上有相同之处，因而受到的影响也是同样的。而作为人类食物的具有重要经济价值的石蟹，以及其他甲壳类动物亦会出现同样的情况。

海湾、海峡、河口、潮沼都是近岸水域的重要生态单元，这个重要的生态单元和水域内的众多鱼类、软体动物、甲壳类都有紧密联系，如果这些水体遭到了破坏，生物的居住环境不再，我们餐桌上的海味佳肴也一同消失。

那些广泛分布于沿海水域的鱼类，也会对受到保护的近岸水域趋之若鹜，选中这里作为养育幼鱼的摇篮。在佛罗里达西海岸三分之一的低地中，红树林密布的河流和运河里，蜿蜒环绕的水中迷宫游动着密密麻麻的海鲢幼鱼。在大西洋海岸，海鳟、白花鱼、石首鱼游到岛和“堤岸”间的海湾砂底浅滩上产下它们的卵，这条堤岸宛如一条生命线，横卧在纽约南岸大部分地区的外围。幼鱼一旦孵出后，涌动的潮水就会将它们带到这个海湾。在海湾和海峡——克里塔克湾、帕姆利科湾、波哥海峡和其他许多海峡，有丰富的食源供给，幼鱼很快长大。如果没有这些温暖的、受到保护的、食物丰富的水体养育场，各种鱼类种群根本没有生存的条件。然而人类却视而不见地任其农药掺和在河流或海边沼泽地的喷洒而进入海水，而幼鱼的抵御能力比成鱼低，更容易中毒。

小虾的幼年时期也依赖于近海岸的觅食区。浅海水域丰富的浮游生物是小虾最丰美的食物，而广泛分布的小虾是沿南大西洋和墨西哥湾地区各州的重要经济商品，虽然虾在海水中产卵，但幼虾却会游入河口和海湾地带，在这段旅程中的几周龄幼虾会完成它的形体脱皮和成长变化。从五六月份一直到秋天，它们都在这一带生长，水底的腐屑就是它们的主要食源，河口的适宜条件就是小虾的安全生长环境和捕虾业的利润保证。

杀虫剂的出现和使用会不会祸害到捕虾业和市场供应呢？在商业渔业局最近的实验中得到了答案，他们发现刚过幼年期的小虾对杀虫剂的毒性不堪一击，它们的抵抗能力非常脆弱，大约以十亿分之一计，与常用的百万分之一的标准差得很远。在实验中，当狄氏剂仅为十亿分之十五时，就有一半的小虾死去。其他化学药物更恐怖，一直排名靠前的异狄氏剂更为致命，只需要十亿分之零点五就会让过半小虾毙命。

牡蛎和蛤蜊如果碰上杀虫剂，更是雪上加霜，这些贝类动物的幼体非常脆弱。它们栖息在海湾和海峡的底部，从新英格兰地区到德克萨斯的潮汐河流及太平洋沿岸的庇护区。成年的贝壳就此安营扎寨不再迁移，但它们喜欢把卵散布在海水中。几个星期内，海水中的幼体就可以自由活动了。在夏季的日子里，挂在捕鱼船尾部的拖网细眼里可以发现很多极细小的、像玻璃一样脆弱而透明的牡蛎和蛤蜊的幼体，混杂在它们当中的还有许多浮游生物。这些身体通透的幼体还比不上一粒尘埃大，它们在水面上来回游动，吃浮游生物中的微生植物，如果这些细微的海洋植物灭绝了，失去了食源的幼小贝类就只有饿死；而杀虫剂正是杀灭大多数浮游生物的利器。一般情况下，用于草坪、耕地、路边，包括岸边沼泽的除草剂浓度在十亿分之几，而这样的浓度足以使浮游植物受到致命的毒害，而这正是软体动物幼体的主要食源。

各种常用杀虫剂哪怕只是微量，也可以绰绰有余地杀死那些娇嫩的幼体，甚至它们只要暴露于不足以致命的浓度中也会死亡。毒素会阻碍它们的正常生成，这些幼贝在充满毒素的浮游环境中发育迟缓。这样一来，它们就会在危险的环境中滞留，大大减少了它们成为贝的机会。

相比某些直接中毒的软体动物，那些成年软体动物的抗药性要强一些，但这照样是不保险的。牡蛎和蛤蜊会在它们的消化器官及他身体组织中贮存毒素。人们吃牡蛎和蛤蜊时都是整体照吃不误，有的人还喜欢生吃。这引起了商务渔业局的菲利浦·巴特勒博士的担忧，他用一个黑暗的比喻警告说，知更鸟并不是直接受到

DDT 的喷洒而死的，它们是因为吃了体内蓄积了毒素的蚯蚓。这个比喻虽然很不吉祥，但却生动地说明我们的处境和知更鸟一样。

使用杀虫剂消灭昆虫的效果显而易见，在杀死昆虫的同时，成千上万的鱼类或甲壳类也成为受害者逃不脱死亡的命运。人们会注意到这些悲惨的事故，但随着河流进入河口的杀虫剂间接地危害到河湾和海洋中生物的生存，这种无法测量的毁灭性的灾难却鲜为人知，因为无法预知哪些是潜流中的隐性杀手，隐藏在全部事件中的迷局，至今没有答案揭晓。我们知道，森林和地面上的农药或者通过土壤的侵蚀，或者随着雨水的冲刷而形成涓涓细流汇入河流，所有的河流都能把农药残毒带入海洋。但我们无法估量这些被带入海洋的农药残毒总量是多少。一旦毒素进入海洋，就目前的科学手段而言，我们根本无法准确地测量在高度稀释下它们的含量是多少。我们也知道，在漫长的迁移中，这些化学药物会产生变化，可是我们不知道这些变化比起原来的毒性是更强还是更弱。还有一个现今还未涉足的领域就是化学物质的相互作用，海洋生物无奇不有，当化学物质进入海洋后，种类繁多的无机物将与这些不速之客混在一起，相互转化，这几乎可以说是一个迫在眉睫的大事儿。我们翘首以盼这些问题的正确答案，但正确答案只有在广泛的调查研究之后才能得出，问题是，钱从哪里来？研究经费毕竟很少。

重要资源的淡水和海洋渔业，关系到地球上所有人的利益和福祉，然而，这些资源的纯洁性正在被进入水体的化学药物一步步吞噬，这已是不争的事实了。如果我们省下一点研制强毒药剂资金的零头，把省下的这点钱用于建设性的研究，我们的研究步伐将大大地加快，我们将发现如何运用科学的办法减少危险性物质，将那些汇入河流海洋的毒物从水体中分离出去。公众什么时候才能清醒地认识到这些事实，理性地要求并参与这一行动呢？

第十章　死亡之雨

最初，在农田和森林上空喷药还是小心、试探性地进行，喷洒的范围也小。后来喷洒人员胆子越来越大，范围不断扩展，喷药量也只增不减。一位英国生物学家把这些落到地上的“雨”形象地比喻为“死亡之雨”，这样的发声标志着我们对于毒素的认识有了微妙的变化。如果这些毒药被装进了贴有骷髅标记的容器里，即使非使用不可，也要倍加小心，只能将它用于必须要杀死的对象，此外不能接触任何有生命的东西。但是这道防线尚未建立之前，新的有机杀虫剂接二连三问世，二战后，在战争中大量使用的飞机也闲置起来，成了过剩产品，我们应该遵守的原则从人们头脑中消失了。说起来，现在的化学品相比过去厉害得多，但人类已经天不怕地不怕了，不管药物有多强的毒性，都敢像天女散花一样飘飘扬扬地洒向地面，所有生长在喷药地区的植物和昆虫都真正领教了什么叫毒药，而所有生物（人类或非人类），都将尝到毒药的滋味。喷药不仅在森林和田野上进行，乡镇、城市也挨个来，无一幸免。

现在，越来越多的人对从天空中向几百万英亩土地喷洒化学药剂感到坐立不安，特别是20世纪50年代后期的两次大规模喷洒行动使人们开始猜疑重重。这两次喷药行动主要是消灭活跃于东北各州的吉卜赛蛾和南部的火蚁。这两种昆虫都是外来物种，但来美国已经定居多年，还没有发展到成灾的地步，非要我们采取手段无情灭绝。当时指导农民的思想是“只求一个好结果，不问手段如何”。于是，人们风风火火行动起来，鲁莽地干了。

扑灭吉卜赛蛾的行动反映出一个事实，当人们轻率地动用大规模的喷药计划来取代理性的、局部的控制计划后，损失有多么惨重。消灭火蚁的行动就是典型的惊弓之鸟之作，严重地夸大了行动的必要性，在还没有吃准消灭目标的科学剂量时，就动手了，也没有考虑对其他生命造成的连带灾难，结果怎样呢？这两个计划没一个有好结果。

吉卜赛蛾的原生地是欧洲，在美国的存在时间已达100年之久。1869年，一位名叫利奥波德·特鲁洛特的法国科学家在马萨诸塞州的迈德福德设立了他的实验室，尝试这种蛾与蚕蛾的杂交实验。一次，几只吉卜赛蛾从实验室飞走了，这次偶然的吉卜赛蛾出逃事件成了这种飞蛾得以在新英格兰繁衍的一个契机，跑出去的几只蛾子像星星之火一样，很快地繁殖起来。而它们迅速扩展的原因是风，因为吉卜赛蛾在幼虫（或毛虫）阶段时体态非常轻，它可以在风速的带动下飞得很远。另一个帮手是植物的转运，植物携带着大量蛾卵，使它们借助于这个形式安然度过冬季。每年春天，这种蛾的幼虫都会肆虐橡树和其他硬木树丛，一连折腾好几个星期，现在的新英格兰各州的版图上都有这种蛾的踪迹出现。在新泽西，这种蛾也零星地出现过，它们是1911年进口荷兰云杉时带进来的，在密歇根州也发现了这种蛾，但它们是通过什么途径进入该州的，目前还没有查清。1938年，新英格兰的一场飓风把这些蛾子刮到了宾夕法尼亚州和纽约州，但阿迪朗达克山上茂密的树林像一道天然屏障，阻挡了它们的西行。

人们已经借助各种方法成功地限制了这种蛾的蔓延，把它们压制在东北一隅。这种蛾在进入大陆之后的100年间，人们一直悬着一颗心，害怕它星火燎原，侵犯南阿帕拉契山区的大面积硬木森林，但事实证明这些担忧是多余的。人们从国外进口了13种寄生虫和捕食性生物，这些引进的吉卜赛蛾的天敌成功地在新英格兰地区定成并发展起来。农业部对这些舶来品青睐有加，相信它们能有效地克敌制胜，遏止吉卜赛蛾的泛滥频率和破坏性。天然控制法配以检疫措施和局部喷药，效果明显。1955 年，农业部大加赞赏，称“出色地遏止了害虫的扩散和破坏”。

然而，好景不长，就在这种满意状态仅持续一年之后，农业部植物虫害防治部门却推广了一项新计划，声称新计划能彻底“扑灭”吉卜赛蛾，在一年中对几百万英亩的土地狂轰滥炸地喷洒农药（农业部声称的“扑灭”意在某一地区将某一物种彻底灭绝。可是事实却开了一个不给情面的玩笑，计划连连失败。农业部不得不在同一地区反复宣传他们的“扑灭”意志）。

最初，农业部在扑灭吉卜赛蛾时信心满满。1956 年，在宾夕法尼亚州、新泽西州、密歇根州、纽约州差不多 100 万英亩的土地上开展了化学战争。身处喷药区的人们怨声载道，抱怨化学药物的严重危害，但随着大面积的喷洒，这种化学治理方式成为常态，这令环保人士更加担忧。1957 年，农业部宣布将对 300 万英亩土地喷药，反对之声高涨，一浪高过一浪。但州和联邦的农业官员只是拿出标志性的姿势——耸耸肩，表示抱怨之声无济于事。

1957 年，长岛区被划进了灭蛾喷药区。长岛地区人口稠密，包括城镇和郊区以及部分与盐沼毗邻的海岸地区，其中，长岛纳苏郡是纽约州人口密度最大的一个郡，位于纽约市边缘。“纽约市正在面临着害虫蔓延的危险”，这是一个很好的托词。在保卫纽约的名义下，喷药计划披上了正当行动的外衣，其实牛头不对马嘴，真是糊涂透顶，因为吉卜赛蛾的生存空间根本不在城市，它们是一种森林昆虫，而草地、田野、花园和沼泽地根本不是它们的落脚地。然而，美国农业部和纽约州农业部以及商业部不问青红皂白，雇佣驾驶员驾着飞机把预先规定的油溶性 DDT 洒到了机翼下的大片土地上，一些菜地、制酪场、鱼塘和沼泽都被喷了药。当飞机轰轰隆隆飞到郊区时，一名家庭主妇正手忙脚乱地试图将自家花园遮盖起来，药剂纷纷扬扬洒下来，她的衣服也被药水打湿了。正在外面玩耍的孩子和车站候车的人群，都被这些洒下来的杀虫剂光顾了。在赛特克特，一匹优秀的赛马在一个水槽中喝了水，10 小时之后，这匹马暴毙了。汽车像穿了件迷彩服，被油类混合物搞得斑斑点点；花儿枯萎了；灌木丛被毁；鸟儿、鱼、蟹和那些有益的虫子都被杀死了。

世界著名的鸟类学家罗伯特·库什曼·墨菲组织了一群长岛市民到法院提出上诉，希望能阻止1957 年的喷药计划。他们的诉求被法院驳回，这些居民不得不忍气吞声地承受着 DDT 的喷洒。但他们不想善罢甘休，继续上诉，努力争取实行永久禁令。但此时行动已经开展，既成事实，法院给了一个隔靴搔痒的判决，判定这一申诉“争议待定”，案子就这样被拖住了。后来一直呈送到最高法院，但最高法院态度强硬地拒绝接受申诉。最高法院的法官威廉·道格拉斯对法院拒绝复审案件表示了不同见的，他认为“许多专家和官员提出的关于 DDT 的危险警告，足以说明这一危害与民众利益相戚相关”。

长岛居民提出的诉讼虽然胜诉无望，但至少造成了广泛的影响，引起了民众对大规模使用杀虫剂的关注，并注意到昆虫防治部门无视公民个人财产和权力和倾向。

在扑灭吉卜赛蛾的过程中，首当其冲遭到污染的是牛奶和农产品，这是一个令民众感到意外的结果。在纽约州，在北威斯切特郡 200 英亩的沃勒牧场发生的事件提供了证据。沃勒夫人曾提出了特别要求，要求农业部的官员不要把她的牧场划入喷药计划，但是在向森林喷药时，覆巢之下，焉有完卵，牧场要想免受其害是不可能的。后来她提出，如果真在她的牧场上发现了蛾子，可以采取点状喷洒的方法阻止蛾虫的蔓延。尽管相关责任人向她保证说不会对她的牧场喷药，但还是对她的牧场进行了两次直接喷药，而且还受到两次池鱼之祸。取自沃勒牧场的纯种格恩西乳牛的牛奶样品检测表明，即便在喷药 48 小时之后，DDT 在牛奶中的含量仍为百万分之十四。从田野上取来供给母牛吃的草料样品中，也检测出有杀虫剂残留。虽然这个郡的卫生部门明知这事儿，但却没明确表示这样的牛奶不能进入市场。这是一个消费者权益缺乏保护的一个典型案例，不幸的是，类似的情况已经见怪不怪了。虽然食品和药物管理局要求牛奶中不能含有杀虫剂残毒，但这样的限制并未严格执行，禁令只适用于在洲际之间的货物交易。州和郡的官员们对联邦政府的相关规定睁一只眼闭一只眼，可执行，可不执行，如果联邦政府的规定与本地法令相冲突，他们就会舍弃联邦政府的规定而尊重本地区的法令。

蔬菜园的种植者也跟着遭了殃。很多蔬菜叶子枯焦，而且布满斑点，这副卖相看来是上不了市了。康奈尔大学农业实验站在一颗豌豆样品中检测出百万分之十四到百万分之二十的 DDT 含量，而最高允许值是百万分之七，已大大超过这个极限。因此，蔬菜种植者只能承受巨额损失，或者昧着良心把超出标残毒的产品拿到市场上去卖，他们当中的一些人申请并得到了赔偿。

随着空中喷洒 DDT 的行动日益增多，法院收到的诉讼也一天比一天多。其中一些是来自纽约州的养蜂人。1957 年之前，大规模的喷药行动还未开始，但果园的小剂量喷洒仍然给养蜂带来了威胁。一位养蜂人垂头丧气，“一直到 1953 年，我一直把美国农业部和农业科学院出台的每一个政策都视为金科玉律。”但就在那年 5 月，这个视官方决定为权威的养蜂人损失了 800 个蜂群。这个州的大面积喷药行动引发了大面积的灾难，由此也引发了另外 14 名养蜂人对该州的控诉，要求赔偿他们的直接损失 25 万美元。在 1957 年的一次喷药行动中，另一位养蜂人的 400 个群蜂成了喷药行动的擦边球而成为一个目标，他报告说，在林区的野外蜜蜂（指蜂巢中外出采集花蜜和花粉的工蜂）全部被杀死，没有一只幸存，在遭受药物较轻的农场，有百分之五十的工蜂被杀死。“在繁忙的 5 月，走进院子，却听不到蜜蜂的嗡嗡声，一片死一样的沉寂。”

控制吉卜赛蛾的计划中充斥着许多不负责任的行为，喷药飞机的付款结算不是按喷药的亩数，而是根据使用的药量，所以飞行员犯不着节约药量，只管猛喷，有的地方不止喷一次。而且，在不止一个案例中，执行空中喷药的合同被州内无地址的州外公司拿下，这个公司没有向州内政府注册明确法律责任。在这种非常微妙而模糊的情况下，果农和蜂农，以及遭受直接喷药区的受害者发现，他们根本不知道到底该去告谁。

1957 年，灾难性的大规模喷药行动之后，有一次短暂的收敛，突然减少了喷药计划，并发表了一个含糊其辞的声明，声称要对过去的工作进行一次“评估”。1957 年，喷药面积是 350 万英亩，1958 年减至 50 万英亩，1959 年、1960 年、1961 年，再度减到 10 万英亩。在此期间，昆虫防治部门一定是因为来自长岛的消息而如坐针毡，那里的吉卜赛蛾死灰复燃，而且数量惊人。昂贵的喷药计划的初衷是想一劳永逸地消除吉卜赛蛾，不料竹篮打水一场空，农业部的良好信誉一落千丈，彻底丧失了公众的信任。

很快，农业部植物虫害防治人员好像得了暂时失忆症，忘却了吉卜赛蛾的存在，风风火火地转战南方，开始了一个更有野心的计划，从农业部的油印机上打印出的文件中，出现了“清除”一词，这一次发布的新闻是向人们承诺要扑灭火蚁。

火蚁，因其火红的刺毛而得名。它们是从南美的亚拉巴马州的莫比尔港进入美国的。第一次世界大战以后，人们在亚拉巴马州发现了火蚁。1928 年，火蚁在莫比尔港蔓延，继续扩张到南部大多数州省。

火蚁进入美国的 40 多年中，一直生存于人们的眼皮子底下，却没有引起人们的注意。人们感觉到它们的存在仅仅是由于火蚁那巨大的巢穴影响了农机作业，它们会筑起 1 米多高的土丘让人看着不顺眼，所以在少数州内被认为是一种不逗人喜欢的昆虫，只有两个州把火蚁列在了害虫名单上，但名次垫底，显然，不论官方还是民众，都没有把火蚁看作是对农作物和牲畜有威胁的昆虫。

具有强大杀伤力的化学药物在市场上越来越抢眼，官方对火蚁的态度一夜之间陡然发生变化。1957 年，美国农业部发起了历史上最为引人注目的大规模宣传行动，火蚁首当其冲，成为政府宣传品、电影和波澜起伏的电影故事联合猛攻的靶子，在政府的新闻稿中，火蚁被描绘成凶手，是南方农业的掠夺者，对杀害鸟类、牲畜和人类负有罪责，政府公布了一项宏大的计划，联邦政府将与受到火蚁摧残的州联合出击，在南方的 9 个州以内约2 000 万英亩的土地进行火蚁围剿。

1958 年，围剿火蚁的行动如火如荼，一家行业杂志慷慨激昂地报道："美国农业部执行的大规模灭虫计划，对美国杀虫剂制造商们是一次契机，销售狂潮将带来巨大的利润。"

实际上，这次喷药计划遭到了人们强烈的心理抵触，除了赚了大钱的农药制造商以外，几乎所有人都在背地里发自内心地咒骂此项计划。显然，这是一个执行得一塌糊涂、极其有害的大规模控制昆虫的实验。这个实验耗费巨资、毁灭生命，并使农业部丧失公众信任的实验。令人不解的是，仍然有人愿意把钱砸进去。

这个使农业部信誉丧失殆尽的计划在最初阶段，有众多国会议员为其撑腰。火蚁被描述成洪水猛兽，是对南方农业构成严重威胁的罪魁祸首，说它们糟蹋庄稼，毁灭野生生物的生命，掠食在地面上筑巢鸟类的幼鸟。更有甚者，说它们那火红的刺毛对人类的健康也是个威胁。

这些说辞是不是站得住脚？那些想要争取拨款的农业部证人的证词与农业部的重要出版物的言论自相矛盾。1957 年的公报《为控制昆虫损害农作物及牲畜的杀虫剂介绍》中根本没有提及火蚁。如果农业部对自己的出版物所说的内容认账，那这简直是一个匪夷所思的遗漏。甚至在 1952 年农业部专门描述昆虫的百科年鉴里，约 50 万字的内容中，对火蚁的描述也是只言片语。

农业部指控火蚁毁坏庄稼并对牲畜造成伤害，而亚拉巴马州在农业实验中却拿出了与之相反的结论，农业实验站通过仔细研究，亚拉巴马州的科学家根据切身体会，说："很少见到火蚁毁坏庄稼。"1961 年，时任美国昆虫学会主任、亚拉巴马州工艺研究所的昆虫学家艾伦特博士说："在过去 5 年中，他所在的学院从未收到任何火蚁危害植物的报告……也没有观察到牲畜遭到危害的报告。"一直在野外实地观察的实验室人员说，火蚁主要是吃其他昆虫，而且它们吃的昆虫大多数都是害虫。有人观察到火蚁在棉花上寻觅象鼻虫的幼虫吃掉，而且火蚁在地面上的筑巢活动对疏通土壤和排水都很有利。亚拉巴马州的研究与密西西比州立大学的考察结论一致。比起农业部谈"虫"色变的理论，这些研究者们的证据提供了更具说服力的事实。毫无疑问，农业部获得的证据，大都是走访田间，从农民的口头上得到的证据，显然，这些农民把不同种类的蚂蚁混淆了。根据早先的研究资料，某些昆虫学家相信，由于它们数量猛增，火蚁的食物习惯已悄然发生改变，所以几十年前的观察结论已不适用于当前的实际情况了。

火蚁威胁人类健康和生命的观点是严重的人为臆造的恐怖故事，火蚁威胁论无视事实依据按某些人的想法而修改，有一部农业部赞助拍摄的宣传电影（意在争取对灭虫计划的支持），这部影片充斥着对火蚁夸大其词的诬蔑，制造了一个个令人发怵的镜头。不用说，被火蚁的毛刺扎着会很痛，但这完全可以预防，像预防被蜜蜂、黄蜂蜇到那样，躲开那些麻烦。偶尔也有个别体质过敏的人会产生严重反应，医学文献上曾经有过记载，一个人由于遭到火蚁的攻击中了毒液而死亡，但这并未得到证实。人口统计局在1959年拿出过一份统计数据，在一年中有33人因为受到蜜蜂和黄蜂的叮蜇而死亡，但却没有一个人提出要把这些昆虫“扑灭”。说得更近一点，用当地最具说服力的证据来说话，火蚁已在亚拉巴马州生存了40年，而且数量庞大，但亚拉巴马州卫生局官员称：“本州尚未接到过报告说有人因火蚁叮咬而死亡的记录。”他们认为，由火蚁叮咬而引发的病例只是“偶然现象”。在草坪或游戏场上的火蚁巢丘有可能叮咬玩耍的儿童。但这并不是一个因此就要对几百万英亩的土地喷药的理由。这种情况应该有针对性地进行，只对那些巢丘进行处理就完全够了。

火蚁对鸟类的危害也是人云亦云，在缺乏证据的情况下胡说一气。最有发言权的人是亚拉巴马州奥本市野生动物研究中心的主任莫里斯·贝克博士，这位资深人士在此地工作经验丰富。贝克博士的观点与农业部完全相反。他说：“在亚拉巴马南部和佛罗里达西北部，我们看到的鸟多得不可计数，而且美洲鹑与大量迁入的火蚁相生共存。在亚拉巴马南部，火蚁已经在此地安居了40年，鸟的数量一直呈稳定增长的态势。如果迁入的火蚁对鸟类有严重威胁的话，就不会有相生相存的情况。”

用杀虫剂剿灭火蚁会给野生生物带来什么样的后果，另当别论。对付火蚁的杀虫剂是狄氏剂和七氯，这两者都是新型化学药物，人们对这两种药物的野外应用还谈不上有经验，没有人知道大规模使用会对鸟类、鱼类以及哺乳动物产生什么样的连锁反应。我们只知道这两种毒药的毒性大大超过DDT，而DDT此时已有10年的应用历史了，每英亩1磅的剂量都会把很多鸟类和鱼类送上死亡之路，而狄氏剂和七氯的剂量用得更重，基本上每英亩都会用到2磅，如果要想控制白边甲虫的话，得重锤出击，每英亩要用到3磅。依这些毒药对鸟类的效力来说，每英亩使用的七氯相当于DDT的20磅，每英亩使用的狄氏剂相当于DDT的120磅！

这引起了州环保部门、国家环保机构、生态学者以及一些昆虫学家的高度关注，他们发出了紧急呼吁，要求时任农业部长叶兹拉·本森推迟这个计划，至少要明确七氯和狄氏剂对野生及家养动物的影响，并控制火蚁使用的最小剂量。但呼吁被忽视了，喷药计划于1958年开始执行。第一年，100万英亩的土地被强制执行喷药。很明显，任何研究工作在这样的背景下都无济于事了。

计划在继续进行，州和联邦野生动物机构的生物学家以及一些大学中所做的研究也没有停止，越来越多的真相被揭示出来。研究显示，在一些地方，活着的野生动物几乎为零，家禽、牲畜和宠物也都遭到灭顶之灾。农业部给这些曝光的事实扣上“夸大”和“误导”的帽子，避重就轻，一笔抹杀了遭受损失的全部证据。

然而，真相不容抹杀。德克萨斯州的哈丁郡有一个例子可以说明问题，当施用了农药之后，负鼠、犰狳以及大量的浣熊好像人间蒸发一样无影无踪了，甚至时隔一年之后，这些动物也只能偶尔见到，在发现的几只浣熊体内的组织中，检测出了残留的化学物质。

在用药地区发现的死鸟体内，发现它们吞食了用于扑杀火蚁的毒药，这已经从对它们的组织进行化学分析中得到证实（唯一幸存下来的是麻雀，从其他地方得来的证据表明，这种鸟类相对有抗药性）。1959年，在亚拉巴马州一片喷过药的开阔地上，一半的鸟儿被杀死。生活在地面上或者活跃于低矮植被间的鸟儿全部死亡。甚至在喷药一年以后的春天里，仍然没有看见任何鸟类出现，以前适宜筑巢的地方现在冷冷清清，再也没有鸟儿飞来这里。在德克萨斯州，人们发现了暴毙在巢穴边的燕八哥、美洲雀和百灵鸟，鸟巢空空如也，许多鸟巢被废弃。人们把死去的鸟儿送到德克萨斯州、路易斯安那州、亚拉巴马州、佐治亚州和佛罗里达州的鱼类和野生生物管理局进行检测，各处的分析都表明，百分之九十的死鸟样品都检测出狄氏剂和一种七氯的残毒，浓度达百万分之三十八。

冬天，野鹬喜欢在北方的路易斯安那州觅食，现在它们已是携毒者，体内已积蓄了对付火蚁的毒物，污染源一眼就可以看清楚，野鹬最喜欢的食物是蚯蚓、泥沼中的虫子和水中的小鱼或贝类，用那长长的喙寻找食物。喷药6到10个月之后，从路易斯安那州幸存下来的蚯蚓体内检测出有浓度为百万分之二十的七氯。一年过去了，浓度仍有百万分之十。吃蚯蚓的野鹬间接中毒是必然的，这已经在幼鸟和成鸟的比例中体现出来，这在喷药后的4个月中就能明显地观察到。

有关北美鹑的消息最令南方的狩猎者们倍感失落。在喷过药的地方，这种在地面上筑巢、觅食的鸟儿死绝了，狩猎者无鸟可打了。在亚拉巴马州，野生动物联合研究中心进行了一次初步统计，生物学家们知道，这一地区原本生活着13个鸟群，共有121只鹌鹑。就在喷药两周之后，这里到处可见死去的鹌鹑。凡是送到鱼类和野生生物管理局的鸟类，体内都含有足以致它们死亡的杀虫剂残毒。德克萨斯州也重演了亚拉巴马州的惨剧，该州在2 500英亩的土地上使用了七氯，这一行动使他们失去了所有的鹌鹑。此外，还有百分之九十的鸣禽也步北美鹑的后尘，一去不返了，化学分析在它们体内都发现了七氯残留。

火鸡的数量也因为火蚁计划而急剧减少。在亚拉巴马州维尔克斯郡，使用七氯之前有80只火鸡，就在喷药后的那个夏天，一只也看不见了。除了一窝没有孵化的蛋和一只死去的幼禽之外，再也没有看见一只活着的火鸡。家火鸡也和野火鸡殊途同归，被化学药剂杀死了。凡是药剂所到之处，很少有蛋能孵出小鸡，几乎没有小鸡能存活，而没有使用过药剂的地方则平安无事。

并不是只有火鸡才会遇到杀身之祸，美国的克莱伦斯·科塔姆博士是一位很有声望的野生动物学家，他在喷药地区进行广泛走访，土地被喷药处理的农民反映说，所有的小鸟都在喷药过后消失了，此外，还有很多农民抱怨自家养的牲畜、家禽和宠物也死了。科塔姆博士在报道中说："有一个人怒斥喷药人员，抗议说他的19头牛都中毒而死，他只好埋葬了自己的牛，据说有四五头牛也是死于同样的原因，一只出生后一直吃奶的小牛犊因为吃了奶，也死了。"

科塔姆走访过的这些人，个个对喷药过后这片土地上到底发生了什么事感到困惑不解。一位妇女对科塔姆博士说，喷药过后，她放出家养的母鸡，不知道是什么原因，几乎没有小鸡孵出或存活下来。另一个农民是养猪的一把好手，在他撒了毒药以后整整9个月，他都没有得到一只猪崽，小猪要么生下来就是死的，要么活不了几天就死了。还有一位农民报告说，他的37胎小猪本应得到约250头，结果只有31头活了下来。自从土地被处理后，他再也没法子养鸡了。

农业部对牲畜的损失和火蚁计划有关的报道矢口否认。然而，乔治亚州班布里奇一位兽医奥蒂斯·波伊特文博士（曾给为一些中毒的动物治疗过）认为，造成动物死亡的真凶就是杀虫剂，他驳斥了农业部的意见，理由如下：在实施火蚁计划的两周或几个月内，牛、山羊、马、鸡、鸟类以及野生动物，扎堆似的患了一种神经系统疾病。而且，只是那些接触过被污染的食物或水的动物才患上这种病，而圈养的动物则没事儿，并且这种情况只出现在实行火蚁计划的地区。在权威著作中描述的狄氏剂或七氯中毒的症状，与波伊特文博士以及其他兽医观察到的症状一致。

波伊特文还提供了一个发人深省的案例，一头出生两个月的牛犊出现了七氯中毒现象，这只动物被送去做了一次彻底的检查，发现它的脂肪内竟有浓度为百万分之七十九的七氯。可是这时距离喷药已经过去了五个月，母牛吃了喷有七氯的草，小牛吃了母牛的奶，这个中毒现象引出了两个问题：是牛犊吃了母亲的奶间接中毒呢，还是它在胚胎时就有已经中毒？波伊特文抛出了一个令人忧心忡忡的问题：如果七氯中毒来自喝牛奶，为什么没有采取预防措施来保护儿童以及所有饮用当地牛奶的人？

波伊特文的报告直指牛奶污染这一关键问题。而田野和庄稼地正是火蚁计划所覆盖的区域。那么，在这片土地上吃草的奶牛情况如何？药剂喷到了田野和庄稼地，青草不可避免地带有七氯的残毒，奶牛吃下有残毒的草，毒素自然而然地进入牛奶中。1955 年，早在执行火蚁控制之前，就已经有研究证实七氯的毒素会直接进入牛奶，后来的狄氏剂实验结果也是一样，而狄氏剂正是火蚁计划中使用的化学药物之一。

在农业部的年刊上，公开承认了七氯和狄氏剂属于化学药物之列，喷洒了这些化学药物的草料已不适宜喂养奶牛或肉食动物。然而，农业部仍然在南部大牧场上不加制约地喷洒七氯和狄氏剂，不厌其烦地推广害虫控制计划。谁能为消费者的利益负责？谁敢担保上市的牛奶中没有七氯和狄氏剂的残毒呢？美国农业部会推诿责任，他们会说，已经三令五申，叫那些农民在喷药之后要将奶牛赶出牧场 30 到 90 天。很多牧场都是小规模的，而控制计划又是如此大规模的，并且执行计划都是用飞机喷洒，所以，农业部的这种三令五申会不会收到效果很值得怀疑。而从残毒的持久性来看，30 到 90 天的隔离时间明显是不够的。

食品和药物管理局对牛奶中出现残毒的问题感到很恼火，但他们权限很小，心有余而力不足，施展不开拳脚改善局面。在喷药计划的大部分州，乳制品行业衰退了，产品根本运不出州。联邦灭虫计划给乳制品行业弄了一个危机出来，怎样解决这一危机的问题则抛给了各州的政府自己去解决。1959 年，对亚拉巴马州、路易斯安那州和德克萨斯州的卫生官员和其他有关官员的调查材料揭示，他们根本没有进行过任何实验，甚至还不知道牛奶是不是受到了杀虫剂的污染。

同时，与其说是在火蚁计划执行之后，不如说是在其执行之前，对七氯的特殊性质的研究就已经开始。或许更确切地说，在还没有发现联邦政府的灭虫计划造成了一系列危害之前，早已有人查阅过若干年前的研究成果，力图阻止联邦政府的控制计划。这个事实的危害在于：七氯在动植物组织或土壤中经过短期的过渡阶段，会转化成一种毒性更强的环氧化物的形式。环氧化物就是人们认为的风化作用产生的“氧化物”。自 1952 年起，人们就预计到这种转化的可能性，当时，食品与药物管理局发现，给雌鼠喂百万分之三十的七氯，两星期后，在体内蓄积的毒性更强的环氧化物达到了百万分之一百六十五。

在 1959 年的生物学文献中，记载了农药转化这一事实，但不够翔实。当时的食品和药物管理局积极行动起来，以法令的形式禁止食品含有任何七氯或其环氧化物的残留，这一禁令至少给那个时候的控制计划泼了一盆冷水；虽然农业部仍然继续要求为火蚁计划拨款，但地方农业顾问的响应热情大大降温，他们不再热心建议农民使用化学药物，因为这会导致他们的谷物成为法律上禁止出售的产品。

简而言之，农业部根本没有对所使用化学药物进行基本的调查，便轻率地执行了计划，而且这个计划是在心中无数的情况下进行的；甚至即使发现了情况，也对事实漠然视之。他们做得最差的事情是没有提前调研，没有弄清楚可以达到效果的最小剂量，就急忙动手。就在喷洒药剂的两年之后，他们突然来了一个急刹车，1959 年，他们把七氯剂量从每英亩 2 磅降至 1. 25 磅；在 3 到 6 个月的两次喷药中又降至每英亩 0. 5 磅。农业部一位官员对这一变化的解释是“一个有进取性的修正计划”，这一修正计划说明了一个事实，小剂量使用是有效的。我们假设，如果这种修正计划在喷药之前就提供了这个信息，那么就可以避免大量的损失，纳税人也可以少花很多钱。

1959 年，越来越多的不满使农业部感到了某种压力，为了平息舆论，农业部主动提出对德克萨斯州的农场主免费提供药剂，但有一个条件，他们要签一份声明，如果发生了损失，自己兜着，不要跟联邦、州以及当地政府扯皮，责任自负。就在同年，化学药品给亚拉巴马州造成了巨大损失，州政府为此感到震惊，愤怒之下不再为这个计划拨款，一名官员指责这个计划是“脑残的，轻率而失败的行动，是一个对公共机构和个人权利的粗暴践踏”。虽然州政府的财政资金断流，但联邦政府的钱却不断地流入亚拉巴马州，1961 年，立法部又在不断的游说下动摇，拨出了一笔经费。同时，路易斯安那州的农民爆发了强烈的不满，拒绝接受喷药计划，因为对付火蚁的化学药物会助长另一种昆虫的大量繁殖，这种昆虫会对甘蔗造成很大的危害。更关键的问题是，喷药计划一败涂地，毫无成效。1962 年春天，路易斯安那州立大学农业实验中心昆虫研究室主任纽森博士对此做了简明而一针见血的描述：“在州和联邦机构联合代办下指导的火蚁‘清除’计划最后以彻底失败收场，在路易斯安那州，比起控制计划之前，虫害蔓延到了更大的地区。”

现在，人们倾向于一种更为理智、更为稳妥的趋势已经显现，来自佛罗里达州的报告说：“现在，佛罗里达州的火蚁繁殖得比控制计划开始时更多。”他们宣布，放弃任何有关大规模清除计划，转而改用小范围控制措施。

廉价而有效的局部控制办法已在多年来的实践中赢得了口

碑。针对火蚁筑巢的栖居特性，有的放矢地对个别巢堆实施化学处理是非常简单的事，用这种办法每英亩只需 1 美元。对那些巢穴多的地方，可以采用密西西比农业实验中心研制出的耕田机实行机械化处理，先耙平土地，然后直接将农药放进巢穴即可。这种办法可以一举歼灭 90% ~95% 的火蚁，每英亩只需花费 0.23 美元，而农业部的大规模控制计划每英亩要花费 3.5 美元，相比之下，农业部的计划耗资成本最高，损害面积最大，而效果最差。

第十一章　超越波吉亚家族的幻想

对大自然的污染并不完全是大规模的喷药问题。实际上，从根本上来说，日复一日、年复一年无数次地与小规模的毒剂接触才是最无可奈何、最令人担忧的。就像滴水穿石，不管是人类还是动物或植物，大自然的所有生物从生到死都在与化学药品持续接触，最终招致严重的灾难性后果。即便是微量的化学药品，反复接触都会促使毒素在我们体内贮存，导致慢性中毒。没人对这种不断蔓延的污染具备天生的免疫力，除非他生活在一个与世隔绝的偏远地带，难以与毒剂污染接触。商家花言巧语和掩盖真相的劝诱和引导，使普通人很难察觉到身边的致命物质，人们根本没有意识到自己正在与这些物质频繁接触。

广泛使用有毒化学物质的时代已席卷全球，任何人都可以随心所欲地在商店里任意买到比某些医用药品的毒性更强的化学商品，没有人会提出质疑，问他买去干什么，他要买那些明文标有强毒性的医用商品，只需在药房的毒物登记表上签个字就行了。走进任何一家超市调查，结果都会把胆大包天的顾客吓呆，如果这人懂得一点化学物品的基本常识的话。

我在想，商店要是能在杀虫剂区挂上一个骷髅图案就好了，这个骇人的警示标志会让走近这种致死毒物的顾客心存畏惧之感。但商家不这么想，他们喜欢将杀虫剂一排排摆放得像其他商品一样，看着舒舒服服的，它们和那些可以食用的腌菜和橄榄排列在一个货架上，旁边紧挨着沐浴液、洗衣液。更揪心的是，盛有化学药品的玻璃容器就放在儿童伸手可及的地方。如果这些药物被孩子伸手拽下来或被大人不小心摔碎了，打破的溶液会溅得到处都是，要知道，这些药物已经导致那些使用过它的人得了怪病。这种危险还会隐藏在消费者的生活中。比如，一罐盛有 DDT 防蛀物质的包装上印有字体很小但很精致的警告，说明本产品是高压填装的，如果遇到明火或受热就可能爆炸。有一种用途广泛的普通家用杀虫剂是氯丹，很多家庭都在厨房中使用，但食品和药物管理局的官员公开宣称，在氯丹喷洒过的房屋内居住，“极其危险”，而其他一些家用化学品中含有的狄氏剂的毒性更强。

人们很青睐这种化学品，因为在厨房中使用很方便，这是它吸引人的一个方面。厨房的隔板纸有白色的，也有其他颜色的，不管什么颜色都可以用杀虫剂浸染，单面和双面都能染。制造商的心机确实非同一般，为我们提供了一个自己动手消灭臭虫的手册，教我们如何消灭虫子。可以轻而易举地朝着小房间、人手够不着的旮旯、橱柜、踏脚板、角落和缝隙，像按电钮那么轻轻一喷，狄氏剂的烟雾就会到达虫子的隐身之处。

蚊子、沙螨和跳蚤以及其他对人类有害的昆虫的确给我们带来了严重的困扰，使我们不厌其烦。于是我们选择各种乳液、润肤露、喷剂，用在衣服和皮肤上。尽管警告之声不绝于耳，说这些物质中有一些可以溶于清漆、油漆和人工合成物中，但我们仍然愿意在一种幻想中生活，幻想这些化学物质无法穿透人类皮肤这层屏障。为了有备无患，随时都能击败各种骚扰我们的昆虫，纽约的一家高级专营店向公众推销一种小型的喷雾器，这种东西既适合放在钱包里，也适合放在沙滩盒、高尔夫球场和渔具里。

我们把蜡打在地板上，用以保证杀死在地板上爬行的昆虫。我们可以把一条被林丹浸染的带子挂在橱柜或抽屉里，我们可以在半年之内省心，不担心蛀虫祸害。广告中没有只言片语提到林丹是一种危险的化学品，一个生产林丹喷雾器的电子设备商家也没有在广告中提及它会散发出高丙体林丹气味，我们高枕无忧，因为我们知道它无毒无害，安全而没有气味。但真相却严酷得多，美国医学会认为林丹加湿器是一种非常危险的东西，为此，他们发起了广泛的宣传，并在其刊物上发出抗议，抵制使用高丙体林丹加湿器。

农业部在他们的一份《家庭与花园通讯》的刊物上，建议我们用溶于油的 DDT、狄氏剂、氯丹或其他防蛀剂喷洒我们的衣服，如果喷洒过度，衣服上留下了白色的杀虫剂沉淀物，农业部说得很简单，可以轻轻一刷就搞定。但是他们却忘记了最重要的，他们忘了提醒我们应该在什么地方刷或怎样刷。这就导致了一个事实，我们无论醒着睡着，都要与杀虫剂相伴，因为夜里我们盖的就是一床浸染着狄氏剂的防蛀毯子。

如今，现代园艺已和超级毒物密不可分了。无论哪个五金店、园艺用品商店和超市，都为园艺工作可能出现的问题提供了各种各样的杀虫剂。那些目前还没有火起来的致命喷剂和药粉，显然是由于他们动作慢了一步，因为几乎每一种刊物的园艺版和大多数园艺杂志都在鼓吹使用药剂是天经地义的事。

有机磷杀虫剂是一种高强度的急性致死药剂，竟广泛用于草坪和观赏植物，1960 年，佛罗里达州卫生部紧急叫停了这种化学剂的商业性应用，禁止没有获得许可，没有达到标准要求的任何人在居民区使用杀虫剂。在这一禁令实施之前，佛罗里达州发生了多起对硫磷中毒的死亡案例。

尽管有警告提醒园丁和房主，勿接触极其危险的化学品，但市场却在任意而为，源源不断出现的新型设备，给草坪和花园使用杀虫剂提供了更多的便利，这就大大增加了人们接触毒物的机会。比如，一个人可以在花园的水管上安装一个罐装的设备，给草坪喷水时，剧毒农药如氯丹和狄氏剂借道这种装置和水一起流向草坪。这种装置不仅对手抓管子的人是一种伤害，而且对公众的安全也构成了威胁。《纽约时报》认为有必要对上述做法提出严重警告，提醒人们必须安装一个特殊的保护性装置，以确保毒物不会因为反虹吸作用进入供水系统。考虑到这种装置已广泛使用，给人们提出的警示少之又少，我们还装什么傻，去向民众提问公共水源受到污染没有？

从一个医师的例子中，可以看到园丁处于什么样的境况。这名医师是一个狂热的园艺爱好者，起初，他在自家院子的灌木丛和草坪上用足了 DDT，后来又使用马拉硫磷。有时，他会在塑料管子上加一个设备把药加入水管中，有时他干脆直接手持喷壶。他的这一系列操作使他的衣服和皮肤常常被药水弄湿。大约一年之后，他突然得了大病，住进了医院。医生对他的脂肪活体样品检验之后，发现已有百万分之二十三的 DDT 残毒蓄积。出现了广泛的神经损伤，医生认为他受到的损伤是永久性的。随着时间的流逝，他一天比一天瘦，极度疲惫，患了特殊的肌肉无力症，这是马拉硫磷中毒的典型症状。他由于中毒而引起疾病缠身，再也不能从事医务工作了。

花园喷水龙头曾一度被认为是安全的，甚至在割草机上也安装了喷洒药剂的设备，当房主打理他的草坪时，这种附加装置就会喷出一阵阵白色的烟雾。农药的高分散度微粒就这样顺风顺水地进入了潜藏着巨大危险的汽油废气中。乡镇居民对割草机的潜在危险既不知道也不怀疑，大大咧咧地随意使用，自己把自己土地的上空搅得乌烟瘴气，污染程度之高没有哪个城市能与之相比。

还有一个问题必须谈到，没有人对园艺或居家使用杀虫剂的危害有过警觉，印在商标上的警告字体小到不易察觉，很少有人注意那个不显眼的位置，更不用说去仔细阅读和遵守。一家公司做了一项调查，想了解一下究竟有多少人以认真的态度对待这样的警告。调查表明，在使用杀虫剂喷雾或喷剂的 100 人中，只有

15%的人注意到了那个不起眼的警告标记。

现在，住在郊区的人对清除酸苹果草群情激愤，宁可不惜付出任何代价，也要让酸苹果草寸草不生，甚至清除这种植物地农药袋子都成了一种地位的象征。这些农药在时尚的名义下出售，时尚的品牌不大容易读出它是什么实质和本性，要想弄清楚这些袋子里装的究竟是氯丹还是狄氏剂，你必须耐着性子去读那些印在不起眼地方的蝇头小字。五金店或园艺用品商店的产品很少说出真相，你从那些产品说明书上根本无从了解到使用化学品的真正危害。相反，说明书上描绘的是一个阳光幸福的家庭，父亲和儿子满脸笑容地走向草坪去喷药，小孩子们正和一只吉娃娃狗狗在草地上打滚疯玩。

食品中的化学物质残留历来是一个争得不可开交的热点问题，说药物残留，不是被商家转弯抹角地淡化，就是矢口否认。同时，还有一种倾向就是把那些要求食物不含杀虫剂的人一刷子抹黑，扣上"盲从者"的帽子，在所有这些争论得一锅粥的是是非非中，真相是什么？

至少，有一个事实已经被医学界证实，在DDT来到（1942年）之前出生和死亡的人体组织中，没有发现含有哪怕是微量的DDT或其他类似化学品残留。在第三章里我们提到过，1954年到1956年，从普通人群中采集到的脂肪样品中，DDT浓度含量为百万分之五点三至百分之七点四。有数据表明，从那以后，DDT的平均水平持续上升到一个更高的数值。当然，对于那些特殊人群，比如从事特殊行业必须长时间暴露在杀虫剂中的人，化学物质的蓄积量浓度就更高了。

先做一个假设，人们在没有察觉的情况下遭到杀虫剂污染的人的身体脂肪内的DDT来自食物。为了验证这个假设，美国公共卫生管理局搞了一项独立研究，组成科学小分队到饭馆和大学食堂采集样品，发现每一种膳食中都含有DDT，无一例外。由此，调查者可以直白而干脆地宣称："几乎找不出可以信赖的、完全不含 DDT 的食物。"

被污染的食物无所不有，数量巨大。在一项公共卫生部的独立调查中，对监狱膳食的分析结果表明，像炖干果这样的菜肴中，竟有百万分之六十九点六的 DDT 含量，面包的 DDT 浓度达百万分之一百点九之多！

在普通家庭的餐桌上，肉和产自任何动物脂肪的食品都含有大量的氯化烃残毒。因为化学物质容易溶于脂肪，这就为大量残毒创造了条件，相对来说，蔬菜水果中的残毒要少一些，如果有残毒，冲洗也解决不了问题。最好的办法是剥掉外皮，比如像莴苣、白菜这类蔬菜的外层叶子，削掉果皮，并且不要再食用果皮或其他外壳，即便高温烹饪也不能消除残毒。

食品和药物管理局有明文禁令，禁止牛奶中含有农药残毒，但事实却并非如此，只要检查，就会查出残毒，无论什么时候查，随查随有。黄油和大规模生产的奶酪制品是最容易有残毒的。1960 年，对这类产品进行了 461 个样品的检测，竟发现三分之一的产品含有残毒。这一很不乐观的情况使食品和药物管理局"感到忧虑"。

如果一个人想要找到不含 DDT 之类的化学药物的食物，只有一条路，他必须到一个远离尘嚣的原始环境中去，只有在这片远离现代文明印记的地方才能找到真正的绿色食品。这样的地方极其少见，但还有一隅存在着，比如遥远的阿拉斯加州的北极海岸的边缘地带，但即使在那里，也可以看到污染的恶魔正在步步逼近。科学家对因纽特人的食物进行检测时，发现他们的食物中不含杀虫剂。无论鲜鱼、干鱼、海狸、白鲸、驯鹿、麋鹿、北极熊、海象身上获取的脂肪、油或肉，还是蔓越橘、鲑浆果、野大黄，所有这一切都没发现被污染的迹象。只有两只来自好望角的白猫头鹰体内含有少量的 DDT，这也许是它们在迁徙过程中摄入的食物里沾上的 DDT。

对因纽特人的身体脂肪样品进行抽样分析时，发现了少量的 DDT 残留（0 到百万分之一点九）。原因不言而明，脂肪样品是从那些离开祖籍地到昂克雷吉的美国公共卫生署医院就医的人身上取来的。昂克雷吉流行现代文明的生活方式，跟那些人口稠密的城市一样，食物中没有一样是清白的，都跟 DDT 残毒纠缠不清，这所医院的膳食中也有 DDT 残留。因纽特人来了一趟文明世界，惹了一身骚，他们走时带着沾染了毒素的身体。

农民在庄稼地里普遍地喷洒农药和毒水，这就导致了一个必然结果，我们吃的每餐饭菜中，都含有一定量的氯化烃。如果农民们谨慎一点，严格遵照说明书上的规定操作，那么即使有残毒，也不会超过食品和药物管理局所规定的标准。暂且搁下法定残留标准是否真的“安全”不说，说一个广为人知的事实，农民在使用农药剂量时经常超标，特别可恶的是，在临近收获时喷上超过规定剂量的农药，而且是随意喷洒，想在哪用就在哪用，管它喷了多少次；他们懒得把工夫用在仔细阅读那些小字号的说明书上。

农药制造商对农民这种粗心大意使用药剂的行为也感到头痛，因为引起过一些误用杀虫剂的事件，所以他们认为很有必要教育农民。农用工业一家行业刊物最近发文声称：“很多用户不懂得，使用农药如果超过建议的标准剂量，他们就会陷入危险。另外，农民可以随心所欲地在庄稼上喷洒杀虫剂，至于喷多少，完全取决于他们自己。”

农民的这种出格行为屡见不鲜，在食品和药物管理局的档案里，有很多这方面的记载，绝大多数农民都在农药使用上胡作非为，这很令人不安。眼看莴苣就要成熟，一名农夫竟在即将收获的菜地里喷洒了 8 种不同的杀虫剂；一位货车司机在一批运输的芹菜上使用了毒性很强的对硫磷，用量大于建议剂量的 5 倍之多。尽管一再严格要求莴苣上不能有药物残毒，但种植户漠视禁令，在莴苣地里使用异狄氏剂（所有氟化烃中毒性最强的），菠菜在成熟前地一周喷洒 DDT。

也存在偶然或意外污染的情况。一艘轮船上装载的大量绿咖啡被污染了，究其元凶，原来是在航运过程中，这只船上同时还载有一批杀虫剂货物。存在仓库里的封装食品受到 DDT、林丹和其他杀虫剂的喷洒处理，杀虫剂可以穿透粗麻布袋中的食品，而且由于多次喷洒而蓄积到一定的量。食品在仓库中储藏的时间越长，遭到污染的危险就越大。

“难道政府就拿不出办法保护我们吗?”对这样的提问，回答是:“能力有限。”如何保护消费者免受杀虫剂危害，食品和药物管理局由于两个方面的原因使他们的能力大大受限。第一个原因是管辖权受限，只有在洲际进行贸易运输的食品，他们才有权过问；州内的种植和买卖活动，不管这当中有多少违法行为，他们都无权过问；第二个原因是大家都看见的事实，人力受限，管理局办事员不足 600 人，这样少的人手却要对付十分繁杂的工作。食品和药物管理局一位官员无可奈何地说，他们现有的设备只能对极少量的洲际贸易农产品（不到百分之一）进行抽样检查，这样的统计结果完全是扯淡，漏网之鱼很多。至于不在管辖权内的州内买卖活动，情况简直糟糕透顶，因为大多数州在这方面的法律条款都形同虚设。

还有一个明显的缺陷，在当前使用农药风气盛行的背景下，由食品和药物管理局规定的污染最大容许限度只是一纸空文，没有任何约束效果。这纸空文反而让人更加迷惑，意思是：安全限制得到确立并很好地执行。如果说人们允许毒剂洒在食物上，大多数人都可以据理反驳，人们会说，没有哪一样毒剂是有安全性的或是人们愿意让它进入食物的。为了设定一个容忍值，食品和药物管理局审查了药物对动物实验的结果，然后界定了一个污染的上限，这个上限远低于动物实验中出现的中毒症状。这一系统的设计看似安全系数很高，实际上违背了一个重要事实：在人为可控的条件下，实验动物摄入一定量的农药，与生活在自然环境中接触到农药的人相比，二者差距非常大。人接触到的农药不仅种类多，而且是反复接触，有许多农药有毒成分还是未知的、无法测量和不可控制的。即使在宴会上吃的沙拉莴苣中含有百万分之七的 DDT 是“安全的”，但你同时还吃下了别的食物，每一种食物中都含有一点点残毒。况且，通过食物摄入的杀虫剂残毒只是进入我们体内毒物的一小部分，从各种渠道汇入的化学残毒叠加在一起，就成了一个无法估量的总摄入量。因此，讨论任何单一食物摄入残毒的“安全性”，等于零。

另外还存在一些问题，有时候，容许值是在违背食品和药物管理局的科学家的正确判断下确立的（在后面的章节会引证相关案例），实际上，这些容许值未必科学。在对某种化学品的基本认知还没有掌握的情况下，这些容许值就制定出来了，我们根本没有依据说这些容许值是客观的。对这些毒物获得的客观信息，最后导致容许值降低或取消，但此时，公众已经对危险剂量有了大量的接触，受到的危害已经很多个月甚至很多年了。曾经给七氟制定了一个容许值，但后来又取消了。有些化学品还没有经过野外应用分析，就登记造册付诸使用了，因此，检查人员寻找这些化学品残毒的工作以失败告终。这一问题大大地阻碍了“蔓越橘化学品”氨基噻唑残留的检查工作。针对普遍应用于种子处理的灭菌剂分析方法也是个老大难，有些种子如果在种植季节结束之前还没有播散到田间，它们的最后出路就是作为食物进入人的腹中。

事实上，使用容许值就意味着提供给公众的食物允许有一定量的有毒化学品，这对农民是一个利好消息，可以降低农产品加工的生产成本，但对消费者就不划算了，消费者必须缴纳税费支持相关监察机构，查证制订他们不会吃了要死的剂量。鉴于目前杀虫剂的广泛使用和药品的毒性，监察工作要做到位需要投入很大一笔钱，用以付出超过立法官工资的钱，但没有哪个议员敢说拨出这笔巨款的话。结果是，消费者最吃亏，付了税钱，仍然得不到保护，天天还在吃着不大被人注意的毒物残留食物。

要想一竿子解决问题，只有一个办法也许管用，废除氯化烃、有机磷类和其他强毒化学品的容许值。但马上就会有人跳出来反对这一建议，因为这会加重农民的负担，他们会抗议。那么，还有一个美丽的幻想就是，把各样水果和蔬菜按百万分之七的残留加以控制，把对硫磷残留控制在百万分之一，把狄氏剂控制在百万分之零点一，与其说把这些都有效地控制在容许值范围内，不如说把工作重心前移一步，完全防止任何残毒的出现。实际上，我们力图推进的就是禁止农作物出现某种化学品残留，比如七氯、异狄氏剂、狄氏剂等，假如上述禁令能够真正行之有效，那为什么不对所有农药都实行这样的禁令呢?

总而言之，这并不是一个彻底解决问题的办法。纸面上的容许值虽然白纸黑字，但实际上等于零。我们都知道，超过99%的洲际间运输食品都在检查人员的眼皮子底下轻松溜走。这就是说，我们迫切需要建立一个有高度警惕性、工作积极主动的检查队伍，而且还要人手充足，没有力不从心之虞。

故意放任食物任其毒化，然后又大呼小叫来实行监管，这不由得使我们想起了刘易斯·卡罗尔的“白衣骑士[①]”。白衣骑士突发奇想，要把自己的络腮胡子染成绿色，再用一把大扇子不停地摇啊摇，这样就可以挡住这些胡子不被人看见。故事的最终答案是少用或不用有毒的化学药物，人人都恪守这个规则，那些滥用化学物质导致的公共危害就会大大减少。现在，化学物质的危害无处不在：如除虫菊酯、鱼藤酮、鱼尼汀和其他从植物中提取的化学物质。最近，除虫菊素的人工合成剂替代品也投放市场了。

这样，我们需要使用除虫菊脂就不会有短缺之虞，因为有替代品顶这个缺口，一些生产国已经将提高这种天然产品的产量列入了生产计划。我们还迫切需要向公众宣传投放市场的化学品的性质，因为很多消费者都被各种杀虫剂、杀菌剂和除草剂弄得晕头转向，不知道哪些是致命的，哪些是安全的。

从尽可能安全的角度着想，除了利用危险性小的化学药物外，我们还应该勤奋探索，找出一条非化学可应用的路子。目前，加利福尼亚州正在尝试一项实验，研究一种会对某种昆虫的细菌引发一种昆虫疾病，应用于农业方面的害虫治理，一物降一物。这种方法的扩大实验正在进行中。除此之外，还有很多有效的方法对昆虫进行有效的控制，并使其不在食物中留下残毒（参见第十七章）。在这些新方法还没有广泛地取代老方法之前，这种不能容忍的极端状况仍然不容乐观。从目前的处境来看，相比于波吉亚的客人们来说，我们的处境好不到哪里去。

【注释】

①刘易斯·卡罗尔：（1832—1898），《爱丽丝漫游奇境记》的作者，白衣骑士是该童话中的一个角色。

第十二章　人类的代价

工业革命时代引发的化学品生产像洪水猛兽般席卷而来，势不可当地改变了我们的环境，随之而来的第二个浪头就是严重的公共健康问题，在人类的健康问题发生巨大变化之前，就在昨天，天花、霍乱和鼠疫的肆虐搞得人类惶惶不可终日，活在旦夕祸福的恐惧之中。这些天灾曾一度无情地横扫各民族，想把死亡带到哪里就带到哪里。而今天，我们关心的已不再是那些闻之心惊胆战的疾病，人类更优越的生活条件和创造出的新型药物成功地控制了那些传染病。如今，我们担心的是一种潜伏在我们环境中的另一种危害性更高的灾害，这种灾害随着现代生活方式的转化，由我们自己将它们引入了人类的生活。

毋庸置疑，新环境带来了一系列健康方面的问题：有的是由于各种形式的辐射，有的是层出不穷的化学品的出现而引发的问题，这些源源不断的化学品已经在我们的生活中无处不在，直接或间接地影响着我们的生活，单个地或联合地毒害着我们。化学品的出现给我们投下了一个不祥的阴影，这一道恐怖的阴影神出鬼没，无影无形，我们根本没有本事测量出后果，因为人类的一生都与化学品直接或间接地接触，都在体验着未曾检验过的物理物质。

美国公共卫生署的戴维·普赖斯博士说：“我们一生都在提心吊胆中度过，害怕突然临到我们的某些原因会毁灭我们的环境，让我们步恐龙的后尘，成为被淘汰的生物。”有人认为，也许就在病症出现的20多年前或更早的时间，我们的命运就被宣判了。这一说法更加重了我们的恐惧感。

杀虫剂和环境性疾病分布的关联表现应该如何界定呢？我们已经知道，化学品污染了土壤、水和食物，它们的杀伤力表现在可以使河中无鱼，林中无鸟；让河流失去生命，让花园失去颜色。人类作为大自然生物的一部分，在如今污染无处不在的环境里，哪里是人类避难的诺亚方舟？

如果一个人与化学药物单独接触，而且剂量足够大，即使他只接触了一次，他一定逃不脱急性中毒，但这还不是主要问题。农夫、喷药人、飞行员以及大量接触杀虫剂的人突然病倒甚至死亡，这种不幸本来是不应该发生的。农药悄无声息地污染了我们的生存环境，人在没有意识到的情况下少量吞食了有残毒的食物，被身体吸收后造成的延迟效应，这种隐性危害才是我们应该高度关注的问题，并要加以研究，找出对策。

有责任担当的公共卫生官员指出，化学药物对生物的影响是一个隐性而长期的过程，个人受到伤害的危重程度取决于他一生中接触的剂量。这种渐进式的隐患，很容易被忽略。对于来路不明的危害，人们只是耸耸肩，表示无关紧要，事情就过去了。一位明智的医师莱因·迪博博士说："人们平时只是对看得见的临床症状很重视，而最危险的敌人正在利用人们的麻痹乘虚而入。"

对每个人来说，这个道理如同密歇根的知更鸟或米拉米奇河中的鲑鱼，是一个相互联系、相互依赖的生态学问题。我们毒杀了一条河流附近的有害昆虫，洄游的鲑鱼也逐渐死亡了；我们毒死了湖中的蚊蚋，毒物就在食物链中进入到另一环，开始了永无休止的循环；很快，湖滨的鸟儿中毒了。我们在榆树上喷药，在随后来临的春天里，知更鸟的歌声消失了。并非我们直接向知更鸟喷了药，而是知更鸟吃了含有毒素的蚯蚓，被药物浸染的树叶落到地上，这正是蚯蚓最爱的食物。现在我们已经知道这个循环的规则：榆树叶—蚯蚓—知更鸟，就这样一环扣着一环地转移递进。上述故事不是凭空杜撰的神话故事，而是事实，已经记录在案的事实，都是我们从周围环境中可以观察到的世界的一部分。它们展示了一张生命或死亡的联系之网，科学家用他们的专业术语称之为“生态学”。

小而言之，在我们每个人的身体内，也存在一个生态学世界。在这个肉眼无法观察的世界里，往往一些极微小的原因会引起严重的后果，而且，这个后果从病因上找不出因果关系，它其实起源于那个离得很远的最初发生伤害的部位。最近的一份医学研究动态总结说：“即便某一部位的微小变化，甚至是一个分子上的变化，都会对整个系统产生影响，并在那些看似毫不相关的器官和组织中引发病变。”如果我们对人体神秘而奇妙的功能发生兴趣，我们会发现，因果关系扑朔迷离，不是那么简简单单就能说清楚的，证明起来颇费周折。因和果在时间和空间上往往会脱节或错位。如果要证明发病和死亡的原因，要将许多看似孤立、相互无关的事实加以联系，耐心地拼接起来，才有可能找出病因和死亡的线索，这些证据都是在各个领域中进行的大量研究中得出的。

我们习惯于对明显的、直接的影响感兴趣，而对其他因素忽略不计。除非这一因素在即刻发生之时以猝不及防的形式出现，事实不容否认，否则，我们根本不会承认危险的存在。甚至连研究人员也颇为棘手，无法在症状出现之前检测出病因存在的端倪，迄今为止，这是医学界还没有攻下的难题。

有人会反驳说：“我多次在自家草坪上喷洒狄氏剂，但我从来没有出现过像世界卫生组织的喷药人员那样出现惊厥现象，所以狄氏剂并没有伤害到我。”我要说，事情没有那么简单。凡是处理过这类药物的人，没有一个能抵挡得住毒物对他的侵袭，虽然没有发现惊厥现象，但只要接触过药剂，毒素就会在体内慢慢蓄积。正如我们所知，氯化烃残留都是从最微小的摄入量积少成多的。毒素喜欢待在人体内的脂肪里。最近，新西兰一份杂志提供了一个病例，一个正在接受肥胖症治疗的人突然发生中毒症状；检查发现，他的脂肪中含有狄氏剂残毒，危险的是，这些狄氏剂在他体重减轻的过程中发生了代谢转化。这说明，由于疾病使体重下降的人也可能有相同的情况发生。

另一方面，毒素的蓄积隐蔽性很强，很不易察觉。几年前，美国医学学会的期刊发出了强烈警告，提醒人们注意脂肪组织中杀虫剂蓄积的危害。我们被警告说，脂肪组织的贮存是多功能的，除了贮存脂肪（脂肪约占体重的18%），还有其他功能，而蓄积的毒素会使这些功能紊乱，使这些功能无法正常工作；最值得警惕的是，脂肪广泛地分布于全身的器官和组织中，甚至渗透到细胞膜的组成部分中。因此，记住这一点非常重要，脂溶性杀虫剂可以跑进个体细胞中待着施展它的本事，把产生氧化和产生能量的重要功能统统扰乱。这一问题将在下一章里详述。

最应该警惕的就是氯化烃杀虫剂对肝脏的影响。在人体诸多器官中，肝脏是个最不寻常的器官。肝脏功能的多样性和必要性无与伦比，许多要害机体的活动无一不受肝脏控制。因此，肝脏可以说很娇贵，稍微有一点伤害就会引发严重的后果。肝脏分泌的胆汁用于消化脂肪，由于其处在各种循环管道的枢纽，能够直接得到来自消化道的血液，它由此而深层次地参与了所有食物的新陈代谢过程。它以肝糖的形式储存糖，并以葡萄糖的形式释放出来，它释放的葡萄糖数量有严格的控制，精确定量的葡萄糖可以保证血糖处于正常水平。它会蓄积身体中的蛋白质，包括与凝血有关的血浆成分。肝脏可以将血浆中的胆固醇控制在一个合理的范围内，当雄性激素或雌性激素超过正常水平时，肝脏就会使激素纯化。它是很多维生素的贮存地，反之，维生素也维持着肝脏自身的正常功能。

如果一个人的肝脏不能正常工作，就等于人体的城防部队缴械了，失去了抵御能力，各种各样的毒物都可以在毫无抵御的情况下入侵身体的各个部分。有些毒物是正常新陈代谢的附带结果，肝脏可以快速而有效地化解毒物中的氮元素，使之转化为无毒。而且，肝脏还可以对外来的异常毒物进行分解。“无害的”杀虫剂马拉硫磷和甲氧基氯的毒性相对小于它们亲族中的其他成员，这应该归功于肝脏，因为肝脏酶对它们的分子进行了处理，使它们的分子结构发生了改变，致毒能力被大大削弱。肝脏也以同样的方式处理了我们摄入的大部分有毒物质。

现在，我们抵御外来入侵毒物和本体毒素的防线已降低了抵御能力，并正在逐渐瓦解。受到杀虫剂侵害的肝脏不仅保护不了我们免受毒害，而且还会引起连锁反应，它的大部分功能都会相应地受到干扰。产生的后果不仅影响深远，而且由于这种后果变幻莫测不会立即现身，使我们很难找到隐藏其中的元凶。

现在，导致肝脏中毒的杀虫剂已进入寻常百姓家，被人们普遍使用。观察一下肝炎患病的急剧上升很能说明问题，自 20 世纪 50 年代起，肝炎患者的人数一直只增不减，一浪高过一浪，据说患肝硬化的人数也在增长。比起动物实验来说，在人类身上证明原因是 A 而结果是 B 是件很困难的事，但常识告诉我们，肝脏疾病的猛增与环境中伤害肝脏的杀虫剂盛行，二者之间的关系绝不是牵强附会。氯化烃类的化学品究竟是不是祸首，就目前我们接触的这些毒剂来看，一时很难下结论，但这些毒剂已经被证实会伤害肝脏的功能，削弱肝脏抵御疾病的能力。

有两种杀虫剂是直接影响神经系统的，氯化烃和有机磷酸盐，尽管方式不同，但大量的动物实验和对人类的观察已经证实了这一点。广泛使用的新型有机杀虫剂 DDT 主要对人类的中枢神经产生影响；受到影响的主要是小脑和高级皮层运动区域。在一本毒理学标准教科书上记载着，大量接触 DDT 会产生诸如刺痛感、灼烧、瘙痒、颤抖，甚至惊厥等症状。

我们对 DDT 引起急性中毒症状的首次认识是来自几名英国研究者的亲身体验，为了弄清楚 DDT 的作用和效果，他们有意让自己暴露于 DDT 中。两位英国皇家海军生理实验室的科学家通过接触水溶性涂料，直接让皮肤覆盖了一层附着在油膜上的 DDT，这些涂料含有百分之二的 DDT。他们对症状的描述中清楚地体现了 DDT 对神经系统的影响："极度疲惫，反应迟钝，四肢疼痛，精神状况非常糟糕……烦躁不安，讨厌工作，遇到最简单的思考时，感觉智商减弱，有时候关节会剧烈地疼痛。"

另外一位英国实验者把 DDT 丙酮液涂抹在自己的皮肤上，他报告说感到四肢疼痛无力，身子沉重，肌肉松弛，还出现"明显的神经紧张性痉挛"。他经过一个假期的休息后，身体慢慢好转；但一回到工作岗位后，情况又急剧恶化。他不得已又在床上躺了 3 个星期，持续忍受着四肢疼痛、失眠、神经紧张和极度忧虑的煎熬。有时候，他会突然浑身颤抖，这种颤抖的症状正是目前为我们熟知的鸟类 DDT 中毒的症状。这位实验者整整 10 个星期不能工作，年底，一本英国医学杂志报道了他的病例，而此时，他还没有完全恢复。

（尽管有这一证据，在一些志愿者身上进行 DDT 实验的美国研究者面对实验者们的诉苦，把"头疼"和"每根骨头都痛"的症状解释为"精神神经症"）

现在，记录在案的许多实验者病例的症状和疾病过程都指向了元凶——杀虫剂。这些受害者都曾暴露在某种杀虫剂中，经过治疗（包括清除生活环境中的杀虫剂）后，他们的症状会减轻。耐人寻味的是，只要再次接触类似的化学品，就会旧病复发。这些证据的警示作用足以使我们认识到，不惜以身试药的冒险行动是很愚蠢的，明明知道有危险而偏要容许我们的环境中浸透杀虫剂。

使用过杀虫剂的人为什么中毒的症状不一样呢？这个问题不难解释，主要取决于个体的敏感程度。有证据表明，女人比男人敏感，儿童比成人敏感，久坐室内的人比暴露在户外工作或锻炼的人敏感。此外，尽管它们没有规律可循，但还是有一些客观存在的模糊差别，有人对花粉或粉尘过敏，或对某种药物过敏，或者极容易受传染病的感染，而有些人则没有这些表现，这是一个医学之谜，迄今没有找到对策。但问题在客观地存在着，并影响了很多人。一位医务工作者估计，有 1/3 或者更多的病人出现过敏感症状，并且这个数字还在呈现上升趋势。一个棘手的问题是，本来不过敏的人突然会出现过敏。一些医学工作者相信，间歇性地接触化学药物会导致过敏，如果这个推断是正确的，那就可以这样解释：由于职业原因接触化学品的人几乎没有中毒的迹象，那是因为持续地与这些化学药物接触，他们产生的抗过敏性使他们不再过敏，这个道理就好比变态反应学者给病人反复小剂量地注射致敏性药物，使病人产生抗过敏性一样。

人类的生活和在实验室严格控制条件下的动物不一样，人从来不会不间断地接触一种化学药物，这就使得研究杀虫剂中毒的问题变得错综复杂，解决起来颇为棘手。在几种杀虫剂之间，在杀虫剂和其他化学品之间，存在着产生相互作用的巨大的化学反应。另外，当杀虫剂进入土壤、水或人体血液之后，这些化学物质不会是一种孤立的隔离状态，它们相互之间会发生神奇而又看不见的变化，借助这种变化的渠道，一种杀虫剂可以改变另一种杀虫剂的破坏力。

即便在两种相互独立的杀虫剂之间，也会相互作用。如果人体接触了氯化烃，使肝脏受到了第一次伤害，那么，破坏保护神经的胆碱酯酶的元凶——有机磷的毒性会变得更强大。这是因为肝功能受到影响以后，胆碱酯酶的水平降到了正常水平之下。由于防线失守，毒性增强的有机磷会强大到足以导致急性中毒。正如我们知道的，成对的有机磷相互作用，强强联合，会使它们的毒性增强百倍。有机磷还可以与人工合成物、食品添加剂以及各种药物相互作用，现代文明世界充斥着各种各样的人造物质，谁能说得准这当中会发生怎样的变化呢？

在我们有限的常识中，目前我们认为一种本来无毒性质的化学物质会在另一种化学物质的作用下发生巨大变化，举一个很有说服力的例子：DDT 有一个近亲叫甲氧氯氧化物，（实际上甲氧氯氧化物并不像人们认为的那样无辜，在最近的动物实验中，有证据表明它对子宫有直接影响，并对一些对人体有益的黏液性激素有阻碍，这就给我们提了个醒，这些化学品像魔术一样有强大的生物效应。其他一些研究也表明，甲基氯氧化物会使肾脏中毒）如果单独摄入甲基氯氧化物，它在体内的蓄积是微量的，这种极其少的量会使我们产生错觉，认为它是无毒的。其实这并不符合事实，如果肝脏已经被另一种元素损坏了，带病的肝脏降低了解毒功能，这样，甲基氯氧化物在体内的蓄积量就会高达正常量的 100 倍，然后就会像 DDT 一样对神经系统产生持久的影响。只是肝脏功能受损的后果一般很轻微，通常不易察觉，因而很容易被忽视。日常生活中很多平常小事都会对肝脏造成损伤，比如使用另一种杀虫剂，使用含有四氯化碳的洗涤液，或者服用镇静类药物。这些东西大部分（不是所有）是氯化烃类化学品，对肝脏会造成损伤。

并不是说，神经系统的损害只限于急性中毒，它还存在一些延迟效应，就是我们常说的后遗症。已经有报道称，甲氧氯和其他化学物质对大脑和神经有长期的损害。狄氏剂除了急性作用外，还会产生各种后遗症，比如，“健忘、失眠、做噩梦、狂躁不安”。医学观察发现，如果大脑和重要的肝脏组织内有大量的六氯联苯蓄积，会诱发“对中枢神经系统无法预知的长期后遗症”。然而，含有六氯苯的化学物质却广泛地用于加湿器，这种装置会在屋内、办公室和饭店喷出带有杀虫剂的蒸汽。

一般认为有机磷只与急性中毒的剧烈症状有关，实际上它也会对神经组织产生持久性的物理损害作用。最近研究发现，它甚至还会导致精神疾病。已经有报道称，这类杀虫剂造成各种各样的后遗麻痹症。大约在1930年的禁酒时期，美国发生的一件匪夷所思的事预示着即将发生的事情。这件事情的主角不是杀虫剂，而是一种在化学属性上与有机磷杀虫剂同类的物质。当时，为了逃避禁酒法令，一些药物被当作酒精的替代品，其中有一种叫牙买加姜汁酒。由于酒列入了《美国药典》，故而美国的药用产品价格昂贵，经销商脑筋急转弯，想出了一个法子，用牙买姜汁作为替代品。这一招干得很漂亮，他们的成功造假竟瞒过了一定程度的化学检验，骗过了政府部门的药剂师。为了给造假的姜汁酒增添酒的浓香味，他们使用了一种叫作三原早苯基磷的化学品，这种化学物质和马拉硫磷及其同类具有同样的性质，是破坏保护性胆碱酯酶的杀手。饮用了这种假酒的人当中，有1.5万人患了永久性的腿部肌肉麻痹症，出现了1.5万个跛子，医学界称这种病症为“姜汁酒中毒性麻痹”。这还不算完，这种麻痹症还带来了两种症状，神经鞘的损伤和脊髓前角细胞退化。

大约20年后，正如我们所知道的，各种有机磷作为杀虫剂付诸使用，很快，类似姜汁酒麻痹症病例卷土重来，这个有历史的“姜瘫”新病例在德国出现，这个病人是个温室工人，他在使用了马拉硫磷之后有过几次轻微的中毒症状，几个月后，真的就变瘫了。随后，来自3个化学工厂的一群工人因为接触了同类杀虫剂而出现了严重中毒症状。经过治疗后，他们有一定程度的恢复，但在10天之后，新的情况出现了，其中有两人出现了腿部肌肉萎缩现象，这种症状在其中一个人身上持续了10个月，另一个患者是名女化学家，她的遭遇更惨，不仅双腿瘫痪，而且麻痹症状还蔓延到双手双臂。两年后，当一家医学杂志报道她的病例时，她还在麻痹症状中遭受折磨，不能站立行走。

现在，对人身造成巨大伤害的杀虫剂虽然已从市场上消失，但目前使用的一些杀虫剂依然具有同样的杀伤力。园艺工作喜欢使用马拉硫磷，实验显示，正是这种马拉硫磷导致了小鸡出现严重的肌萎缩症状。这个症状和姜汁麻痹症一样，是由于坐骨神经鞘和脊髓神经鞘的损伤引起的。

即便从有机磷中毒中幸存下来，没有导致死亡，但也不可能好好地活着，患上了这些病症的人面临的情况会进一步恶化。由于这些药物对神经系统有严重伤害，最终会不可避免地和精神病扯上关系。最近，墨尔本大学和墨尔本市普林斯亨利王子医院的研究人员已经有了这种联系的证据，他们报道了 16 例病例，这 16 名患者都有长期接触有机磷杀虫剂的背景，其中 3 人是核查喷药效果的科学家，8 人是温室工作人员，5 人是农场工人。他们的症状包括记忆减退、精神分裂症和抑郁性反应。之前，他们的体检指标都很正常，现在，他们长期使用的农药杀了一个回马枪，返身将他们击倒在地。

据我们所知，类似的情况在各种医学文献中比比皆是，有的与氯化烃有关，有的与有机磷有关，精神错乱、幻觉、健忘、狂躁，这都是图一时之快，为了暂时消灭昆虫所付出的沉重代价。如果我们现在还继续热衷于使用那些摧残我们神经系统的化学药物，我们还将付出更为沉重的代价。

第十三章　透过一扇狭小的窗户

生物学家乔治·沃尔德曾经有一个生动的比喻，他把自己的一个研究专题——“眼睛的视觉色素”比喻为“一扇狭小的窗户”，如果透过这扇窗户极目远望，他只能看到窗外的一丝光亮；但当他走近窗户的时候，眼前的景色就会开阔很多；最后当他贴近窗户时，眼前豁然开朗，他从这扇窗户看到了整个宇宙。

这个道理意味着，我们首先应该聚焦于人体的个别细胞，然后是细胞的微型结构，最后就是把注意力放在这些结构内部分子之间的相互作用上。只有这样，我们才能真正领悟到对偶然从外部引入人体内部环境的化学物质所产生的严重而深远的影响。

对于个体细胞产生能量过程中的功能研究，医学研究领域现在才刚刚起步。生命的本源缺了这些能量就无从谈起，能量创造了生命的奇迹，在人体这架复杂而充满奥秘的机器中，健康这个最基本的问题是整个生命的基石，任何重要器官都不能缺了健康，因此可以这样说，健康的重要性超过了最重要的器官。如果没有正常有效的产生能量的氧化作用功能，身体各部分机能就不能发挥作用。然而，用于杀灭昆虫、啮齿类动物和杂草的化学品都有令人生畏的破坏性，它们的特性就是直接破坏氧化作用，将这个奇妙的功能破坏得一塌糊涂。

目前，在研究生物学和生物化学领域最杰出的成就之一，就是我们对细胞氧化作用的认识。有很多诺贝尔奖获得者在这些做出特别贡献名单中榜上有名，在前人奠定的基础上，他们一步步地向前推进了二三十年。直到如今，很多细节还有待深入探索。就在近10年里，各种研究才刚刚整合成一个整体，使生物氧化作为生物学基础知识的一部分，在生物学领域有了一席之地。我们还要看到一个重要的事实，在1950年之前接受基本训练的医务人员，恰恰缺失了关键的这一课，他们根本没有机会了解生物氧化的重要性，以及生物氧化遭到破坏后引起的严重而深刻的影响。

能量的产生单凭某一器官的一己之力根本不可能完成，它是一个协同作战的综合考量，必须依靠身体内的所有细胞全员参与。一个活的细胞就像一团火焰，通过燃烧能量迸发出生命所必需的能量，这一类比诗意有余，却精确不足，因为细胞的“燃烧”是有条件的，它的“燃烧”只能与正常体温相当，正是这亿万个不疾不徐的小火苗点燃了生命之火，如果这些小火苗熄灭了，我们的生命之火也就熄灭了。化学家尤金·拉宾诺维茨说：“心脏不再跳动，植物也不能抵抗重力向上生长，变形虫不会游动了，再没有任何感觉通过神经闪现，再没有思想之花在大脑中绽放。”

细胞中物质转化为能量的过程像一个忙碌的蜂房，繁忙而有序地工作着，这是自然循环的一种常态，就像一个转动的轮子，只要生命之火不熄，这个轮子就会不间歇地转动。葡萄糖形式的碳水化合物燃料一粒儿一粒儿，一个分子又一个分子地进入这个轮子循环工作、有条不紊，对号入座的燃料分子的变化有规律地环环相扣，每一环节都有专业化功能的酶与它对应，支配和控制着分子的破裂以及一系列微小的化学变化。在每一步能量产生的同时，也产生废物（二氧化碳和水），经过转化的燃料分子依次进入下一个程序。当这个轮子转满一圈后，燃料分子在这一轮中的循环中也油干灯尽，重新进入一种新的状态，随时与新进入的分子结合，开始新一轮的循环。

这是一个叹为观止的生命奇迹，细胞像一个化学工厂一样进行生产活动，这个循环过程中的奇妙之处在于，每个细胞发挥的作用都非常轻微，轻微到人眼无法识别，只能借助显微镜才能看见。氧化作用的过程是在一个很小的空间里完成，细胞内的这个颗粒称之为“线粒体”。人类对线粒体的认识已有 60 多年，而在过去，它们是一种未知的细胞元素的身份，故而对它的重要作用知之甚少。直到 20 世纪 50 年代，线粒体的研究引起了众多的关注，这个领域掀开了它激动人心而富有成果的一页，5 年内就有 1 000 篇论文问世。

人类锲而不舍的探索揭示了线粒体之谜，再一次证明了人类卓越的创造力和对科学的虔诚和无限的耐性。试想一下，如此细微的颗粒，细微到即使显微镜放大 300 倍都无法看到，居然有如此神通广大的技术手段，可以将所有微粒分门别类进行拆分，并囊中取物将其单独取出，对它的构成进行分析，确定这些组分难以置信的复杂功能，与之相比，人类的想象力简直不堪一击。现在，得益于电子显微镜，使生物化学家的技术得到飞跃性的提高，可以对这项工作进行全程观察并得出客观的结论。

现在我们知道了，线粒体是一个极小的含有多种酶的包裹体，也是包含了氧化循环所需的各种酶的可变混合体，这些酶精确而有序地排列在线粒体的壁和隔层上。线粒体是一个“动力房”，大部分能量都在这里发生转变。氧化的初步环节在细胞质中完成之后，燃料分子就被引入线粒体。氧化过程在这个阶段完成后，大量能量呈放射性状从这儿释放。

如果不是因为生命之奥秘的结果，线粒体中的氧化作用无休止地转动轮子就是一堆废物，没有任何意义。生物学家将氧化循环每一阶段产生的能量称之为 ATP（腺苷三磷酸），这个分子里含有三个磷酸基，ATP 之所以能提供能量，奥妙何在？这是因为 ATP 可以将其中一个磷酸基转换为另外一种物质，在这个转换过程中，电子高速来回运动产生了键能。于是，在一个肌细胞里，当末端的一个磷酸基被送进收缩肌时，收缩肌的能量便产生了。接着，另一种循环又发生了，即循环之中的循环：ATP 分子释放出一个磷酸基后，剩余的两个磷酸基变成了二磷基分子 ADP。轮子继续转动，另外一个磷酸基又补充了进来，ATP 又得以恢复。这个道理就跟我们使用的蓄电池一样，ATP 是充满能量的电池，ADP 是释放能量的电池。

在所有生物体内都发现了 ATP，这就是说，从微生物到人类，ATP 一视同仁为所有生物提供能量，它为肌肉细胞提供机械能；为神经细胞提供电能；包括精子细胞（即可以变成一只青蛙，一只雏鸟或一个婴儿的受精卵）产生荷尔蒙细胞，所有这一切能量都由 ATP 提供。ATP 有一小部分能量会消耗在线粒体中，但大部分能量都直接释放到细胞中，为细胞的活动提供动力支持。在某些细胞中，线粒体的位置对其功能的发挥很有优势，因为它正处于可以精确保证能量输送到需要的各处的最佳辐射点。在肌肉细胞中，它们环绕簇拥在收缩纤维的四周；在神经细胞中，它们位于与另一个邻近细胞的连接点，为神经脉冲传递能量；在精子细胞中，它们集中在尾与前端连接的地方。

给 ATP—ADP 电池充电的过程，就是氧化过程中的耦合过程，期间，ADP 和一个自由状态的磷酸基结合成 ATP，这个紧密的结合有一个专业术语，叫作“耦联酸磷化”。如果结合是一个非耦合，则不会产生可用的能量，这时，呼吸仍在继续，但没有能量产生，细胞成了一个空转的发动机，虽然可以产生热量，但没有能量产出。因此，没有能量支持的肌肉不能收缩，没有能量支持的神经脉冲也不能沿着通道传递。精子不能运动到它的目的地，受精卵的复杂分化和它苦心孤诣的作品都不能完成，对于胚胎到人的所有生物而言，非耦合化的后果是一场无以复加的灾难，它可能演绎出一场导致组织甚至整个生物死亡的悲剧。

那么，非耦合化是怎样发生的呢？始作俑者就是辐射。有一种观点认为，受到辐射的细胞就是由于耦合性作用的破坏而死亡的。不幸得很，大量的化学物质都具有阻断产生能量和氧气作用的破坏力，在这份黑名单上，杀虫剂和除草剂位列榜首。正如我们知道的，苯酚对新陈代谢的影响不可小觑。说穿了，它就是导致体温升高到足以致命的危险程度的幕后推手，而这，就是非耦合的“空转发动机”的结果。二硝基酚和五氯苯酚的不可一世之处就在于，它们是被广泛用于除草剂的化学物质。在除草剂中，还有一个破坏耦合作用的恶者就是2.4－D。在氯化烃类中，DDT是一个对耦合作用有破坏力的元素，这一点已被广泛证实，无可争议，如果进一步深究，此类化学品中恐怕还会挖出一些潜藏的其他非耦合元素。

客观地说，非耦合作用还没有强大到可以扑灭体内亿万细胞的小小火焰，它并不是唯一的因素。我们知道，氧化作用的每一阶段都必须有一种特殊的酶来支配和促进，缺了这一点，一切都无从谈起。当这些酶中的任何一种，甚至是其中单独的一种酶受到破坏和削弱，细胞中的氧化循环就会停止，不管受到影响的是哪一种酶，结果都一样。处在循环中的氧化过程就像一只飞速转动的轮子，如果我们在轮辐中插进一根撬棍，不管这根撬棍插在哪两条辐条之间，轮子都会刹车。同样道理，氧化循环中的任何一种酶受到了破坏，整个氧化循环过程就停止了，再也没有能量产生出来，这个最终结果与非耦合极其相似。

我们不妨这样比拟，破坏氧化作用转轮的撬棍就是那些用作杀虫剂的化学物质，DDT甲氧氯、马拉硫磷、吩噻嗪以及各种二硝基化合物都是可以妨碍氧化作用循环的一种酶或多种酶，它们现在正是市场的宠儿，被大量地使用。就这样，它们作为一种潜在的杀手，对能量产生的整个过程兴风作浪，阻止运转的轮子，阻断细胞的能量供应，使细胞缺氧。这一危害带来了诸多灾难性的后果，在此我们只提及了很小的一部分。

在下一章的内容里，我们会看到这一部分内容：实验人员仅凭系统性抑制氧供应，就可以成功地把正常细胞转化为癌细胞。这不是天方夜谭，是一个生活中的严酷事实，我们会在动物胚胎的实验中看到细胞缺氧的严重后果。细胞一旦缺氧，组织生长和器官发育都会由于受到破坏而发展成畸形，或其他变态的异常状况，如果人类的胚胎缺氧，这个发育中的胎儿要么死亡，要么生下来就有先天性的生理缺陷。

这些迹象提醒我们对这类灾难要保持高度关注，对全部发病原理，目前不敢抱有探究出根根底底的期望。作为对这个凶兆的一种警示，1961 年，人口统计局发起了一项全国畸形儿出生调查，在调查表上特别附带了一个说明，解释说这个统计结果将为先天性畸形的发生和环境提供事实证明。毫无疑问，这方面的调查必然要涉及放射性影响，同时，还要将与放射性影响等量齐观的许多化学药物作为一个不可忽视的问题提出来，人口统计局不得不黑着脸宣布，预计在将来出生的孩子们身上出现的缺陷和畸形，都归罪于弥漫在我们外部世界和渗入我们身体内部的化学药物。

最有可能的情况是，生物氧化作用受到干扰导致生殖作用衰退，卵子在受精之前需要大量 ATP 供应，需要做好准备付出巨大努力和巨大能量消耗，一旦卵子进入精子发生作用之后，更要消耗大量的能量。精子细胞能不能穿透卵子取决于本身 ATP 的供应，这些 ATP 主要集中于精子细胞颈部的线粒体中。受精一旦成功，细胞就开始分裂，可以说，ATP 能量的供应很大程度上决定着胚胎发育是否成形或者直至完成。胚胎学家从一些比较容易得到的材料入手，从青蛙和海胆的受精卵中发现，如果 ATP 的含量低于了正常水平，此时，成为无水之源、无根之木的卵子就会停止分裂，并很快死亡。

由此及彼，从胚胎学实验室到苹果树之间不能说没有关联。知更鸟在苹果树上的鸟巢中安然躺着几枚蓝绿色的鸟蛋，但这几枚鸟蛋只有短暂的生命，它们的生命之光只闪烁了几天就熄灭了。现在，它们冰冷地躺在鸟巢里，如同躺在棺材里一样。一棵高大的佛罗里达松树的华冠上，有一堆树枝和木棍整齐垒放在树枝上，这个窝里有三只大大的白色鸟蛋，现在它们也像石头一样冰冷。奇怪了，为什么知更鸟和鹰不趴在窝里孵蛋呢？这是不是说，这些鸟蛋也像实验室里的青蛙卵一样，因为缺少了 ATP 分子能量的供应，无法完成生命的成长？答案在这里，这些鸟蛋之所以缺乏 ATP，是因为它们的亲鸟体内和蛋内都贮存了一定量的农药残毒，这些毒素足以使输送能量的氧化之轮熄火，停止运转。

没有必要把精力放在猜测鸟蛋是不是含有杀虫剂上，事实摆在那里，检查这些鸟蛋比观察哺乳动物的卵细胞更容易。不管是在实验室还是在野外，只要成鸟接触过化学药物，它生下的蛋一定含有化学品残留，这一点毫无悬念，从这些鸟蛋里都能检测出大量的 DDT 和其他碳烃化合物残留，并且浓度很高。在加利福尼亚州的一次实验中，野鸡蛋被检测出含有百万分之三百四十九的 DDT。在密歇根，从死于 DDT 中毒的知更鸟输卵管中取出的蛋内，检测出 DDT 的浓度为百万分之二百。知更鸟中毒身亡，它遗留在鸟窝里无人问津的鸟蛋也被检测出含有 DDT 残留。附近农场里养的小鸡啄食了含有毒素的蚯蚓或虫子以后，也将这些化学物质传给了它们的蛋。在实验室里，从那些喂食过 DDT 食物的母鸡生的蛋内，检测出了百万分之六十五的残毒。

当我们洞晓了产生能量的奇妙循环后，知道了这个规律，DDT 和其他的（或许是所有的）氯化烃通过破坏一种特别的酶使能量产生机制非耦合，阻断了输送能量的循环。我们无法想象，任何一个含有大量残毒的鸟蛋如何胜任复杂的发育过程，细胞无数次地分裂，组织和器官巧夺天工地构成，合成最关键的物质以形成一个生命。所有这一切，都不能缺少大量能量的支持，而只有新陈代谢之轮运转起来才能产生 ATP 的线粒体小囊。

这样的灾难并不仅仅局限于鸟类。ATP 是一种普遍的元素，对任何生物一视同仁，产生 ATP 的新陈代谢循环无论发生在鸟类和细菌，还是人类和老鼠体内，效果都一样。因此，我们可以百分之百地相信，在任何物种生殖细胞中的杀虫剂残留都足以使我们感到深刻的忧虑。这意味着，人类也在劫难逃。

化学物一旦进入了产生胚胎细胞的组织中时，就意味着它已经取得了通行证，可以登堂入室进入胚胎细胞本身。在很多种鸟类和哺乳动物的生殖器官里都发现了杀虫剂残留。其中包括：人工控制条件下的野鸡、老鼠、豚鼠，为消灭榆树病而喷洒了杀虫剂的区域内知更鸟体中，还有为治理云杉卷叶蛾而喷药的西部森林的鹿。在知更鸟睾丸中检测出的 DDT 含量高于身体的其他部位；野鸡也一样，在其睾丸里也大量的 DDT，含量大约为百万分之一千五。

在对实验室哺乳动物的观察中，发现了睾丸萎缩的现象，这应该是性器官中的化学品残留的罪恶。接触了甲氧氯的老鼠，睾丸异乎寻常得小。给一只小公鸡喂了 DDT 饲料后，它的睾丸只有正常水平的 1%，取决于睾丸激素发育的鸡冠和垂肉也只有正常大小的 1/3。

精子本身也在缺少 ATP 的受害之列，实验表明，食入二硝基苯酚以后，公牛精子的活动能力会大大降低，因为不可避免的能量减少，直接对破坏能量耦合机制发生作用。深入这一领域的调查会发现，还有更多的化学品都带有这种杀手本能。我们在相关的医学报告中看到，在空中喷洒农药的飞行员出了精子衰退的现象，无可辩驳地证实了人类是会受到影响的。

对于全人类而言，个体生命无限的价值财富是我们拥有的遗传基因，这是把我们的过去和未来联系起来的纽带，经过漫长的进化演变形成的基因，不仅赋予了我们现在的体貌、性情、思维方式以及一切属于个人的特征，而且还掌控着未来属于我们个人才拥有的一切，不管这未来是凶是吉。然而，这个在历史进程中有序演进的基因正在遭到人为因素的篡改，成为这个时代最可怕的威胁，这正是“人类文明要面对的最后的、最严重的危险”。

此时，我们需要严肃地对化学药物和辐射作用进行比较。

辐射性袭击来势凶猛，所到之处，遭遇到的细胞都会受到伤害，无一能幸免。细胞的正常分裂能力受到破坏以后，染色体结构会发生变化，导致带有遗传物质的基因产生突变，这种突变会使细胞在其后代中出现改头换面的特征。如果细胞足够敏感，一旦接触便会被杀死，或者隐身多年以后，突然一朝以恶性细胞的面貌出现。

所有这些放射性物质的危害结果都在实验室通过类放射性或模拟辐射化学品的研究中重现。许多用作杀虫剂的化学品包括除草剂都属于这类物质，它们会暗中修改染色体，破坏正常细胞的分裂，或引起细胞突变，这些遗传物质的大敌会使基因物质受到伤害，引发莫名其妙的怪病，或者在其后代身上体现出来。

仅仅在几十年前，人类对辐射的作用知之甚少，对化学物质的了解也只是皮毛之见。那时，原子还没有被分离出来，可以模拟辐射作用的化学物质还没有进入化学家的试管。1927 年，德克萨斯大学的动物学教授赫尔曼·穆勒博士发现，生物接受 X 射线的辐射后，会在后代中产生突变。穆勒的这一发现打开了科学和医学界的一个全新的领域。后来，穆勒因此成就获得诺贝尔生理学和医学奖。后来，那种引起灾难的灰色粉尘①以这些物质为助力而进入我们的世界，现在，并不是只有科学家才知道放射性物质的潜在危害，即使普通老百姓也无人不知，无人不晓。

尽管很少受到关注，20 世纪 40 年代中期，随之而来的一个新的发现被爱丁堡大学的夏洛特·奥尔巴赫与威廉·罗伯森证实，他们在对芥子气的研究中发现，芥气这种化学物质会造成染色体永久性的变态，这种变态与放射性所导致的变态几乎没有什么区别。果蝇实验（穆勒也曾在早期实验中用果蝇进行了 X 射线的研究）显示，芥子气也会引起突变，就这样，第一种化学诱变物质被发现了。

现在，除芥子气以外，在这份越来越长的名单中，又发现了许多其他化学物质都可改变动物和植物的遗传物质。为了弄清化学物质为何能改变遗传基因，我们首先着手的是观察活细胞在生命之初是个什么角色。

作为构成身体组织和器官的细胞必有一专长，那就是具有不断增殖的能力，能保证身体生长和生命之源的延续，这是先决条件。生命之源的延续借助于有丝分裂或核分裂完成，一个细胞在即将分裂之时，会产生奇妙的变化，这个关键变化首先发生在细胞核内，然后蔓延扩展到整个细胞。在细胞核内，染色体经过妙不可言的移动和分裂，排列成一种古老的模式，将遗传决定因素——基因传给子细胞。起初，染色体呈现出细长的线状，基因在这条线上像一串珠子排列有序。尔后，每一条染色体呈纵向分裂（基因亦分裂），当细胞一分为二时，分成两半的染色体会各自进入细胞内。这样，每一个细胞都有一整套染色体，染色体中排列着独特的所有遗传信息密码，借助这种世间独一无二的方式，生物种属的完整性得以保留下来。

生殖细胞的形成过程会发生一种特殊类型的细胞分裂。对一定种类的生物来说，物种的染色体是一个恒定的数量，所以，即将结合并形成新个体的精子和卵子都只能各自带来一半的染色体。细胞在分裂过程中，染色体鬼斧神工地完成这一过程。此时，染色体本身并不发生分裂，每一对染色体都完整地进入每一个细胞。

所有生命发展的关键都呈现一种状态，细胞的分裂对地球上所有生命都是一个模式，无论是人还是变形虫，无论是高大的云杉还是微小的酵母，如果缺少了细胞分裂这一环节，一切无从谈起，所有生物都不复存在。因而，任何破坏细胞分裂的因素都是生物的兴旺发展及其后代的终极杀手。

乔治·盖劳德·辛普森和他的同事皮特德里·蒂凡尼合著了《生命》一书，在书中这样写道："诸如细胞分裂这样的细胞组织的主要特征已经存在了5亿年之久的历史，或许将近10亿年。从这个角度看，地球生命脆弱而复杂，但它却有时间上难以置信的持久性，它甚至比山岳还要古老。这种古老而持久的时间长河有赖于遗传信息精妙无误地一代又一代轮番重复。"

但在作者想象出的10亿年中，没有出现像20世纪中期人为辐射和人造化学品这种"难以置信的精确性"的威胁和招招致命的打击。诺贝尔奖获得者麦克华伦·伯奈特是一位卓越的澳大利亚籍医生，伯奈特医生认为，这些情况正是我们这个时代"最有意义的医学特征之一。随着医疗技术手段的日益突破与新型化学药物生产技术的发展，保护内部器官免受诱变物质侵扰的整个屏障作用已经越来越频繁地被轻易突破"。

目前，人类染色体的研究尚处于初级阶段，最近人们才注意到研究环境因素对染色体的影响，直到1956年，新技术的出现助其一臂之力，人类才得以精确地确定细胞中的染色体数量为46条，并能如此细致地观察它们，进一步检测出全部或部分染色体存在与否。对环境的考量使我们确立了一个全新的概念：环境因素可以对基因造成破坏，当然对这个概念理解最透彻的是遗传学家，此外，它很少为人所理解，所以，遗传学家的呼声显得微乎其微，没人愿意去倾听或采纳。现在，以各种形式出现的放射性危害已经被充分理解，但在某些地方仍有人负隅顽抗，拒绝承认事实。穆勒博士不无遗憾地说："不承认事实的不光是政府部门的决策者，竟然还有许多医学界人士也不接受遗传学原则。"化学物质与辐射类的性质有同样效应，但这一事实目前尚未被公众知晓，部分医学工作者、科技工作者也还未了解。这种原因直接衍生出一个后果，常用的化学物质（确切地说是实验室中的化学物质）的使用并未得到评测，而对这些做出客观评测已是迫在眉睫的事情。

预感到这些潜在危险的人并不只是麦克华伦先生一人，英国一位权威人士皮特·亚历山大博士曾说过："类似放射性作用的化学物质比放射性潜藏的危害更大。"穆勒根据几十年来在基因方面取得突破性进展的研究提出警告："各种化学品（包括杀虫剂）也可以像放射性物质一样提高突变的频率……在现代生活中，当人们在频繁地接触异常的化学物质条件下，人类基因产生突变的可能性和变频程度尚不得而知。"

或许，最初对化学诱变物质的发现仅仅是出于学术上的需要或兴趣，这使得人们对这一事实普遍忽视，没有人会把这个当回事。氮芥子气并没有走出实验室从空中洒向大地、森林，洒向人群；它只掌握在生物学家或生理学家手中，局限于实验室里使用。氮芥子气被他们用于癌症治疗，治疗那些染色体遭到破坏的病人（最近已有这方面病例的报道）。问题是，杀虫剂和除草剂已大规模入侵人们的生活，大量的人群已经和这些化学药物亲密接触。

如果我们能提高对这个问题的关注度，可以收集到一定数量杀虫剂案例的信息，从资料中可以证明它们在破坏细胞的过程中是一个很可怕的角色，它们从微小的染色体损伤到基因突变，全程参与，直到导致细胞恶化的灾难性后果。

有一种蚊虫在经过几代接触 DDT 后，发生了匪夷所思的变化，称作"雌雄同体"。被多种苯酚处理过的植物，会遭受到严重的染色体破坏、基因突变、大量的突变和"不可逆转的遗传变化"，使人类束手无策。果蝇一向是基因实验的经典对象，在接触了苯酚后，果蝇身上发生了危险的突变，就如同它们完全暴露在除草剂或尿烷中一样，危重程度足以致死。尿烷是一种属于氨基甲酸酯的化学物质，在现在一天比一天多起来的杀虫剂和其他农用化学品中，都含有尿烷这种物质。有两种氨基甲酸酯已经应用到了我们的日常生活中，居民们用此来防止储藏中的马铃薯发芽，确切地讲，它们的确有阻止细胞分裂的作用，而另一种防止发芽的马来酰肼被证实为危险的诱变物质。

凡是喷洒过六氯联苯（BHC）或林丹的植物，都会上演变形记，根部出现突起的像肿瘤一样的奇形怪状物。由于染色体数目倍增，细胞体积相应地肿大起来。这种染色体倍增数量一直会随着细胞的分裂持续进行下去，直至不能再分裂为止。

除草剂 2. 4-D 也会使植物根部长出奇形怪状的肿块，使用了这种除草剂的植物染色体会变厚、变短，并层层簇拥在一起，严重阻滞细胞的分裂。据称，这种效应被认为与 X 射线的效应一样。

我在这里点到为止，如果要引证，会引延伸很多事实。然而，开展旨在检验杀虫剂诱变效应的综合性研究至今还是一个空白。上述引证的事实只是细胞生理学或遗传学研究附带结果，现在需要单刀直入针对这个问题出手。

一些科学家虽然承认环境放射性对人体存在潜在危害，但却不愿意承认诱变化学物质也有同样作用。他们怀疑的依据是从大量有关的病例中看到放射性物质有强大的穿透力，但却没有证据表明化学品能渗透生殖细胞。如此看来，对人类直接研究的缺席，限制了我们的说服力。但从鸟类和哺乳动物的生殖腺和生殖细胞中确实发现了大量的 DDT 残留，这一有力证据无可辩驳，至少说明氯化烃不仅广泛分布于全身，而且还会渗透于遗传物质。宾夕法尼亚州立大学的大卫·戴维斯教授最近发现，一种能够阻止细胞分裂并小剂量用于治疗癌症的烈性化学物质可以造成鸟类不孕。即使不能致死的化学药物也能够阻止生殖腺内的细胞分裂。此外，戴维斯教授也成功地取得了野外实验成果。显而易见，我们拿不出任何理由使人们相信所有生物的生殖腺都能对环境中的各种化学物质成功免疫。

最近，有一项令人感兴趣的医学发现，这将在染色体变态领域意义深远。1959 年，英国和法国的几个研究小组分别得出了相同的结论：染色体数量异常会导致人类的某些疾病发生，在这些研究人员研究过的疾病和异常情况下，染色体的数量和正常值不一致。这就解释了现在俗称为唐氏综合征（蒙古型畸形）的患者都会多出一条染色体。有时候，这条染色体会隐身在另外的染色体中，因此数起来仍然是 46 条。但在一般情况下，这条多余的染色体都会保持独立存在，使染色体的数字达到 47 条。在这些患者中，他们的缺陷初始原因肯定是遗传基因作怪，是他们的上一代传给它们的。

由此看来，不管是英国病人还是美国病人，患上慢性白细胞增多症的病人体现出来的一个共同特征就是，对他们的病因起作用的是另一种机制。他们的血液中都出现了染色体变态，变态包括染色体的部分残缺。在这些病人的皮肤细胞中，染色体数目是正常的，这就说明，染色体的缺陷并不是发生在已经成形的生物体的胚胎细胞中，而是发生在生殖细胞中，而且还会损害特定的细胞（在本例中，首先遭到侵害的是血液细胞）。染色体的部分残缺可以直捣细胞的“指令”功能，使其失去正常行为的能力。

当这个新的领域被打开以后，与染色体破坏相关的身体发生缺陷的种类以惊人的速度涨潮似的一浪盖过一浪地扑来，已超过医学研究的范畴。目前得知，克莱恩菲尔综合征与一条性染色体的复制有关。病人是男性，但他有两个 X 染色体（染色体变为 XXY 型，而不是正常雄性的 XY 性），这就很怪异了。在这种变态的染色体条件下，患者会出现身高偏高，精神缺陷以及不孕症。相反，如果一个人仅得到一条性染色体（即 XO 型，而不是

XX 型或 XY 型)，她就是女性，但没有第二性征。这种染色体条件常伴随着各种生理缺陷（有时是精神缺陷)，究其原因，因为 X 染色体必定是带有各种特征的基因。这种就是所谓的特纳综合征（也叫反转并发症)。在这些病还没露出真容之前，医学文献中早已对这两种病症有所记载了。

很多国家的研究人员在探索染色体变态方面孜孜不倦地工作着。威斯康星大学由克劳斯·伯托博士带领的一个研究组，一直在关注着各种先天性畸形症状（包括精神缺陷)。种种迹象表明，这种症状很大可能是部分染色体复制造成的后果，极有可能是胚胎细胞形成过程中，一条染色体破裂后，散落的碎片没有恰到好处地重新分配，这种不幸的错位对胚胎的正常发育影响极大。

根据现有知识，一条完全多余的染色体的出现是极其不正常的，它能终止胎儿的生长，使正在发育中的胎儿成为死胎。就目前掌握的情况来看，只有三种情况可以使胎儿捡得一条命，其中之一是唐氏综合征（蒙古型畸形病)，多余的那条染色体碎片虽然会造成严重损伤，但不足以致死；根据威斯康星州研究人员的看法，这种情况很好地解释了目前尚不明朗的一些病例，在这些病例中，刚出生的婴儿都有先天的各种缺陷，这些缺陷包括精神缺陷，也就是说，他们都是智力发育不全的人。

目前，科学家们正在为疾病与缺陷发育有关的染色体变态的鉴定忙得不可开交，无法分身来探究其原委，而这正是研究工作的一个全新的领域。假定认为在细胞分裂过程中引起染色体变态行为的染色体破坏就由单一因素来负责的话，显然有失偏颇。但我们绝对不能忽视这个事实，目前，化学物质充斥着我们的生活环境，这些化学物质神通广大，无所不及，它们可以直接攻击染色体，并以独一无二的方式深刻地影响着染色体，最终导致上述病例。为了防止土豆不生芽，为了一个没有蚊子的庭院，我们付出这样的代价是不是太昂贵了一点。

我们的遗传基因有着高贵的背景，它们是经过了 20 亿年的细胞质的进化和选择才进入我们的身体，它在我们的血液中流淌，既属于我们，也属于我们的后代。我们现在竟对威胁遗传基因的各种人为因素听之任之，如果我们愿意的话，我们完全有能力控制来自对遗传基因的威胁因素。目前，虽然法律上有明文规定，要求药品制造商根据法律要求检验其产品的毒性，但没有要求他们检验这些化学物质对基因的影响，所以他们也乐得多一事不如少一事，懒得去做这吃力不讨好的事。

【注释】

①灰色粉尘：指原子弹爆炸时的蘑菇云造成的放射性尘埃。

第十四章　每四个中有一个

生物对癌症顽强的抵抗由来已久，其源头因日久天长已在历史的长河中逝去，不为人知。但总得来说，它最初的病因必定始于自然环境。环境中的所有生物，都会受到来自太阳、风暴和古老地球的各种自然演变的影响。这个环境中的有些因素是灾难的肇因，而对这些灾难，物竞天择，适者生存。太阳光的紫外线可以引起恶性病变，从一些岩石中放出的辐射也能引起疾病，从土壤或岩石中冲刷出来的砷也是污染食物和水资源的罪魁祸首。

早在生命出现之前，危险因素已经存在于环境之中，然而，顽强的生命出现了，而且在几百万年的不断演进中，数量和种类都繁衍壮大，数量大增。悠悠岁月，在自然界漫长的历史演变中，生命成长到足以与破坏力量抗衡，选择性地淘汰了不适应的物种，最具有生命活力的物种顽强地活了下来。虽然自然致癌的因素仍然恶性不改，仍然是产生恶性病变的幕后推手，只是它已经数量极少，没有颠覆生命的可能，并且对它们那种从初始起就兴风作浪的一套，生命早已适应了。

人类的出现使情况发生了变化，与其他生命形式相比，人类可以创造致癌物质，这在医学术语上称为“致癌物”。经过许多个世纪，人类创造的致癌物已经与环境共存，包含有芳烃的烟尘就是一个例子。工业时代的到来使世界发生了持续的、不断加速的变化。自然环境渐渐隐身于环境的舞台，被人为环境替代，新生了许多人造的化学和物理元素，其中许多元素就是诱发生物学变化的强大力量。人类自身创造了这些致癌物，但却遗漏了一手，没有创造出抵御癌症的盾牌，无法防御由人类自身活动所产生的致癌物的危险，与其说行动慢了一拍，不如说生物遗传进化缓慢，人类对新条件的适应过程也很慢。因此，这就给了强大的致癌物一个可乘之机，能够轻易突破人类身体的脆弱防线。

癌症并非一个新名词，但我们对于癌症起因的认识却很滞后。大约两个世纪以前，伦敦一位医生才首次在外部环境因素中找到了肇端，发现环境因素可能导致恶性病变。1775 年，波西瓦·帕特先生宣称，扫烟囱的人中多发的阴囊癌，一定与他们体内蓄积的煤烟有关。但他当时无法提供我们现在所要求的“证据”，虽然凭着直觉和经验推测的结论无法站住脚，但现代研究技术支持了他的观点，科学家从煤灰中分离出了这种致死的化学物质，证明了他的观点是正确的。

距帕特的断言一个多世纪以后，人们的认识还在原地踏步，帕特宣称人类环境中某些化学物质与皮肤的频繁接触、呼吸或饮食会引起癌症，但人类还是没有回过神来正视这个问题。其实，人们早已看到了一个事实，在康沃尔和威尔士的铜冶炼石、锡铸造厂里长期接触含砷烟雾的工人，皮肤癌的发病率很高。也有人发现，在萨克森州的钴矿和波西米亚省阿西姆斯·塔尔的铀矿，很多工人患了肺部疾病，后来这种肺部疾病被确诊为肺癌。然而，这些都是前工业时代的现象；在工业时代大规模繁荣发展之后，各种产品入侵环境中的每一个生物生命体内的时代到来了。

19 世纪最后的 25 年中，人们开始对工业时代的恶性病变有了觉醒，当时大约在巴斯德证明微生物是许多传染病的媒介时，另外一些人把眼光转向了揭示癌症的化学病因——试图弄清萨克森新兴褐煤工业和苏格兰页岩工业的工人患皮肤癌的化学原因，包括由于职业原因在工作中接触柏油和沥青而引发的其他癌症。到 19 世纪末，已经有 6 种工业致癌物质被发现；到了 20 世纪，无数新的致癌化学物质被人类创造出来，并且大张旗鼓地号召广大民众与之密切接触。就在帕特的研究之后不到两个世纪的时间里，环境状况发生了天翻地覆的变化。接触危险的化学品并不仅仅限于职业人员，它们已广泛地进入了寻常百姓的生活环境——甚至是还在娘胎里的婴儿。因此，现在随处可见的恶性疾病真的没什么值得大惊小怪的。

恶性疾病增多并非危言耸听的主观印象，1957 年 7 月，人口统计局在月报上公开报道，包括淋巴和造血组织恶变的恶性疾病的增加情况，1958 年全年死亡人数为 15%，而 1990 年仅为 4%。根据目前这类疾病的发病率来判断，美国癌症协会估计，在美国现有人口中会有 4 500 万人逃不脱癌症的魔爪。这意味着，每三个家庭中有两人会遭到恶性疾病的侵袭。

孩子的情况更加令人忧虑。25 年前，鲜有儿童得癌症这一说。如今却出现了医学上罕见的事，死于癌症的儿童比死于任何疾病的都多。这是一个非常糟糕的情况，为此，波士顿专门成立了一家治疗癌症的儿童医院。1 岁到 14 岁的儿童的死亡总数中，有 12% 是死于癌症。临床上发现，大量的恶性肿瘤特别喜欢攻击 5 岁以下的儿童，还有一个更可怕的危险已经逼近，很多孩子在刚刚出生或尚未出生时就已出现了肿瘤。美国癌症研究所的休伯博士是一位资深的环境性癌症方面的权威专家，他认为，先天性患癌的婴儿很大可能与母亲在怀孕期间接触致癌因素有关，这些癌症因素侵入了胎盘，对正在发育的胎儿组织大动手脚，致使胎儿组织发生恶性病变。实验证明，在接触致癌物质后，越是年幼的动物，患癌的概率越高。佛罗里达州大学的弗朗西斯·雷警告说："添加进食品中的化学物质会导致孩子们患癌，我们无法想象，可能在一两代人内，我们会遇到什么样的光景。"

现在我们需要面对一个问题，我们用以控制自然的化学品到底会不会直接或间接地引发癌症。动物实验的证据显示，有 5 种或者6种杀虫剂应该难辞其咎，如果我们把一些医生认定有可能会引发白血病的化学品相提并论，这个名单就会加长。虽然这些证据的偶然性很大（因为没有在人类身上做过试验），但却不能掉以轻心。如果再把对活体组织或细胞具有间接致癌作用的化学品包括在内，将会有很多杀虫剂被列入这个清单。

最早与癌症发生关系的杀虫剂是砷，比如，用作除草剂的亚砷酸钠，以及用作杀虫剂的砷酸钙和其他化合物。在人类与动物身上，砷与癌症一直是孪生兄弟。休伯博士在他的《职业性肿瘤》中引证了接触砷的后果，这个奇怪的案例来自一篇专论。在几乎1 000年来，西里西亚地区雷切斯坦市一直是闻名的金矿和银矿开采区，砷矿业的开采也进行了几百年。几个世纪以来，矿井附近有堆积如山的含砷废料，溪水从山上流过时冲走了废料中所含的砷，地下水被污染了，砷大举入侵了饮用水。在几个世纪中，这里的居民一直在一种名为“雷切斯坦疾病”中煎熬，这种慢性砷中毒的症状为肝、皮肤。消化系统和神经系统的紊乱。恶性肿瘤也乘虚而入，与这种病同时发生。现在，雷切斯坦病已成为历史，因为大约在25年前，这里已改用了新水源，大部分的砷从水中清除了。然而，在阿根廷的科尔多瓦省，由于饮用了取自岩层的含砷的饮用水，皮肤癌普遍发生，并伴有慢性砷中毒，这已成为这一地区标志性的地方病。

长期而持续使用含砷杀虫剂，很容易炮制出第二个雷切斯坦和科尔多瓦的患病条件。在美国的烟草种植地区，西北部的果园和东部种植越橘的地区，那里的土壤已被砷浸透了，水资源发生污染是再寻常不过的事了。

砷对环境污染的肆虐不仅对人有影响，也殃及动物。1936年，一份来自德国的报告引起了人们的广泛关注。在萨克森州弗莱堡，附近的银和铅熔炉向空中喷出含有砷的烟尘，烟尘随风飘散，飘向周围的村庄，纷纷扬扬地落在植物上。根据休伯博士的判断，马、奶牛、山羊和小猪，这些以植物为主食的动物，都出现了毛发脱落和皮脸增厚，在附近森林中栖息的鹿也偶见出现不正常的色素斑点和癌前期的疣肿，有一只已经患上了明显的癌症。所有家养和野生的动物都集体患了“砷肠炎、胃溃疡和肝硬化”。放牧在熔炉附近的羊患了鼻窦癌。从它们死后的尸体中检测出其大脑、肝脏和肿瘤中都含有砷物质。同时，这一地区还出现“大量昆虫死亡”，遭遇最惨的是蜜蜂，几乎灭门。下雨过后，叶子上的含砷粉尘被雨水冲刷到进溪流和池塘，大量的鱼游进了鬼门关。

性质恶劣的广泛用于治理螨和扁虱的一种化学品，这种新型的有机杀虫剂含有高剂量的致癌物。从这个农药的应用历史来看，虽然有法律明文规定保护民众，但进展缓慢如马拉松式的法律程序在控制这种局面之前，民众已被迫接受这种已知的致癌物质好几年了。从另一个角度看，这是个颇为有趣的黑色幽默故事，它证明了要求民众接受的“安全的”事物，明天可能就是头号危险的东西。

1955 年，这种化学物质被引进上市之前，生产商为了使这个产品一路绿灯，曾为它申请了一个容许值，允许喷药后的农作物有少许残留。根据法律要求，他们在动物身上做了实验，并提交了实验结果。程序走到这一关被卡住了，食品与药物管理局的科学家认为，这些实验恰好反证了这种化学物质具有致癌倾向。于是，管理局的委员们建议实行“零容忍”，即在跨越洲际运输的食物中，法律上不得允许含有任何残毒。但生产商有上诉权，官司打到复议阶段，委员会抛出了一个折中方案，允许有百万分之一的残留。此外，两条腿走路，产品可以进入市场销售两年，在此期间进一步实验，借以确定这种化学物质是否含有致癌物。

虽然委员会没有把话说穿，但其实这个决定等于让公众扮演了豚鼠的角色，跟狗和老鼠一样接受致癌物的试验。好在动物实验结果出来了，两年后，这种除螨剂被准确无误地确定为致癌物质，其残毒的污染触角遍布每天进入民众口中的食物，即便到了这个地步的，直到 1957 年，食品与药物管理局还迟迟按兵不动，没有废除这个已广为人知的致癌物的残毒容许值。第二年，各种法律程序又磨磨蹭蹭地走了一年的时间，最后，1958 年 12 月，食品与药物管理局在 1955 年建议的“零容忍”才开始生效。

这还绝不是杀虫剂中唯一的致癌物质，实验室中动物实验表明，引发了疑似肝脏肿瘤的凶手是 DDT。这给食品与药物管理局的科学家们提了一个难题，不知道如何把它们归类为哪一家，他们感觉应该给它们定性为“低级肝细胞癌”。现在，休伯博士给了 DDT 一个名副其实的定性：“化学致癌物”。

有两种除草剂是引发老鼠皮肤肿瘤的祸首，其中有的是恶性肿瘤，这就是属于氨基甲酸酯类的除草剂 IPC 和 CIPC。这些化学品先打头阵，引起恶性病变，然后由充斥在环境中的其他化学品促成病变全部形成。

除草剂氨基噻唑在实验动物身上引起了甲状腺癌。1959 年，一些农夫的粗心大意使这种化学品误用在了蔓越橘上，导致一些上市的浆果中含有药物残留。食品与药物管理局紧急没收了这些被污染的蔓越橘，引发了一场争论风波，因为此时很多人还不清楚这一化学物质有致癌物质这一事实，很多人对此怀疑，甚至包括医学界人士。食品与药物管理局提供了证据，用科学的事实说服人们相信氨基噻唑对实验室鼠类的致癌特性。给这些老鼠喝的水中加入百万分之一百的氨基三唑（等于每一万匙水中加入一匙这样的化学物质），喝了这种水的老鼠在第 68 周时，患上了甲状腺肿瘤。两年后，超过一半的实验老鼠出现肿瘤，有些是良性的，有些是恶性的，即便给药剂量小也会引发肿瘤，事实上，任何剂量都会对肿瘤产生影响。当然，没有人搞得清楚到底给多大的剂量才能在人类身上引发癌症。但哈佛大学的医学教授大卫·

鲁茨坦指出，一定存在这个剂量值，只是它不易察觉，但却利害攸关。

到目前为止，还没有充分的时间把新的氯化烃杀虫剂和现代除草剂的全部效应弄清楚。大多数恶性疾病的发展都很缓慢，当人们发现它的狰狞面目时都为时已晚，这甚至需要受害者经历一生中相当长的时间，才能发现临床症状的节点。20 世纪 20 年代早期，那些在表盘上涂抹发光图案的女工们由于使用毛刷时不小心碰到了嘴唇，咽进了微量的镭。在经历了 15 年或更长的时间，其中一些女士患上了骨癌。由于职业原因而接触化学致癌物质的人，通常都在 15 年到 30 年甚至更长的时间后，癌症才得以表现出来。

大约在 1942 年，人类首次与 DDT 接触，当时，DDT 只用于军事人员，到了 1945 年，DDT 开始与普通百姓亲密接触。相比于其他工业性致癌物质，DDT 是最先走入人类生活中的，直到 50 年代，各种杀虫剂争相上市，投入使用，这些化学物质种下的各种恶性疾病的种子现在的成熟期到了。

一般来说，大部分恶性疾病的病变都有一个相当长的潜伏期，但也有一个广为人知的例外——白血病，日本广岛原子弹爆炸发生后，仅仅 3 年时间，在那场灭绝人性的屠杀中幸存下来的人开始出现白细胞增多症。从当前来看，我们实在拿不出更多的理由认为还有比这更短的癌症潜伏期。或许迟早有一天，研究人员会从其他一些癌症类型中发现相对更短的潜伏期，但目前证据最确凿的白血病是癌症发展缓慢的一个特殊个案。

在农药大行其道的今天，白血病的发病率一路飙升。国家人口统计局的数据清楚地表明血液病恶性病变疾病有增无减。1960 年，死于白血病的人数为 12 290 人，1950 年，死于血液和淋巴恶性肿瘤的人数为 16 690 人，到 1960 年猛增至 25 400 人。1950 年，每万人的死亡人数为 11.1 人，到 1960 年增至每万人就有 14.1

人。死亡人数的增长并非只在美国出现，全世界所有国家和各个年龄段死于白血病的人都在以每年4% ~5% 的速度增长。这意味着什么？这是不是意味着，现代人类正日益频繁地接触某种或某些对我们来说曾经陌生的致毒物质呢？

在闻名于世的梅奥医院里，因患血液器官造血组织疾病而死亡的人数已有几百名。梅奥医院血液科的马尔科姆·哈格雷夫斯博士以及他的同事提交了一份报告说，这些病人无一例外都有和各种化学品的接触史，其中包括 DDT、氯丹、苯、林丹以及石油馏出物的喷剂。

哈格雷夫斯博士相信，与使用各种有毒物质相关的环境性疾病一直居高不下，“特别是最近 10 年”。他根据自己丰富的临床经验，做出判断：“大部分患有血液不良和淋巴疾病的病人都有直接接触各种碳氢化合物的经历。而今天使用的大部分杀虫剂都属于碳氢化合物。只要对病历进行仔细地梳理研究，不难发现这样的关联。”现在，经过他治疗的白血病人、再生障碍性贫血病、霍奇金病以及血液和造血组织紊乱的每个病人，使他拥有了大量的详尽病历。他说：“他们全部都曾接触过这些环境的致癌因素。”

他手上那些丰富的病历传达了一个什么信息呢？试举一例，这是一个对蜘蛛有着天生恐惧的家庭主妇的病例，8 月中旬，她进入自家地下室，手里拿着含有 DDT 和石油蒸馏物的空中喷雾器，对整个地下室全面无死角地喷洒了一遍：楼梯下、水果柜、围绕天花板和椽子的四周。喷完后，她开始感到不舒服，很恶心，极度烦躁，精神紧张。过了几天，她感觉缓和了很多；当然，她完全没有意识到自己得病的原因。9 月份，她又对地下室进行了喷药。喷药、生病，短暂恢复；继续喷药，她经历了两次这样的循环，其间，她病倒了。第三次喷药时，她出现了新的症状：发烧、关节疼痛，浑身无法言说的不适，一条腿还得了急性静脉炎。经过哈格雷夫斯博士检查，诊断她得了急性白血病。两个月后，她去世了。

哈格雷夫斯博士的另一名病人是一位专业人士，他的办公室在一栋古老的建筑物内，建筑物内蟑螂猖獗。这些昆虫扰得他困窘不安，于是他决定自己采取行动，消灭蟑螂。他牺牲了自己一个星期日的休息时间，到地下室和其他隐蔽的地方喷药。喷洒剂是浓度为百分之二十五的含有溶于甲基萘溶液悬浮状的DDT。不久后，他开始皮下出血，身上到处出现瘀青，并伴有吐血。他就这样拖着满身的瘀青住进了医院。血液分析发现，他患了一种严重的骨髓衰退症，又称再生障碍性贫血。在此后的5个半月的治疗中，他接受了59次输血，以及其他一些治疗。经过治疗他局部地恢复了，但大约9年后，他还是在劫难逃，致命的白血病还是没有放过他。

在所有涉及杀虫剂的病历中，最显而易见的杀手是DDT、林丹、六氯化苯、硝基酚，常见的治蛾晶体对二氯苯、氯丹，以及溶解这些药物的溶剂。众说纷纭中，有一位医生很有见的，他认为：与其说单纯地接触一种化学物质是个普遍情况，不如说是一个特殊情况。通常来讲，农药产品都是复合型的，混合了多种化学物质成分，这些加入了分散剂的化学物质会溶于石油馏出物。含有芳烃和不饱和烃的溶剂本身就很厉害，这种溶剂的毒性是引起造血器官损害的主要因素。从农药使用的实际角度看，而不是医学观点来看，这点差别并不重要，毕竟，这些石油溶剂在普通喷药过程中是不可或缺的一部分。

在美国和其他国家的医学文献记载中，这类病例屡见不鲜，这些很有意义的病例都支持哈格雷夫斯博士的观点，认为化学物质与白血病以及其他血液系统紊乱有因果关系。患者人群广泛，包括日常生活中的各种人群，比如，自己动手喷药或被飞机洒药喷溅到衣物上的农民；继续坐在喷药消灭蚂蚁蟑螂的书房里继续学习的学生；在自己家里安装了便携式林丹喷雾器的妇女；那些在喷过氯丹和毒杀芬的棉花地里工作的农场工人。在这些只有医生才看得懂其中深奥的病历中，书写着华丽辞藻的专业术语里隐藏着很多人间悲剧，比如：捷克斯洛伐克有两个表兄弟，他们的儿童时代是在同一个小镇上度过的，他们一起玩耍，一起长大，最后，他们从事的职业也是同样的，但这项职业风险系数极高，他们在一个合作农场里干装卸工，装卸成袋的杀虫剂（六氯化苯）。8 个月后，其中一个病倒了，得了急性白血病，在确诊 9 天以后死去。就在这时，他的兄弟开始感到不舒服，出现疲劳和发烧的症状。3 个月后，他的病情急剧恶化，随即被送进医院。医生诊断发现，他也得了急性白血病。后面的故事是个什么结局不用说了，他的生命也将在病魔的纠缠中结束。

瑞典有个农夫的病例非常典型，这个农夫的故事使人很容易想起日本渔夫久保山驾着“福龙号”捕鱼的故事。这个农夫是个健康快乐的人，就像久保山在大海里捕鱼一样，他在自己的庄稼地里快乐地劳作，幸福地生活。从空中飘飘洒洒而来的毒物把这个无罪的人判了死刑，这些毒物一是放射性烟尘，一是化学粉尘。这名农夫也进入了使用现代杀虫剂的行列，在自己约 60 英亩的庄稼地使用了含有 DDT 和六氯化苯的药粉。就在他忘我地工作时，阵阵清风吹起了药粉的烟雾，在他周围飘散。晚上他回到家里，感到异常疲惫，在之后的几天里，他一直虚弱无力，同时还背痛、腿痛，并且浑身发冷战，他被迫搁下农活，卧床休息。5 月 19 日，也就是喷药一周后，他的病情急剧恶化，被送进了当地医院。隆德市医院的病历上记载着：“高烧，血细胞计数异常。”之后，他被转送到内科诊室，他就这样在患病中生不如死地拖了两个半月，最后死去。尸检结果证实，他的骨髓已经完全萎缩了。

细胞分裂是一个正常而必要的过程，在这个奇妙而有序的过程中，捣乱分子是怎么进去修改程序的？这个问题引起了很多科学家的重视，很长时间以来，科学家们孜孜以求想要探究出其中的来龙去脉，为此不惜大把地砸钱进去，只为一个目的，细胞内部究竟发生了什么变化？这个变化使得细胞有规律的增长变成了失控的癌瘤增生？

如果要得到答案，一定会涌现出各种各样的答案，正像癌症本身一样。因为癌症本身呈现出的也是各种各样的形态，所以癌症的病源、发病过程、控制其生长或退化的因素也是千差万别。其中损害细胞只是潜藏在众多表象之下的一种基本损伤。在世界各处，广泛的研究正在进行中，有的甚至不完全只是针对癌症的研究，这个研究过程让我们看到了一线希望的曙光，总有一天，这束希望之光会帮助我们破解潜藏在暗处的问题。

我们再一次发现，观察生命最微小的单位，仅仅攻其细胞和染色体就能打开最大的视角，获得破解迷局的资料。我们要在这个奇妙的微观世界里找到使细胞的神奇机制脱轨的各种因素。

关于癌细胞的起源，德国生物化学家、马克斯普朗克细胞生理学研究所的奥托·沃伯格教授提出了一个著名的理论，沃伯格的一生都致力于细胞内部氧化过程的研究，他在广泛研究的基础上，凭借丰富的研究经验，清晰地描述了正常细胞如何变成癌细胞的过程。

沃伯格认为，不论是放射性致癌物还是化学致癌物，都有一个共性，就是通过破坏正常细胞的呼吸作用掠夺细胞能量，使细胞失去活力。这是因为反复地小剂量地接触而造成的后果，一旦造成了影响，就不可能恢复了。没有被遏制呼吸、未被毒素杀死的细胞会竭力补充失去的能量，但它们元气大伤，已不能再继续那种产生大量 ATP 那神奇而有效的循环，于是它们不得不折返到原始而低效的方式——发酵。借助发酵作用维持生产的顽强努力通常会持续很长一段时间。后来，细胞分裂使这种发酵呼吸方式传递下去，这样一来，后来产生的细胞都具有了这种模式的非正常呼吸方式。一个细胞一旦失去了正常的呼吸能力，就再也不会恢复了，一年又一年，甚至10年或更长的时间都不能正常呼吸。就这样，为了补充失去的能量而努力幸存的细胞，会一点点地利用增长的发酵继续存活。这就是达尔文理论的实践，适者生存，只有适应能力最强的生命体才能生存下去。最后，这些细胞的呼吸就会迥然有别于正常的呼吸，而是发酵作用取代呼吸的状态，到了这一步，癌细胞便取代了正常的细胞。

沃伯格的理论生动地解释了很多令人困惑的问题。大部分癌症的潜伏期都很长，这是因为无数的细胞在大量分裂期间，呼吸作用开始遭到破坏后，发酵作用要想在细胞内一统天下需要足够的时间。在不同的物种中，发酵作用所需的时间也有所变化；老鼠体内的时间比较短，很快就会有癌症出现；人类的时间就难说了，甚至可能需要几十年，癌性病变的发展非常缓慢。

沃伯格的理论也解释了为什么小剂量的重复接触比一次性大剂量接触更危险。前者的潜伏期正是大多数癌症的潜伏期，而后者是马上把细胞杀死。小剂量的接触会使一些“命硬”细胞在受到损伤的情况下活下来，而活下来的细胞由于呼吸作用被破坏，借助发酵作用逐渐增长，最终发展成癌症。这就是说，对于致癌物质，根本不存在什么“安全”剂量一说。

在沃伯格的理论中，我们还找到另一个复杂现象的解释：即同一种元素既可以治疗癌症，也可以引发癌症；从这个意义上说，放射性就是一把双刃剑，天使魔鬼兼于一身，它既能杀死癌细胞，也可能引起癌症。目前用于抗癌的很多化学药物都有这种效应。这是为什么呢？因为无论是杀死癌细胞，还是引发癌细胞，都会破坏呼吸系统。癌细胞的呼吸作用受到破坏，乘胜追击再加一把力，它就死掉了；同时，正常细胞的呼吸作用也遭到了第一次破坏，虽然它一时半会儿不会死，但最终它会被送上通往致癌的那条路。

1953 年，有一些研究人员做了一个很奇葩的试验，他们长期地间歇性地对正常细胞停止供氧，取得了一个预期的结果，真正把正常细胞转变成了癌细胞；这再次证明了沃伯格理论的正确性。1961 年，他的理论再次得到证实，但这一次的证据取自活体动物，而不是人工培养的组织。放射性追踪物质注射进患癌老鼠体内后，然后仔细检测老鼠的呼吸作用，发现发酵作用明显高于正常水平，这与沃伯格的预测完全相符。

以沃伯格确立的标准来测定，大部分杀虫剂都达到了致癌物质的标准。正如我们前一章已经看到的，许多氯化烃、苯酚和一些除草剂都是破坏细胞氧化和能量生产过程的鬼。各种化学品都有本事通过这种方式创造出一些休眠细胞，在这种细胞内不动声色地蛰伏着无力回天的病变。直到有一天，患者的病因早已被人遗忘，人们对他的痊愈完全放心了，不料却在不经意时突然以癌症的面目暴露无遗。

患癌症的另一种可能是染色体所为，在这个领域内，很多有建树的研究人员都以一种疑虑的眼光严密地追踪着所有带有危害的染色体、干扰细胞分裂或导致突变的因素。他们的眼光中有一种如履薄冰的忧虑，认为任何突变都有深藏不露的潜伏性，都可能使癌症突然降临。关于突变的讨论一直争论不休，焦点都集中在生殖细胞，胚胎细胞的突变往往会在未来几代人中才会显现，但是身体细胞本身也存在突变。根据癌症起源于突变的理论，一个受到放射性或化学药物作用的细胞，发生突变的概率很高，这个突变使其脱离维护细胞正常分裂的机制的控制。因此，它以狂放不羁的形式任意增殖，毫无规律性。而新产生的细胞就是这种分裂的产物，所以它们也有狂野的天性，也有摆脱机体控制的能力，假以时日，它们就会在足够长的时间内累积成癌症。

其他研究人员指出，即癌组织中的染色体是个浪子，它没有稳定性，很容易破裂并受到损害；染色体的数量也难说，甚至一个细胞中会变出两套染色体。

阿尔伯特·莱文和约翰·比塞尔都在纽约斯隆凯特琳研究所工作，他们首次对染色体异常与恶性病变的全过程进行了研究。至于恶性病变和染色体变异谁先谁后的问题，他们很干脆地回答："染色体变异发生在恶性病变之前。"他们对这个问题的推测基于一个事实，染色体在最初受到损伤后，出现了不稳定性。在很长一段时间里许多细胞都要经历反复试验（这就是恶性病变的漫长潜伏期），这段时间，各种突变相继发生，导致细胞脱离了控制，无规律地任性增长，这样的增殖就是癌症。

染色体稳定性理论的早期支持者之一是欧几维德·温格。他认为染色体倍增是一个关键点。经过反复观察，六氯化苯及其同属化学品林丹能引起实验植物的染色体数量倍增，从许多诊断为致命的贫血症病例来看，这些化学物质都是与其最有牵连的嫌疑者。这两者之间的牵连是巧合吗？其他许多种杀虫剂中究竟是哪些化学药物干扰了细胞分裂，捣毁了染色体并引起了突变？

很容易就可以明白，为什么白血病是由接触放射性或与放射性类似的化学物质导致的最常见疾病。物理或化学诱变因素主要打击的是那些分裂特别活跃的细胞，包括各种组织，但最重要的是从事血液制造的组织。人体内红细胞的主要制造者首推骨髓，它每秒钟会向血液输送超过 1 千万的新生红细胞。而白细胞形成于淋巴结和一些骨髓组织中，虽然速度不定，但总得来说也是快得惊人。

一些化学物质与类似锶的放射性物质一样，与骨髓特别有亲和力。苯是杀虫药溶剂中的常见成分，它会进驻骨髓并在里面逗留 20 个月之久。多年以来，在医学文献上已有记载，把苯列为白血病的一个病因。

儿童迅速生长的身体组织也会提供最适宜癌变细胞发展的条件。麦克法兰·伯奈特先生指出，白血病不仅在全世界范围内增长，而且在三四岁年龄组孩子的身上也极为普遍，这个年龄段的孩子身上并没有表现出其他疾病的高发病率。因此，伯奈特先生说："三四岁孩子身上出现白血病的发病峰值只有一种解释说得过去，他们在出生前后均接触了致病变的刺激物。"

另一种引发癌症的诱变物是尿脘。怀孕的老鼠接触了尿脘后，不仅母鼠患上了肺癌，它们生出来的幼鼠也患了肺癌。实验中的幼鼠接触尿脘的唯一机会是在它们出生之前，尿脘一定是进入了胎盘，正如休伯博士曾警告过，如果人类接触了尿脘及其他化学药物，婴儿一定会受到产前接触，引起肿瘤。

属于氨基甲酸的尿脘与除草剂 IPC 和 CIPC 在化学上有亲缘关系。尽管癌症专家们的警告声不绝于耳，但是人们还是置之不顾。目前，氨基甲酸仍广泛用于杀虫剂、除草剂、除菌剂，包括增塑剂、药品、衣物和绝缘材料等各种产品。

间接因素也是导致癌症的一条岔道，一般来说，有些物质本身并不具有致癌性质，但它同样可以妨碍身体某些部分的正常功能，并且由此更进一步，导致恶性病变。癌症是一个最显著的例子，其中以生殖系统的癌症最为突出，它们的出现与性激素失衡脱不了干系，遭到破坏的性激素会影响到肝脏保持激素的正常能力，也就是说，对人体起解毒作用的肝脏不能发挥正常的解毒功能，而氯化烃正是对肝功能有毒的物质，属于间接致癌的元素。

生殖器官的正常发育需要性激素的刺激，所以性激素在体内的存在是必需的，但身体内部有一个平衡机制，以避免激素泛滥。肝脏的作用就是消除多余的激素积累，维持雌性激素和雄性激素之间的平衡（男女两性体内都有雌性和雄性激素，只是数量比例有差异）。然而，如果肝脏受到疾病或化学物质的损害，或维生素 B 的供应缺乏，肝脏的功能就会削弱，不能起到平衡作用。由于失去了控制，雌性激素就会飚升到一个异常高的水平。

这会产生一个什么样的后果呢？至少目前大量的动物实验提

供了充足的证据，其中一例如下：洛克菲勒医学研究院的一名研究人员发现，肝脏受到疾病损伤的兔子子宫肿瘤的发病率很高，研究人员认为这是因为肝脏的平衡功能遭到削弱，不能控制血液中雌性激素的异常升高，所以这些异常升高的雌性激素水平“上升到癌变的水平”。对小鼠、大鼠、豚鼠和猴子的大量实验表明，长期摄入雌性激素，即便小剂量也会引起生殖器官组织变异，“从良性的超正常发育蔓延到恶性病变”。通过给仓鼠喂食雌性激素，发现它们被诱发出了肾肿瘤。

对于这个问题，医学界一直存在争论，大家各执一说，但大量证据支持了人类身上也可能发生类似的效应这一观点。麦吉尔大学皇家维多利亚医院的研究人员发现，在他们研究的 150 例子宫癌病例中，有 2/3 的病人出现了雌性激素水平异常增高的现象。在后来研究的 20 个病例中，发现这些病人中 90% 都有类似雌性激素高度活跃的现象。

就目前现有的医学技术手段，尚不能检测出肝脏的实际受损程度，以及它在多大程度上可以达到足以破坏消除雌激素。氯化烃很有可能导致这种情况。正如我们所知道的，即使微量的氯化烃摄入也会引起肝细胞变化，甚至导致维生素 B 缺损。这又是一个很重要的证据，因为有证据表明维生 B 具有抵御癌症的作用。曾经担任过斯隆凯特琳癌症研究院院长的罗兹发现，如果动物接触了毒性很强的致癌化学物质，给它们喂酵母可以避免癌症的发生，因为酵母是一种天然的维生素 B 来源，如果缺乏这种维生素，就会发生口腔癌以及消化道其他部分的癌症。这一情况在美国已经有观察到的例子，在瑞典及芬兰偏僻的北部地区也发现了类似情况，在这些地区的日常饮食中，缺乏维生素是很普遍的现象。患有原发性肝癌的人群都普遍存在营养不良现象，比如在非洲的班图部落，他们普遍缺乏营养。男性乳腺癌在非洲的一些地方也很常见，这都是肝脏疾病和营养不良惹的祸。战后，希腊男性常见的乳腺癌增多正发生在饥饿时期。

简言之，杀虫剂间接致癌的观点是有事实依据的，这就是它们对肝脏的损害削弱了维生素 B 的供应能力，导致体内自生的雌激素飙升，这些证据铁证如山。现在，我们对越来越多的人工合成雌性激素加入我们的环境熟视无睹，我们还在容忍这些有害的物质——化妆品、药品、食物以及职业性接触盘踞在我们的日常生活中，这正是值得我们紧密关切的一件事情。

人类对致癌化学物质（包括杀虫剂）是不可控制的，因为它们有太多的渠道进入我们的生活中，一个人可以通过多种途径与一种化学品接触。砷是一个最普遍的例子。砷以很多形式藏身于环境中，它可以以不同形式在我们的生活环境中出现：空气污染物、水资源污染、食物中的杀虫剂残留、药品、化妆品、木料防腐剂以及油漆或墨汁中的染料。当然，如果单独与其中一种化学品接触，引发恶性病变的概率很少，但积少成多，其他化学品的“安全剂量”的累积，使得每一次的单独接触都可能使天平向危险的一边倾斜。

两种或两种以上不同致癌物的共同作用，会使它们的危险效应翻倍。比如，一个人接触了 DDT，在化学药物大行其道的今天，必然会接触到其他致癌的烃类化学物质，比如溶剂、脱漆剂、脱脂剂、干洗液和麻醉剂，这种所谓 DDT 的“安全剂量”的说法简直不堪一击。

还有一个情况的介入使事情变得更复杂，即一种化学物质可以对另一种化学物质施加影响，从而改变其作用和效果。癌症有时往往因为两种化学物质的相互作用才能形成，其中一种化学物质打头阵，将细胞或组织变得敏感，然后，另一种化学物质继续跟进，发挥催化剂的作用，等于再加一把力，引发真正的恶性病变。这样看来，除草剂 IPC 和 CIPC 就是皮肤癌的开路先锋，先行一步埋下癌变的种子，然后，当其他的一些致癌物（比如普通的清洁剂之类）进入人体后，再发挥作用，使后续的癌症变成为事实。

更确切地说，物理元素和化学元素之间可能也有剪不断的相互作用。白血病的形成可能经历了两个阶段：先是 X 射线引起了恶性病变，后来摄入的化学品（例如尿烷）起了促进作用。人类的生活环境中越来越多地充斥着各种来源的化学物质，各种各样的化学品与各种人群的频繁接触，这一切都是现代社会面临的一个严峻的新问题。

放射性物质对水资源的污染也是一个让人揪心的问题。含有化学物质的水可以通过游离射线的撞击作用，任意改变水中化学物质的特性，以不可预测的方式重新排列其原子，创造出新的化学物质来。

现在全美国的水污染专家都在担心一件事，作为一种非常普遍的污染物，洗涤剂成了公共供水行业的一个麻烦，因为目前实在还拿不出清除洗涤剂的办法。并非危言耸听，有的洗涤剂的确会间接致癌，它们会在消化道内壁大动手脚，使机体组织发生变化，从而更容易吸收危险的化学物质，加快致癌效应。问题是，哪个大侠能预见并控制这种作用呢？具体条件错综复杂，千变万化，对于致癌物这玩意儿，除了“零剂量”也许能保险，还有什么剂量敢说是“安全”的？

我们既然愿意对致癌因素持容忍态度，愿意让它们在我们的生活环境中横冲直撞，那我们就要对它们产生的危险承担责任。当前，这种危险例证已经发生了。1961 年春天，在联邦、州以及私人的孵化场里，大量虹鳟集体患上肝癌，肝癌像流行病一样扩散到美国东西部地区，致使东西部地区的虹鳟也没有幸免，超过 3 龄的鳟鱼几乎百分之百患了肝癌。这一情况是怎么被发现的呢？这是因为全国癌症研究所环境癌症科和鱼类与野生生物管理局预先达成了一项协议，定期检测这个是为了对水污染的致癌危害发出警告。

至今，研究所还在不遗余力追查肝癌流行病的起因，但是最有力的证据直接指向了加工鱼饲料中所含的某种物质。这些饵料含有令人难以置信的各种化学添加剂和药物，混入了鱼类的基本食料中。

鳟鱼事件的发生，从很多角度来看都具有重要意义，最重要的一点是它证明了强力致癌物引入环境以后，会发生什么问题。休伯博士认为肝癌流行病是一个不可忽视的前车之鉴，这意味着，人们必须全力以赴地控制数量巨大、种类繁多的环境致癌物。他说："如果掉以轻心，不采取有效的预防措施，鳟鱼的灾难会迅速在人类身上出现。"

正如一位研究者所说的，我们的生活环境是一片"致癌物的汪洋大海"，这听起来确实令人沮丧，甚至很容易使人产生失败的绝望情绪。有人抱有天真幻想："这简直是一种无可救药的环境，看来要把这些致癌物质从环境中清除是不可能的，与其花费人力物力去干这种费力不讨好的事，不如省点心，不如投入更多的精力去发现治疗癌症的良药，这样更省心，也更划算。"

这个问题摆在了休伯博士的面前，休伯博士在癌症研究领域颇有建树，他的声望使他的建议很容易被人们接受。他经过深思熟虑后，结合他的研究和经验得出了一个论断。休伯博士认为，我们今天面临的癌症环境与19世纪末人类经历的一场传染病非常相似。由于巴斯德和科赫的卓越工作，确立了病源生物与许多疾病之间的病因关系。医学界人士包括普通民众都逐渐认识到人类的生存环境中存在大量的致病微生物，正如今天致癌物在我们的环境中蔓延一样。由于人类的努力，大部分传染病已被置于可控的范围内，有些甚至已被彻底消灭，如此辉煌的医学成就取决于预防和治疗双管齐下。外行看热闹，内行看门道，这并不像外行人眼中的结果，是靠那些"灵丹妙药"而起死回生的，事实是，在抵御传染病的战役中，对环境中的病原体开刀才是决胜的关键。100 多年前，伦敦爆发的霍乱是一个载入史册的例证。当时，伦敦一位名叫约翰·斯诺的医生根据疾病发生的地方绘制了一张地图，他发现所有病例都起源于一个地方——这个地区的所有居民都从布罗德街上的同一个泵井里取水饮用。从治疗手段来看，清除传染病灶比治疗病人来得事半功倍，斯诺博士果断地迅速拆下泵井的把柄，流行病得到了控制。这可不是神奇的药丸杀死了引起了霍乱的微生物（当时人们还没有这方面的意识）的神话，而是不废一枪一弹，没有用一粒药丸，只需把微生物从人类生活的环境中清除，不仅仅治愈了患者，而且控制了疫源地的蔓延。现在，结核病相对少见，很大程度上应该归功于控制病源这一事实，也就是说，一般人很少能接触到结核病菌。

今天，在我们的生活环境中，到处充满了致癌物质，这是一个令人担忧的问题。我们现在铆足了劲要找到治疗癌症的办法（或者能找到一劳永逸的治愈"良药"），休伯博士认为，用这种方法攻克癌症将会是失败的，因为首先没有考虑杜绝环境中大量的致癌因素，前面在治疗，后面排着队在患病，比起目前还没得要领的控制疾病"疗法"，大量致癌物质蔓延致病的脚步跑得更快。

面对癌症来袭，我们为什么要忽视预防为主这种常识性的办法？我们为什么在采取这些行之有效的办法时总是举棋不定呢？我们认为，"比起预防措施，治疗癌症患者的目标更令人振奋，更激动人心，更有成就感。"休伯博士这样说。事实上，在癌症形成之前把预防工作前移"是更为人道的"，而且"取得的成效比治疗癌症的成效更好"。休伯博士从来不相信早餐前服用一粒神奇药丸就能预防癌症的鬼话，在他看来，这完全是一种无法忍受的幻想。人们之所以迷信这些偏方，部分原因是因为他们对癌症的误解，他们相信那些神秘兮兮的说法，主观地认为癌症是由单一原因引起的单一疾病，因而寄希望于用一种单一的办法来攻克它。这与事实相去甚远，病因并不单一，而是复杂，环境癌症恰恰是由复杂的多种化学因素和物理因素引起的复杂后果，恶性病变也是多种多样的，且是很复杂的。

即便在有一天，人们期望已久的抗癌药物在某一天实现了“突破”，它也不是包治不同类型恶性病变的万能药。虽然人们对这种“良药”的寻求不会停止希望的脚步，希望为癌症病人减轻痛苦或找到治愈的手段，但大张旗鼓宣扬一步到位的解决方法都会将人们引向一个危险的误区。那种以为简单的药物治疗便会立竿见影的想法是对人类智商的愚弄，这种事情是一个渐进的过程，必须一步一步来。事实上，就在我们把大量的美元砸到研究中的时候，就在我们为了找到治愈癌症的办法煞费苦心的时候，其实我们也错过了采取预防措施的最佳时机。

癌症并非无可救药，不能攻克。比起 19 世纪末的传染病，从某一方面来看，现在对癌症的斗争比起 19 世纪末控制传染病的前景乐观得多，当时世界上到处病菌横行，就像今天满世界都是致癌物一样。但是区别在于，病菌不是人为散布进环境中的，人类只是在无意间传播了这些病菌。现在的情况是，大部分致癌物是人类自已把它们送进环境中去的，只要人们愿意，人们就能够清除这些致癌物。在我们的环境中，致癌物质在地球上传播有两个方面的原因：其一，人们为了追求更舒适、更便捷的生活方式；其二，这些化学品的制造和销售已经形成了市场乐意接受的一条龙产业，在人们的经济和生活中占有了一席之地。

要想一朝就能把致癌物从世界上彻底清除干净，有点类似痴人说梦的意味，只能实现在幻想中。最现实的认识应该基于一点，很大比例的化学致癌物其实并不是我们生活中的必需品，我们完全可以拒绝它。我们拒绝这些化学品可以大大减少致癌物的总量，那么，每 4 个人中就有 1 个人可能患上癌症的危险就会显著地下降，使那种迫在眉睫的威胁得以缓和。目前我们需要以最顽强的毅力杜绝致癌物污染我们的环境、食物、水源和空气，而且还要特别警惕一种最危险的倾向，就是不要忽视微量的化学品接触。

在癌症研究领域中，那些最优秀的研究人员与休伯博士一样，对征服癌症有坚定的信念。他们认为，通过努力查明环境致癌因素，并努力减少或者清除它们对环境的效应，可以显著地降低恶性疾病的发生概率。为了那些已被潜在癌症缠住的或已经明确诊断的癌症患者，我们努力寻求有效的治疗方法的步伐不能停下来。对于那些还没患上癌症的幸存者，以及还在娘胎里尚未出生的孩子，应该高举预防为主的大旗，作为一件刻不容缓的事情大力推行下去。

第十五章　大自然的反击

我们对自然一意孤行地进行改造，冒着极大的风险对自然进行资源索取而不加以保护，忙活了半天不但没有达到我们的目的，而且面临着大自然的反噬，这实在是一个令人痛心的讽刺。然而这恰恰就是我们的实际情况，虽然很少有人把问题说穿，但真相就在那里，大自然是不以人们意志为转移的，要说塑造大自然，一个字，难！连昆虫都找到了避开化学武器追杀的方法。

荷兰生物学家布雷约说：“昆虫世界是大自然最叹为观止的杰作，在昆虫世界里，没有什么事情是不可能的。一个痴迷于研究昆虫世界奥秘的人是有福的，他能够幸运地看到层出不穷的奇妙现象的发生。他知道任何可能的事情都会在这里发生，完全不可能的事情也会在这儿发生。”

如今，这个“不可能的事情”正在两个领域轰轰烈烈地发生着。聪明的昆虫通过遗传选择，进化出抵抗化学药物的抗药特性。这个问题将在下一章详述。现在我们要谈的是另一个更加广泛的问题，我们的化学药物朝着削弱环境内部的防线大举进攻，而这个被我们摧毁的防线正是制约各个物种平衡的天然屏障，每当我们撕破了这道天然屏障，以为把昆虫杀绝了，不料，昆虫以惊人繁殖数量铺天盖地地反扑过来。

从世界各地传来的报告将一个严峻的事实摆在了我们面前，我们现在已深陷困境。经过十年或更长时间的化学控制，昆虫学家们看到了一个令他们沮丧的事实，他们以为之前已经解决的问题又死灰复燃。在来势凶猛的老问题中，还出现了新问题，那些曾经数量并不起眼的昆虫已经大幅增长，达到了令人生畏的虫灾水平。如此看来，化学控制真是搬起石头砸了自己的脚——自讨苦吃。因为在设计和实行时都没有考虑复杂的生态系统，我们的化学实验只是在极少数物种身上做了测试，这种有局限性的测试只能预测化学物质对个别种类的昆虫有效，并不能保证适用于所有生物，人类便盲目地投入了反对生态系统的战争。

现在，无视大自然的平衡成为一种时尚潮流，而在人类早期社会，简单的自然界呈现出和谐的生态平衡，而现在这种平衡已被彻底打乱，使我们已经意识不到自然界的平衡了。有些人对这种无序世界很是心安理得，但如果用这种无视自然平衡的观点作为行动指南则是极其危险的。今天的自然平衡不同于冰河时期的更新世，但它无声无息地存在着。生物之间的关系是一种极其复杂、精妙而又高度统一的关系，人类忽视这种自然进化的关系，就像一个人站在悬崖边上却对重力定律漠然视之一样危险。自然平衡不是恒定的，而是活跃且不断变化、不断调整的状态，人类也是自然平衡中的一部分。这种平衡在某些时候对人类是有利的，某些时候由于人类自身的活动对平衡造成了紊乱，它又变得对人类不利。

现代社会在昆虫防治计划中忽略了两个至关重要的事实。首先，对昆虫真正有效的控制来自自然界，而不是人类之手。物种的繁殖数量受到限制是由于自然界的一种力量，昆虫学家将这种力量称之为环境制约，这种环境制约的防御力量从第一个生命问世以来就相生相息地存在着。食物的数量、天气和气候条件、竞争或猎食物种的存在等，都是极其重要的制约因素。昆虫学家罗伯特·梅特卡夫说："防止昆虫在我们的世界泛滥成灾的一个重要手段，就是发动昆虫内部的自相杀戮战争。"然而，我们现在使用大量化学武器来杀死昆虫，不论敌我，化学武器一概格杀勿论。

其次，环境制约力量一旦被削弱，一个物种会迅速地呈爆发式繁殖，很多生物的繁殖能力大大超乎我们的想象，尽管我们已经多少见识了一些。我还记得学生时代的一个奇迹：在一个装着干草和水的罐子里，放进几滴原生动物的培养菌液，奇迹就会出现。几天内，罐子里满是密密麻麻的旋动着向前移动的小生物——数以万计的鞋履虫。它们小得如一粒尘埃在这个温度适宜、食物充足、没有天敌的乐园里无限地繁殖。这使我想起了曾见到过海边岩石上白色的藤壶爬满岩石，还有一大群水母游动连绵数里的壮观景象，像鬼魅般虚无缥缈地颤动着，一眼望不到天际地与海洋融为一体。

鳕鱼游过冬天的海洋，长途跋涉来到它们的产卵地，这时，我们就会看到大自然的控制能力所创造的奇迹。每一只母鱼都会产下数百万的鱼卵，但如果这些鱼卵都全部存活的话，海洋的空间就会被鳕鱼塞得满满的。但大自然的控制能力不会容许这样的事情发生，海洋里的鳕鱼不会泛滥。在每一对鳕鱼产下的数百万只鱼卵中，只有一小部分才能活下来并长成大鱼取代它们的父母，这就是大自然奇妙的制约。

生物学家们喜欢在脑子里编造自娱自乐的神话，他们假设有一天，生然界发生了一场意外的灾难，自然的控制能力失灵，一个物种所有的后代全部都得以存活并繁殖起来，那么，世界上将会发生什么事情？一个世纪以前，托马斯·赫胥黎做了一次计算，雌蚜虫有一种稀罕的能力，不需要配偶照样能繁殖，以一只雌蚜虫为例，一只单独的雌蚜虫产下蚜虫的总量，相当于一个世纪以前中国帝王时代的全部人口总量。

幸运的是，这只是仅仅存在于理论上的极端事实，但是研究动物种群的人对这一失去常态的自然秩序造成的可怕后果心知肚明。郊野的土狼袭击了羊群，牧民消灭土狼的狂热冲动致使田鼠成灾，而以前，作为田鼠的天敌，土狼控制着田鼠的数量。消灭土狼重演了亚利桑那州凯巴布高原鹿的故事。有一个时期，凯巴布鹿群与自然环境保持着和谐的平衡，各种猎食动物（狼、美洲豹和土狼）控制着鹿群数量不超过它们的食物供应需求。后来，人们为了保护鹿群，杀死了鹿群的天敌——猎食动物。猎食动物的消失使失去控制的鹿群爆发式地繁殖起来，很快，供应它们的草料出现短缺，低矮的植物被啃得精光，鹿群开始采摘树叶充饥，但够得着的树枝越来越高，许多鹿因为饥饿而死亡。饿死的鹿竟超过了被猎食动物杀死的数量。此外，因为鹿群疯狂地寻找食物，整个生态环境也遭到了破坏。

田野和森林中的捕食性昆虫发挥的作用与凯巴布高原的猎食动物一样，是生态平衡的积极维护者。杀死它们，其他昆虫的数量就像汹涌的浪潮一浪高过一浪地扑过来。

没有人确切地知道地球上到底有多少种昆虫，因为很多种类的昆虫对我们来说还比较陌生，但目前有记录在册的种类数量约为 70 万种。这意味着，从物种的种类来分析，70% ~80% 的地球生物是昆虫。绝大多数的昆虫被自然力量控制在最佳的平衡状态，而不受人类的干预。如果情况不是这样，真不知需要多少化学药物（或者其他方法）才能抑制住昆虫的种群数量。

麻烦的是，在昆虫的自然天敌消失之前，我们对保护的它们作用知之甚少。我们生活在这个世界，但大部分人却对这个生机勃勃的世界非常漠然，对它奇妙的生命活力不感兴趣，感觉不到它的美丽，感觉不到与我们休戚相关的、存在于我们周围环境中奇特的、甚至是可怕的生命，这就是人们对捕食性昆虫和寄生虫的活动几乎一无所知的原因。有时候，我们会看见花园的灌木丛中有一只相貌怪异、行动凶猛的昆虫，也不了解螳螂捕食其他昆虫为食的习性。夜晚，我们散步于庭院的时候，借助手电筒的亮光，看见花坛中一只螳螂正在悄悄逼近它的猎物。这时，眼前上演的这一幕凶手与受害者的戏剧，使我们对猎食动物和猎物之间的关系有了领悟；这时，我们才真正体会到了大自然自我控制的强大力量。

猎食动物（捕食其他昆虫的昆虫）的种类很多，一些昆虫的动作敏捷如燕，就像燕子那样在空中一掠而过地捕捉猎物那样；还有一些昆虫会慢吞吞地在树干上爬行，一板一眼毫不慌乱，一路吞食沿途遇到的像蚜虫那样纹丝不动的昆虫。小黄蜂捕捉到软体昆虫后，会将它们的肉汁喂给幼蜂吃。泥蜂喜欢在屋檐下建造圆柱状的蜂巢，并将捉到的昆虫填满巢穴，给幼蜂储备食粮。沙黄蜂像燕子一样盘旋在吃草的牛群上空，它们像蜻蜓点水一样不时在牛背上啄食吸血蝇，消灭牛身上的寄生虫。嘴里发出像蜜蜂一样的嗡嗡声，常被误认为是蜜蜂的食蚜蝇，把卵产在蚜虫出没的植物叶子上，尔后，孵出的幼虫以蚜虫为食，从而消灭了大量的蚜虫。别名“花大姐”的瓢虫也是消灭昆虫的一把好手，它的好胃口可以吃掉大量的蚜虫、介壳虫以及其他食草昆虫。一只瓢虫必须吃掉几百只蚜虫，才能点燃它的能量之火，它需要能量的支持才能产出不计其数的虫卵。

寄生性昆虫是一种习性很奇特的生物。寄生虫对宿主的残害并不是尽快地杀死它们的宿主，而是通过各种适应性变化，利用受害者来喂养它们的幼虫。它们把卵产在猎物的幼虫或卵里，这样，将来出生的幼虫直接就以宿主为食。有些寄生虫诡计多端，它们用一种黏液附着在毛虫身上，在孵化过程中，寄生幼虫钻入宿主的皮肤。其他一些昆虫靠着高超的伪装手段，把它们那以假乱真的卵产在树叶上，吃嫩叶的毛虫无法分辨，无意间就会把它们的卵吞食进肚子里。

在田野上，在灌木丛中，在花园和森林里，到处飞舞着猎食性昆虫和寄生昆虫忙碌的身影。池塘的上空，蜻蜓在晴空万里的蓝天飞翔，它们的翅膀在阳光的照耀下折射出火焰般的不规则图案。它们的祖先曾经是生活在沼泽中巨大的爬行动物。今天，它们继承了祖先锐利的视觉，敏锐地捕捉空中的蚊子，还有它那像篮子一样可以兜捕蚊子的腿，相得益彰地在空中忙碌。在水下，蜻蜓的幼虫（雅号“小妖精”）在忙碌地捕食水生阶段蚊子孑孓以及其他昆虫。

一片树叶上停留着一只不易察觉的草蜻蛉，它非常漂亮，绿纱般的翅膀和金色的眼睛，羞羞答答地躲躲闪闪。草蜻蛉在树叶上的隐蔽性很强，它背景深厚，血统高贵，是二叠纪一种古老物种的后代。草蜻蛉的主要食物是花蜜和蚜虫的蜜汁，它们把卵产在一根长茎的根部，并把它与一片叶子连在一起。从这些卵中出生的带着刺毛的奇特小生命叫“蚜狮”，这就是草蜻蛉的孩子。蚜狮直竖着身子捕食蚜虫、甲壳虫或螨虫，它们捉到虫子后会吮吸虫子的汁液。在它们周而复始的生命循环中，当它们吐出白丝作茧自缚以度过蛹期之前，每只草蜻蛉可以吃掉几百只蚜虫。

许多黄蜂和蝇类都有消灭蚜虫的能力，它们以寄生的方式消耗其他昆虫的卵和幼虫而求得自身的生存。一种极小的黄蜂寄生于卵，由于它们异常繁多的数量和巨大的活动能力，有效地控制了许多危害庄稼的昆虫的繁殖。

所有这些微小的生物都在忙碌地工作，不分白天还是夜晚；不论天晴还是下雨，甚至隆冬季节的严寒扑灭了生命之火只剩下灰烬的时候，它们仍在忙碌着。它们的生命在冬季里隐隐地燃烧着，等待春天的召唤，在大自然万物苏醒时节焕发出它们的勃勃生机。在这期间，在雪花那洁白松软的雪层下，在被严寒冻成厚厚的冰块的土壤下面，在树皮的皱褶中，在隐蔽的洞穴里，寄生昆虫和捕食性昆虫都找到了适合它们栖息的安乐窝，度过寒冬。

在一个附着于灌木丛中轻薄精巧的小匣子里，螳螂妈妈把它的卵小心翼翼地安放在了这个安全地带，它把它未来的孩子安顿好后，随着夏季的消逝，螳螂妈妈的生命也结束了。

在被人遗忘的阁楼角落里，隐藏着一只雌性胡蜂，它的身体内有大量的受精卵，这些受精卵将是未来规模庞大的族群。这只形单影只的雌胡蜂会在春天里生活在一个小小的纸窝里，在这个窝里的每一个巢室内产卵，并小心地养育一些工蜂。借助于工蜂的努力，它的蜂巢逐渐扩张，族群也日益壮大起来。接着，夏天来临，在整个炎炎夏日里，工蜂都在勤劳地觅食，吃掉难以计数的毛虫。

情况就是这样，由于昆虫的生活特性，我们的需求也得到了满足，所以说，在我们生活中保持自然平衡，使之有利的天平倾向于我们的就是这些昆虫。然而，我们却把炮口转向我们的忠实盟友。更为悲哀的是，我们严重地低估了盟友们对敌人的强大牵制力，没有它们做我们的后盾，我们的敌人会猖獗起来，这对我们构成严重的危害。

杀虫剂的数量在与日俱增，种类及毒性影响都在增强；接踵而至的是，环境的天然防御能力降低，防线被突破，普遍性和永久性的环境质量下降成为无情的现实。我们可以预料，时间的流逝会使昆虫日益猖獗，给人类造成严重的虫灾，它们有的携带着可怕的传染病菌，有的是破坏庄稼的坏蛋，这一切负面生物的种类之多超出了我们的已知范围。

“可是，这只不过是纯理性的结论吧?”你会心存侥幸地问，“不管怎么说，在我的有生之年不会发生这种事的。”

问题是，事情不会以你的意志为转移，今天，在美国，就在此时此刻，这样的事情正在发生。科学期刊记载了1958年发生的50例昆虫与自然平衡严重混乱的例子，而且每年都有层出不穷的新例子。从近期对这一问题的评论性文章来看，在参阅了215篇相关论文和讨论以后，我们看到，这些论文都指向了一个事实的讨论，杀虫剂是引起昆虫数量失衡的灾难性问题。

有时候，在喷洒化学药品以后，本来主观上想消灭昆虫，反而助长了昆虫的大量繁殖。例如，安大略的黑蝇在一次喷洒农药以后，以惊人的数量增长到喷药前的 17 倍之多。另外，在英格兰，喷洒了一种有机磷化学品后，白菜蚜虫迅猛增大，是一次有历史记载的数量最多的增长。

在某些情况下，喷药虽然控制了某些人类想要控制的昆虫，但同时也打开了潘多拉魔盒[①]，从盒子中飞出来的虫灾造成了前所未有的灾难。例如，当喷洒了 DDT 或其他杀虫剂后，杀死了昆虫的天敌后，红叶螨出人意外地猖獗起来，成为全世界的公害。红叶螨不是昆虫，而是一种小到肉眼几乎看不见的八脚生物，和蜘蛛、蝎子、扁虱是亲族。这种虫子的胃口奇特，它有一个刺入和吮吸的口器，特别喜欢吃装点绿色世界的叶绿素。它那细小而尖锐的口器刺入常青树的针叶的外层细胞，吮吸叶绿素。轻微的损害会使树木和灌木上蔓延着斑驳的椒盐状黑白相间的杂色；红叶螨数量多的时候，叶簇不堪重负，旋即变为黄色转而凋零飘落。

几年前，在美国西部一些林区曾发生过这样的事情，当时（1956 年），美国林业部对约 885 000 英亩的森林喷洒了 DDT。喷药的本身意图是想消灭云杉卷叶蛾，不料到了第二年夏天，卷土重来的卷叶蛾造成了严重危害。管理人员从空中观察这片林区，发现事情非常糟糕，大片森林已开始枯萎，高大伟岸的花旗松已由翠绿色变为枯黄色，它们原本茂密的针叶正在随风飘零。在海伦娜国家森林，在大贝尔特山的西坡，在蒙大拿州和沿爱达荷的其他地区，那里的森林看上去如同被一场熊熊大火肆虐过了一样，到处是一片灰烬般的焦色。很明显，1957 年夏天经历了历史上最骇人听闻的红叶螨侵袭，几乎所有的喷药区都没逃过这一劫。没有什么地方遭遇的虫灾比这儿更严重了。护林官为了寻找先例，回忆了另外几次红叶螨虫灾，但都找不出比这更可怕的灾害了。1929 年黄石公园的麦迪逊河边，大约 20 年后的科罗拉多州，还有1956年的新墨西哥州，都曾遇到了如此棘手的麻烦。每一次虫灾都发生在喷洒农药之后（1929年是在DDT时代前，当时使用的是砷酸铅）。

为什么使用了杀虫剂后，反倒使可怕的红叶螨繁殖得更加兴旺？其中有一个原因是因为红叶螨对杀虫剂反应迟钝，杀虫剂对它起的作用甚微。此外，还有两个其他原因：在自然界，红叶螨的数量受制于其他昆虫，比如瓢虫、瘦蚊、猎食性螨虫以及一些其他的猎食性昆虫，这些昆虫都是红叶螨的天敌，但这些昆虫对杀虫剂很敏感，所以一喷农药它们就死得很快。另外一个原因来自红叶螨族群内部的压力，螨虫族群在没有构成灾害之前是一个稠密安居的集团军，它们云集在一个保护带中，躲避天敌的袭击。一旦喷药后，它们立即分散开来，这些螨虫躲过了化学药物的炮火，但它们受到了刺激，于是溃散开去，寻找新的安身据点。在寻找新环境的过程中，它们发现了比从前更广阔的空间和更充足的食物，更适合族群繁衍生长。现在，它们的天敌都死于非命，所以它们没有必要筑起保护带。相反，它们会把所有精力转向繁殖更多的螨虫。所以红叶螨的产卵数量增至3倍之多没什么大惊小怪的，这种不寻常的翻番都是托了杀虫剂的福。

在弗吉尼亚州雪伦多亚河谷有一个著名的苹果种植区，当DDT代替砷酸铅时，使一种叫红线卷叶虫的小昆虫泛滥成灾。这些小昆虫给种植者带来了前所未有的灾难，它们危害了将近50%的作物；除了在土地造成灾害以外，还延长到美国东部和中西部地区，随着DDT使用量的增加，这些卷叶虫很快成为破坏苹果树的劲敌。

这是一个充满讽刺意味的现状。20世纪40年代末，在新斯科舍省苹果园中，鳕蛾（苹果蛀虫的原因）最严重的地方恰恰是那些定期喷药的果园，而没有喷药的果园则相安无事，蛀虫寥寥无几，远不足以构成虫害。

苏丹东部由于积极喷药遭到了难以置信的恶报，当地的棉花种植者对使用 DDT 造成的危害有难以言表的痛苦体验。在盖斯三角洲约有 6 万英亩棉花种植区一直靠灌溉生长。早期实验证明，DDT 有明显的杀虫功效，于是喷药成为一种常态。这时，麻烦来了。对棉花危害最大的是棉桃蠕虫，这个占据棉花破坏力首位的害虫简直就是妖孽，喷药越多，棉桃蠕虫的增长越疯狂。而在没有喷药的地区，棉桃和成熟的棉朵基本上安然无恙，遭受的虫害极少。在两次喷药后的棉田里，棉籽产量骤降。虽然喷药消灭了一些食叶昆虫，但由此得到的好处都被棉铃造成的危害抵消了。到头来，棉花种植者们面对眼前的惨重损失扼腕叹息，恨当时昏了头，如果不搞这种费钱又费力的鬼事情，棉花收成会好得多。

在比属刚果和乌干达，大量使用 DDT 对付咖啡灌木中的一种害虫反倒演变成了一场灭顶之灾。这种危害咖啡的害虫根本不怕 DDT，喷洒 DDT 对它来说皮毛无损，却杀死了它的天敌，杀死了那些对 DDT 异常敏感的昆虫。

在美国，喷药完全是一个愚蠢的决定，喷药扰乱了昆虫世界的天然种群动态，虫害变得一发不可收拾。近来的两次大规模喷药均造成了非常严重的虫灾，一是美国南部的清除火蚁计划；一是中西部地区消灭日本甲虫计划（详见第七章和第十章）。

1957 年，路易斯安那州的农田大规模使用了七氯后，不仅没有消灭危害甘蔗的害虫，反而使甘蔗最凶恶的敌人——蔗螟泛滥成灾。在使用七氯处理后不久，蔗螟爆发式增长起来，原来计划消灭火蚁，结果却杀死了蔗螟的天敌。甘蔗遭到严重毁坏，农民损失惨重，愤怒的农民要和政府打官司，控告路易斯安那州政府没有事先发出警示，提醒他们防止这样的后果。

伊利诺伊州的农民也尝到了苦果。为了控制日本甲虫，在伊利诺伊州的东部农田施用了狄氏剂，这种破坏性的药液喷到农田后，农民们发现喷药地里的谷物穿孔虫大量繁殖起来。施药地区的谷物生长在田野中，这种破坏性昆虫的幼虫相比于其他没有喷药地区的幼虫至少增加了两倍。农民们对发生的事情摸不着头脑，他们不懂得其中的化学原理，但是不需要科学家的批评，他们也明白了自己的错误决定使他们付出了高昂的代价。为了消灭一种昆虫，却放任了另一种破坏性更大的昆虫泛滥成灾。据农业部估算，日本甲虫在美国造成的损失每年约为 1 000 万美元，而谷物穿孔虫造成的损失约为 8 500 万美元。

有必要注意的一个事实是，过去人们一直在很大程度上依靠自然力量控制谷物穿孔虫。1917 年，这种昆虫意外地从欧洲进入了美国本土，在之后的两年中，美国政府开始致力于收集和进口这种害虫的寄生生物。从那时起，有 24 种寄生生物从欧洲和东方国家引进，砸了不少钱。其中有 5 种寄生生物被认为可以有效地控制谷物穿孔虫。在这里无须多说什么，喷药计划全盘打乱了这个行之有效的计划，化学药物杀死了谷物穿孔虫的天敌，所有的前期努力都付诸东流了。

如果你不相信，请将加利福尼亚州柑橘园的情况加以参照。19 世纪 80 年代，加利福尼亚成功地进行了世界最著名的生物防治实验，这是一个非常成功的实验。1872 年，加利福尼亚出现了一种以橘树树汁为食的介壳虫。此后的 25 年里，介壳虫发展成一种令人生畏的害虫，许多果园因为它歉收，损失惨重，刚刚兴起的柑橘业面临巨大的威胁，许多果农不得不横下一条心，干脆放弃算了，他们伤心地拔掉了果树。后来从澳大利亚引进了一种介壳的寄生虫，一种体形很小的澳洲瓢虫。首批引进瓢虫的两年内，加利福尼亚州柑橘园的介壳虫已完全置于控制之下。从那时起，即便你在柑橘园钻来钻去找几天，也找不到一只介壳虫。

然而，20 世纪 40 年代，柑橘种植者对用新兴的化学药物对付昆虫着了魔，开始试用化学品。DDT 和其他毒性更强的化学品的相继出现，使加利福尼亚州地区的澳大利亚瓢虫消失殆尽，整个瓢虫群体被扫地出门，不见了踪影。过去，政府为引进这些瓢虫破费了近 5 000 美元，这些来到果园里的瓢虫每年都会为果农挽回几百万美元的损失。但是，由于欠缺考虑，这一笔收益全部打水漂了。很快，介壳虫还乡，以汹涌之势卷土重来，造成的损失为 50 年来之最。

“这也许标志着一个时代的结束。”里弗赛德市柑橘实验中心的保罗·德巴赫博士说。现在，控制介壳虫的工作变得更加微妙而复杂了，只有通过反复放养小瓢虫并小心翼翼地控制喷药计划，才能保护小瓢虫最大限度地免于接触杀虫剂。但是，不管柑橘种植者们怎么干，澳洲瓢虫的命运多多少少要取决于邻近土地主人，因为死神会随着飘散的杀虫剂将魔爪伸向邻界。

这些例子谈的都是侵害农作物的昆虫，而那些携带病菌的昆虫又会产生什么样的后果呢？这方面已经出现了不少预兆。例如，南太平洋的尼珊岛，“二战”时，岛上曾大量喷药，但到了战争结束时，喷药停止了。戛然而止的喷药造就了一个人们难以接受的事实，大量传染疟疾的蚊虫重新入侵了尼珊岛，没有任何阻挡它们到来的物种，因为捕食疟蚊的昆虫都被杀死了，新的种群还没来得及发展起来，不用说，疟蚊的大肆繁殖是没有悬念的。马歇尔·莱尔德描述这一经历时，把化学控制比喻为一只踏车：一旦我们踏上去，就会因为害怕后果而不敢歇下来。

在世界其他地方，一部分疾病会以与众不同的方式与喷药发生千丝万缕的联系。由于某种原因，像蜗牛这样的软体动物似乎不大受杀虫剂的影响。已经有过很多次对这一现象的观察，在佛罗里达州东部的盐化沼泽中，由于喷药造成大量生物死亡，只有蜗牛幸免于难。当时的场景就像一个恐怖的地狱图——只有超现实主义艺术家才能描绘出那样震撼的场面。在死鱼和垂死的螃蟹中间，蜗牛慢吞吞地爬过横七竖八的尸体，吞食着被毒雨杀死的受难者的身体。

现在需要问的是，这一切的重要意义是什么呢？这一现象之所以重要，是因为很多水蜗牛是危险寄生虫的宿主。这些寄生虫在它们的生命循环中，一部分时间是在软体动物身上度过，一部分时间是在人类身上度过。你不信，血吸虫病就是一个生动的例子，血吸虫进入人体的渠道是通过饮用水，或者当人在被血吸虫感染的水中洗澡时，血吸虫便通过人体皮肤进入人体，人就会患上严重的疾病。而血吸虫正是靠着蜗牛宿主进入水体的。这种疾病在亚洲和非洲广为流行。凡是有血吸虫的地方，助长蜗牛繁殖的昆虫防治措施总是由于滞后而导致严重的后果。

再说了，人类并不是蜗牛引发疾病的唯一受害者。牛、绵羊、山羊、鹿、驼鹿、兔和其他各种温血动物，都会因为寄生在淡水蜗牛身上的肝吸虫患上肝脏疾病。受到虫子感染的动物肝脏不适宜人类食用，这一条在美国法律上有明文规定，如有违反，将受到法律制裁。因此，美国畜牧者每年都会遭到350 万美元的损失，任何助长蜗牛数量增长的行为都会使这一领域的问题成为重灾区。

在过去的10 年中，这些问题像一大片阴霾笼罩在人们心里，但我们对它的认识却比蜗牛爬行还要慢。大多数最擅长研究自然控制方法并付诸实践的研究者整天都忙于研究更富有刺激的化学控制。据称，1960 年，美国只有2% 的经济昆虫学家在从事生物防治领域投身现场工作，其余98% 都埋头于研究化学杀虫剂，且乐此不疲。

这种情况也就不言而喻地点明了，有钱能使鬼推磨，一些实力雄厚的化学公司投入大量资金给大学，支持杀虫剂方面的研究工作，创造吸引研究生和奖学金以及有吸引力的职位，为化学品的研究造势。而生物控制研究却从来都是清水衙门，得不到一分钱的资助，原因很简单：生物防治无法获得化学研究那样立竿见影的效果，或投身化学研究中发财的运气。生物研究工作都一脚踢给了州和联邦的职员们，在这些地方工作的职员，个个囊中羞涩。

这也一针见血地挑明了一个遮遮盖盖的事实，为什么那些杰出的昆虫学家都在为化学控制鸣锣开道，对他们中某些人的背景调查后发现，他们的全部研究计划都有化学工业家砸钱撑腰，他们有足够的资金底气去争取他们的专业威望，他们甚至希望依靠化学控制使他们的工作永世长存。难道我们能指望他们“忘恩负义”转身去咬那只喂给他们食物的手吗？在我们了解了他们的价值取向后，我们还能相信他们那套杀虫剂无害论的鬼话吗？

就在化学品成为控制昆虫的一片喝彩声中，少数昆虫学家以严肃的态度做了一些报告。他们守住了职业道德的底线，清楚自己的身份既不是化学家，也不是工程师，而是生物学家。

英国的雅各布声称：“从许多被称为经济昆虫学家的人的行为来看，他们相信拯救世界的办法就是靠喷雾器的喷头……如果引起了害虫再生或昆虫出现了抗药性，或导致哺乳动物中毒，化学家将会拿出另一套灵丹妙药来接班治理。现在人们普遍陷入了一个无知的盲区，他们不知道给出虫害防治的最佳答案应该由生物学家来定夺。”

新斯科舍省的皮科特写道：“经济昆虫学家们必须清楚地意识到，跟他们交手的都是活的东西。他们需要做的并不仅仅是简单的杀虫剂测试，或是寻求用毒性更强的化学品来解决问题。”皮科特博士本人就是倡导合理的昆虫防治领域的先锋人物，他研究的防治方法有效地发挥了捕食性昆虫和寄生虫的作用，他和同事提出的防治方案已经成为经典案例，鲜有人能超越。只有在加州一些昆虫学家拟就的综合性防治计划中，人们才发现这样的成就在美国早已存在了。

大约 35 年前，皮科特博士的研究起点是在新斯科舍省安纳波利斯谷的苹果园，那里一度是加拿大最主要的果园种植区。那时候，人们对杀虫剂的功效趋之若鹜（当时只有无机化学药物），认为解决昆虫控制问题非化学品莫属，他们当时热衷于做的一件事就是不遗余力地向水果种植者推荐杀虫剂，指导果农如何使用杀虫剂。然而，这只不过是一厢情愿的努力，事实无情地粉碎了人们的美好愿望。杀虫剂喷洒了，昆虫仍然在活动，于是人们改用毒性更强的化学品，并发明了更厉害的喷药设备，投入了更高的喷药热情，但昆虫问题依然严峻。随后，人们又相信 DDT 是苹果卷叶蛾的终结者，可以给卷叶蛾带来噩梦；不料事与愿违，DDT 的使用导致了一场史无前例的螨虫灾害。皮科特博士说："我们只不过是从一场危机走向另一场危机，用一个问题换来了另一个问题。"

然而，皮科特博士和他的团队在一团乱象中厘清了问题的症结，闯出了一条新路，他们避开了其他昆虫学家追寻的更新化学品的覆辙。他们从自然界发现了人类的盟友，于是设计了全新的防治方案，最大限度对自然界物尽其用，最小限度使用杀虫剂。如果实在需要，也要把使用量控制到最低限度，使其恰到好处地控制了害虫，又不会对益友造成损害。此外，在计划中还考虑了时序的重要性，在苹果树的花朵转为粉红色之前使用硫酸烟碱，这样，就使重要的捕食性昆虫得以幸免，因为在苹果树花还未转为粉红色时，它们还待在卵里未孵化呢。

皮科特博士谨慎地挑选那些危害性极小的化学物，避免对捕食性或寄生虫造成伤害，他说："如果我们沿袭过去使用无机化学品那样，谨慎地使用 DDT、对硫磷、氯丹以及其他新型杀虫剂，那些对生物防控有信心的生物学家们就不会有微词了。"他没有选择使用毒性强的广谱杀虫剂，而主要依靠"鱼尼丁"（取自一种热带植物地下茎的化学物）、尼古丁硫酸盐和砷酸铅，在某种特殊的情况下，谨慎地使用浓度非常低的 DDT 和马拉硫磷（每一百加仑中添加 1 到 2 盎司，而不是常用的每 100 加仑添加 1

到 2 磅)。尽管这两种化学药物在现代杀虫剂中的毒性是最轻量级的，但皮科特博士还是希望有一天能完全弃绝不用，希望研究出更安全、选择性更好的物质完全替代它们。

这种规划的效果怎样呢？在新斯科舍省，选择皮科特博士改良的喷药计划的果农收获的优质水果，与不惜血本喷洒化学品的果农的收成相比毫不逊色，收成总量不相上下，但成本却低得多。新斯科舍省苹果园用在杀虫剂的花费只有其他苹果种植区的 1/10 到 1/5。

比这些骄人的业绩更为重要的是，新斯科舍省的昆虫学家们执行的这个改良喷药计划与自然平衡相得益彰。一个很值得憧憬的前景正在朝着 10 年前加拿大昆虫学家乌里耶特所描绘的美好蓝图发展："我们必须彻底转变观点，抛弃人类优越于其他物种的观点，承认我们能够在大自然的启发下，寻找到一条限制生物种群的物竞天择法则，并承认在大自然环境中寻找的限制生物种群的方法比我们自己人为的努力更加有效，更加便捷划算。"

【注释】

①潘多拉魔盒：潘多拉是古希腊神话中的第一个女人，潘多拉被创造出来后，宙斯命令赫尔墨斯将她送给普罗米修斯，以惩罚普罗米修斯的盗火之罪。潘多拉打开了众神送给她的一个魔盒，从盒子里飞出了人间所有的邪恶：贪婪、诽谤、嫉妒、虚无等，可是当希望还没来得及从盒里飞出来时，潘多拉盖上了盒子，把希望永远锁在了盒子里。后来人们常用"潘多拉魔盒"比喻灾祸之源，表示引起种种祸患。

第十六章　崩溃声隆隆

如果今天达尔文还活着，他一定会为大自然适者生存的理论得到了验证而欢欣鼓舞。但在他高兴和震惊之余，我们进一步看到，在化学控制的高压态势下，大量的化学药品把较弱的昆虫从这个世界清除了。但是还有余孽，如今在很多地区和很多种类中，那些健壮的适应能力强的厉害角色在化学品的重压之下仍然猖獗。

大约半个世纪之前，华盛顿州立大学的昆虫学教授梅兰德以现代人的眼光问了一个纯粹是修辞学的问题："昆虫是否会逐渐对化学品产生抗药性?"如果当时梅兰德的提问得不到答案，或得到的答案太晚了，那是因为他的问题提得太早了，他的问题提在1914年，而不是提在40年后的今天。在DDT时代到来之前，当时使用无机化学物用现在的眼光看简直是如履薄冰，即便这样，仍然在喷药区发现了活下来的适应性强的昆虫。梅兰德本人也陷入了梨圆蚧的困扰，这是一种介壳虫，多年来，梅兰德一直采用喷洒硫化石灰的方式得心应手地控制住了这种昆虫；不料后来在华盛顿的克拉克斯顿地区，这种昆虫变得出奇的皮实，比起在韦纳奇果园、雅基马谷以及其他地区遇到的昆虫，杀死它们变得有点力不从心了。

突然间，好像暗中有默契一样，活跃在美国其他地区的介壳虫仿佛统统在一夜之间有了免疫，尽管果农们费尽力气大量地喷洒石硫合剂，但并不一定能杀死它们。在中西部地区，成千上万英亩的果园被产生了抗药性的昆虫糟蹋得不成样子。

在加利福尼亚州，人们使用了一种长期以来所推崇的办法——用帆布帐篷把树罩起来，使用约定成俗的氢氰酸熏蒸办法，但这种历史悠久的方法在一些地区并未取得令人满意的效果。这个问题被提到了加利福尼亚州柑橘试验站的研究课题上，从 1915 年开始，研究持续了 25 年。虽然砷酸铅在过去成功地控制了卷叶蛾，但到了 20 世纪 20 年代，产生了抗药性的苹果卷叶蛾重新活跃起来，成为生物学家们很头痛的虫害之一。

昆虫产生抗药性应该归咎于 DDT 以及各种新型化学品的出现，从 DDT 和它的同类进入市场以后，真正的抗药性时代宣告来临。几年之内，危险的问题露出了端倪，对一些简单的昆虫知识或动物种群动力学知识略有了解的人，都不会对这些来者不善的苗头感到惊诧，只是普通民众对昆虫的抗药性认识要慢一步。目前看来，只有那些关注带病昆虫的人才有迫在眉睫的危机感，而大多数农学家仍然痴迷于研制新的、毒性更强的化学品来派上用场，而当前这种困境正是由于这些貌似有理的推论造成的。

人们在对昆虫抗药性的理解方面付出了很多时间，而昆虫抗药性的发展步伐却快得多，远远超过了人们认识它的时间。1945 年以前，仅有十几种昆虫对前 DDT 时代的杀虫剂逐渐产生了抗药性，随着新的有机化学物质和大规模喷药方法的出现，昆虫的抗药性迅速发展。到 1960 年，已发展到 137 种昆虫有了抗药性。而且最危险的事实是，人们心里很明白，事情还远未结束。现在，已有超过 1 000 篇围绕这一主题的学术论文发表。世界卫生组织召集了来自世界各地大约 300 名科学家，共同发声，宣布“抗药性是目前带菌昆虫控制计划的一个最重要的问题”。著名英国动物种群研究者查尔斯·埃尔顿博士说：“我们已经听到了大雪崩即将来临之前的隆隆声。”

有些时候，抗药性的快速发展令人应付不过来，以至于当一篇关于某种化学物质成功控制了一种昆虫的报告墨迹未干，猝不及防的新情况就发生了，不得不起草另一份修正版报告。例如，在南非，牧场主一直被蓝扁虱害得苦不堪言，单就一个牧场每年就有600头牛由于蓝虱的肆虐而死去。多年来，产生了抗药性的蓝虱完全可以和砷剂分庭抗礼。人们不得不又使用了六氯化苯，在短期内似乎看到了效果，这令人欢欣鼓舞，在1949年发布的报告中宣称，对砷有抗药性的扁虱挑战不了这种新型化学物质；但就在当年晚些时候，一个令人沮丧的通告发布说，扁虱又对新型药物产生了抗药性。这种情况使一位作家坐不住了，他在1950年的《皮革贸易评论》杂志上撰文说："如果人们吃透了这些事件的重要性的话，在科学界悄悄流传的、只在对外书刊上占一个巴掌大位置的新闻，足以像报道原子弹爆炸那样登上媒体的头版头条。"

一直以来，昆虫的抗药性都是农业和林业研究迫切关注的问题，但公共健康领域也受到了影响，这引起了严重的恐慌。自古以来，各种昆虫与人类的许多疾病之间存在着千丝万缕的联系，像噩梦一样挥之不去。疟蚊会用它那肉眼看不见的尖细的嘴向人体血液里注射单细胞的疟疾生物；其他蚊子是传播黄热病的媒介；还有一些蚊子是传播脑炎的病毒携带者。家蝇虽然不叮人，但它向人类传播病毒和途径是通是食物沾染痢疾杆菌。在世界上很多地区，家蝇还是传播眼病的重要角色，我们可以从疾病及其昆虫携带者（即带菌者）的身上看到一份长长的清单：传染斑疹伤寒的虱子、传播鼠疫的鼠蚤、传播非洲嗜睡病的采采蝇、传播各种高烧症状的扁虱，等等。

这些都是我们躲不过去的严峻问题，必须抓紧解决，任何一个地区的负责人都不可对这些虫媒疾病抱以推诿的态度。现在我们首先遇到的问题是，当我们一手制造了使问题更加恶化的事情，又企图用这种方法去堵撕开了的口子，算不算是聪明，算不算是负责。人们总是听到通过控制带菌昆虫战胜疾病的声音，但却没有听到这个控制带菌昆虫的故事还有一个负面的故事，我们只看到胜利，没有看到失败或者即将到来的失败。搞赢了的一方拿出的那点短暂的证明，恰好证明了我们正在努力使昆虫变得不可战胜。

加拿大著名的昆虫学家布朗博士受雇于一个世界卫生组织，去进行一次全面调查抗药性的问题。1958 年，布朗先生在他出版的专著中写道："我们使用强力合成杀虫剂是维护公共健康计划中的一环，不到 10 年时间，凸显出的主要技术问题是曾经处理过的昆虫产生了抗药性。"就在这本书出版时，世界卫生组织警告说："目前着力于进行的对昆虫传播疾病（疟疾、斑疹、伤寒、鼠疫）的积极行动，正在面临不可抗逆的挫败，除非这一新问题迅速得到解决。"

这一挫败的危险到了一个什么程度？具有抗药性的昆虫基本上包括了全部医学意义的各种昆虫，个个榜上有名，密密麻麻排满了黑名单。只有黑蝇、沙蝇和采采蝇暂时还没有对化学品产生抗药性。而另一方面，家蝇和虱子的抗药性已发展到登峰造极的地步。蚊子的抗药性已经对防治疟疾的计划产生了严重的威胁。东方鼠蚤——鼠疫的主要传播者，近来也由于对 DDT 产生了抗药性而列入了昆虫黑名单，这样的进展对我们来说是一个压力山大的问题，各大洲的大多数岛屿关于其他物种的抗药性报告像雪花似的满天飞。

或许可以这样界定，首次使用现代杀虫剂是在 1943 年的意大利，当时，为了对付斑疹伤害病，盟军政府把 DDT 粉洒向人群，成功地阻止了迅速蔓延的斑疹伤寒。两年后，为了控制疟蚊，政府再一次大量喷洒药剂。仅在一年以后，一个麻烦的问题出现了，家蝇和库蚊都产生了抗药性。1948 年，作为对 DDT 的补充，试用了新型化学品氯丹。这一次，效果保持了两年；到了 1950 年

8月，抗氯丹的苍蝇出现了；到了1950年底，情况更是不容乐观，所有的家蝇和库蚊都对氯丹有了抗药性。新型化学品刚一投入使用，脚跟脚底就发展出抗药性，其速度堪与投放化学品的速度比肩。到了1951年年底，DDT、氯丹、甲氧氯、七氯和六氯化苯都失灵了，列入了失效化学品名单。而同时，苍蝇的数量却出奇得多。

20世纪40年代末，撒丁岛区循环重演了一连串的事件。1944年，含有DDT的化学品在丹麦首次使用；到了1947年，很多地方的苍蝇控制宣告失败。1948年，在埃及地区的一些苍蝇对DDT产生了抗药性；改用BHC之后，也只撑了不到一年的时间便宣告失效。一个埃及村庄反映出来的问题就很突出，1950年，杀虫剂有效地控制了苍蝇，这一年最可喜的成果是新生儿的死亡率下降了一半。可是好景不长，就在第二年，DDT和氯丹对苍蝇便失效了，产生了抗药性的苍蝇死灰复燃，数量恢复到原来的水平上，婴儿死亡率也随即上升到原来的水平。

1948年，在美国田纳西河谷活动的苍蝇已经能够与DDT抗衡，其他地区也随之出现了这种情况。为了消灭苍蝇，使用了狄氏剂来恢复控制力度，结果毫无成效，这些地区的苍蝇两个月内就对化学品产生了很强的抗药性。将所有的烃化类药品都使用了一遍之后，防控方针又转向了有机磷，结果悲剧重演，劳而无功不说，反倒遇到了更强烈的抵抗。专家们对这一现状给出的结论是："杀虫剂技术已经对家蝇失去了控制能力，必须考虑从一般的卫生措施入手。"

DDT最早的著名战绩是成功地控制了那不勒斯的虱子蔓延。后来，又在1945—1946年冬天成功地消灭了困扰日本和朝鲜200万人的虱子。1948年，西班牙爆发斑疹伤害，但这一次防治斑疹伤害宣告失败，失败意味着我们将面临重重困难。虽然实际操作失败了，但实验室内的成功实验却让一些科学家信心满满，相信虱子未必能产生护药性。1950—1951年冬天，朝鲜发生的事情给了他们当头一棒，一批朝鲜士兵使用了DDT药粉后，虱子非但没有减少反而更多了。对收集起来的虱子进行检测发现，浓度为5%的DDT药粉竟然对虱子毫发无损，这着实令人吃惊。从东京流浪者、板桥区的贫民窟以及叙利亚、约旦、埃及东部的难民营中收集起来的虱子，经检测证明DDT对控制虱子和斑疹伤寒已完全失效了。到了1957年，虱子对DDT产生抗药性的范围延伸到伊朗、土耳其、埃塞俄比亚、西非、南非、秘鲁、智利、法国、南斯拉夫、阿富汗、乌干达、墨西哥和坦噶尼喀，在意大利初战告捷的狂喜已不复存在。

首先对DDT产生抗药性的第一种疟蚊是萨氏按蚊。1946年，最初喷药的效果不错，但到了1949年，观察家们发现，在路桥下发现了大量聚集的成年蚊子，很快，它们的栖息地便扩散到洞穴、外屋、阴沟和橘树的树叶和树枝上。这说明一个问题，成年蚊子已经产生了足够的耐药性，它们从喷过药的屋里逃出来，在野外休养生息，得到恢复。几个月后，它们待在屋里就没事了，人们在喷过药的屋里发现它们三三两两停歇在墙上。

这是一个不祥的预兆，说明日益严重的情况正在蓄势待发。疟蚊对杀虫剂的抗药性增长神速，这一抗性正是意在消除疟蚊的房屋喷药计划的灾难性后果。1956年，出现抗药性的疟蚊只有5种；而到了1960年初，这一数字从5种增长到28种，其中西非、中美、印度尼西亚和东欧地区那些非常危险的疟蚊赫然在列。

在传播其他疾病的蚊子中，正在重复上演一种情况：一种热带蚊子身上携带有引起橡皮病等皮肤病之类的寄生虫，由于产生了抗药性，这种蚊子在世界上很多地方猖獗横行。在美国的一些地区，传播马脑炎的蚊子已产生了抗药性，所向无敌，传播黄热病的蚊子危害更甚，黄热病在几个世纪以来一直是世界上令人生畏的灾害。现在，东南亚出现了具备抗药性的黄热病蚊子，而这在加勒比海地区已经是普遍现象了。

来自世界各地的报告都在证明一件事：昆虫的抗药性对疟疾和其他疾病的影响。1954 年在特利尼达岛上，由于蚊子产生了抗药性，控制计划失败了，反倒助长了黄热病大爆发。印度尼西亚和伊朗的疟疾也严重恶化。在希腊、尼日利亚和利比亚，蚊子可以和化学药品玩躲猫猫，可以在强大的喷药攻势下躲藏起来，继续传播疟原虫。在佐治亚州，曾一度爆发腹泻病，在成功实施了苍蝇控制措施后，这一病症得到了缓解，但仅在一年之内所取得的成绩全部付诸东流。在埃及，苍蝇控制计划暂时性地降低了急性结膜炎的发病率，但在 1950 年以后，控制效果便消失了。

佛罗里达州的盐沼蚊也表现出了抗药性，虽然对人类健康不会引起严重后果，但从经济角度来考量却很令人挠头。盐沼蚊不会传播疾病，但它们像轰炸机一样成群地飞到人的皮肤上吸血，这样一来搞得佛罗里达海岸的广大区域成了无人区，变得不适宜居住。在实行了异常艰难的控制后，情况暂时有所好转，但随即又恢复了原状。

在世界的各个角落里，普通家蝇都已全面产生了抗药性，这个事实警告我们，很多社区定期的大规模喷药计划应该休矣。在意大利、以色列、日本、法国和美国部分地区（加利福尼亚州、俄亥俄州、新泽西州、马萨诸塞州），家蚊都可以对几种杀虫剂猖狂反扑，包括最广泛使用的 DDT。

另一个麻烦是扁虱。木虱是脑脊髓炎的传播媒介，最近，木虱也产生了抗药性；在早些时候，褐色狗虱已经建立起了抵抗化学毒物的能力。这对人类和狗都是一个麻烦，褐色狗虱是一种亚热带昆虫，在新泽西州这样的大北方环境中，它们在冬天里会待在温暖的屋里，野外看不见它们的影子。1959 年夏天，美国自然历史博物馆的约翰·帕利斯特博士报告说，他的展览部每天都要接到许多个电话，打电话的都是来自西部中心公园的住户，帕利斯特博士说："每过一阵子，就会有一幢公寓传染上幼扁虱，而且难以清除。一只狗狗在公园里玩耍时会偶然染上扁虱，然后这些扁虱会在它身上产卵，并在房屋里孵化出来。看起来，它们似乎都对 DDT、氯丹或其他大部分常用化学品有免疫力。过去在纽约出现虱子是一件很稀罕的事，而现在，在纽约市、长岛、维斯切斯特市，直到康涅狄格州，虱子无处不在。在过去的五六年里，这一情况已经引起了我们的特别注意。"

在北美的许多地区，已经产生了抗药性的德国蟑螂随处可见，氯丹曾经是杀灭蟑螂的绝佳武器，但对于产生了抗药性的蟑螂来说，已无用武之地，于是改用有机磷。很快，蟑螂对有机磷也产生了抗药性，这下灭虫者抓瞎了，下一步何去何从？似乎无路可走了。

随着抗药性的增强，防治虫媒疾病的工作机构不得不轮番使用各种化学杀虫剂。但尽管化学家们聪明，却不能胜算，不断提供的新型化学品只能一浪高过一浪地被不断产生抗药性的各种昆虫追着跑。布朗博士说："我们正走在一条单行道上，没有人知道这条道有多长。如果我们在一条死胡同里撞上南墙前还没有控制住带菌昆虫的话，我们的危险就没有解药了。"

对于害虫成灾的农作物来说，情况也是一样得糟。

早期对无机化学药物产生抗性的农业昆虫大约有 12 种在榜上有名，现在这个名单延长了，很多昆虫都列入了抗药性行列，这些昆虫都对 DDT、林丹、毒杀芬、狄氏剂、艾氏剂以及杀虫前景看好的磷酸盐都产生了抗药性。1960 年，危害庄稼的昆虫已产生抗药性的达到 65 种。

1951 年，在美国出现了首例对 DDT 产生抗药性的农业昆虫，这种虫害的爆发大约在施用了 DDT 6 年后。最危险的问题是苹果卷叶蛾，现在全世界的苹果种植园的卷叶蛾对杀虫剂都具备了抗衡能力。卷心菜昆虫的抗药性又是另一个棘手的问题。在美国，很多地区的马铃薯昆虫都可以成功地逃脱化学控制。有 6 种棉花昆虫如蓟马、果蛾、叶蝉、毛虫、螨虫、蚜虫、铁线虫以及花样百出的很多昆虫，如今都对农民喷洒的杀虫剂满不在乎了。

化学工业一直在回避抗药性这个令他们尴尬的事实。甚至到了 1959 年，已经有 100 多种昆虫具备抗药性的事实曝光后，农业化学领域的一家主要期刊还在矫揉造作地问昆虫的抗药性“是真的还是臆测出来的”。即使化学工业界不再关注这个问题，昆虫产生抗药性这个问题并没有消失，一了百了，它甚而还牵涉到一些经济方面令人不愉快的事实。首先，化学品不断地更新换代制造，需要不断增加成本，因此提前储存大量化学品已毫无意义，因为今天看来还是前景无限的杀虫剂，明天就失效了，一夜之间身价一落千丈，用于支持推广化学品的所有投资全部打水漂了。昆虫的抗药性再一次证明了人类用暴力手段征服自然是徒劳的，不管研制出的新式杀虫剂的用途和使用方法来得多么迅猛，人们总会发现，昆虫的生存能力总是略胜一筹，它们总能在化学药品的枪林弹雨下安然无恙地活着。

达尔文恐怕拿不出比抗药性机制更好的例子来证明自然选择的原理了。出生于一个种群的众多昆虫有着不同的身体结构，活动习性以及生理学行为也不一样，只有“强硬”的昆虫才能跟化学攻击死磕，顽强地生存下来。喷药只能杀死生命力脆弱的昆虫，而“命硬”的昆虫具有一种先天性的内在能力帮助它们逃离危险，后面的故事就是，这些昆虫繁殖出的下一代，通过简单遗传，继承了先辈的“强硬”品质。用化学物质来解决问题只能使问题更加复杂，更加棘手。几代过后，昆虫族群不再是一个单独的强弱联合，而是一个强硬的、具有顽强抗药性的种类群体。

昆虫应对化学物质的方式可能是多种多样的，迄今为止，这些变化除了昆虫自身知道以外，人类尚不能做出解答。有人认为那些不受化学品影响的昆虫是由于它们特别的器官构造，但这一说没有证据支持。然而，看起来没有什么实际的证据却从布雷约博士做的观察中看到了昆虫种类具有免疫性的迹象，布雷约博士在丹麦佛比泉虫害防治研究所对苍蝇进行了大量观察，他说："它们在 DDT 环境中快乐地舞着、嬉戏着，就像从前的男巫在烧红的炭火上跳舞一样。"

世界上其他地方也传来了同样的报告。在马来西亚的吉隆坡，在首次喷洒了 DDT 的房间里，蚊子逃出了房间。慢慢地，它们的抗药性增强了，于是它们回来了。借助手电的亮光可以清楚地看到，在散落着 DDT 的粉尘上，蚊子驻足停留。在台湾南部的一个军营里，具有抗药性的臭虫身上竟披着 DDT 粉末。用一块浸透了 DDT 的布把这些臭虫包起来，它们依然可以在里面活上一个月，而且还在里面产了卵，卵化出的幼虫长得又肥又壮。

虽然没有证据表明昆虫的抗药性依赖于它们独特的身体构造，但有证据表明苍蝇对 DDT 的抗药性来自它们身体中的一种酶，这种酶可以把 DDT 分解为毒性较弱的 DDE，而且特别之处在于只有对 DDT 具有抗药性的苍蝇才具有这种酶。这种因素带有遗传基因，代代相传。至于苍蝇和其他昆虫是如何对有机磷类化学物质产生解毒作用，目前这一问题还没有答案。

昆虫的某些活动习性可以帮助它们避开与化学物质的接触，一些工人发现，有抗药性的苍蝇喜欢在未喷药的地面上落脚，而很少在喷过药的墙上待着。有抗药性的家蝇习惯于在同一个地方停留，这就大大减少了与药物接触的频率。一些疟蚊具有某种习性可以使它们安全地避免与 DDT 接触，这实际上就等于免于中毒了。一旦某处喷药后，在药剂的刺激下，它们会飞离室内，到户外生存。

一般来说，昆虫产生抗药性大概需要两到三年的时间，但有时候只需一个季节，甚至更短的时间也很难说。而在另一种极端情况下，可能需要 6 年之久。一种昆虫在一年中的繁殖代数也是很重要的，种类不同，繁殖数量也不同。例如，加拿大的苍蝇比起美国南部的苍蝇，它们产生抗药性的时间要慢得多，因为加拿大冷，而美国南部漫长而炎热的夏季有利于它们的快速繁殖。

有时候，人们会天真地问："既然昆虫都能产生抗药性，人类难道不能跟它们一样产生抗药性吗？"从理论上讲，人类有这种可能，但需要很长时间，可能需要几百年，甚至几千年，因此没有必要纠结于这个问题。抗药性不是在一个单独的个体生物中产生的东西，如果一个人生下来就有天生的特性使他对毒性有超强的抵御能力，他就可以活下来并繁衍后代，而抗药性是一种在群体内经过几代人的生命过程才能实现的。人类繁衍的速度大约来说是每一世纪三代，而昆虫产生一代的时间是多少？回答是，只需要几天或几个星期。

"昆虫会给我们带来短期内的损失，我们是暂且忍受一下呢，还是连续猛烈攻击使其消灭来求得我们暂时免于受害呢？依我说，从长远来看，前者比后者更加明智。"布雷约博士在荷兰任植物保护署主管时建议："从实践中得出的经验是，正确的做法应该是'尽可能减少喷药'，而不是'尽可能多地喷药'……对害虫种群的压力应该尽可能地减少。"

不幸的是，这种观点在美国农业部没有占到上风。农业部1952 年专门论述昆虫问题的年鉴，承认了昆虫产生抗药性这一事实，但固执地认为"为了充分控制昆虫，仍然有必要更频繁、更大量地使用杀虫剂"。但农业部有一个问题避而不谈，如果那些未曾试验过的化学品不仅能够杀死地球上所有的昆虫，而且能够杀死地球上所有的生物，将会发生什么事情。1959 年，也就是在农业部这一建议提出 7 年后，康涅狄格州的一位昆虫学家在《农业和食品化学》杂志上指出，至少有一两种害虫正在经历即将上市的化学品。

布雷约博士说，再清楚不过的事实是，我们正朝着一条危险之路向前走……我们需要网开一面地研究其他控制方法，这种方法必须是科学的生物防治，而不是化学防治。我们应该谨慎地引导自然过程向我们意图的目标方向发展，而不是使用暴力蛮干……

我们需要高屋建瓴的判断力和深刻细致的洞察力，我发现许多研究者身上没有这种品质，缺乏长远眼光和高度理智的素质。生命是一个奇迹，超越了我们的理解。甚至在我们不得不与之斗争时，也必须心存敬畏……使用杀虫剂的章法充分说明了我们的无知和能力上的匮乏。我们应该懂得控制自然发展方向，完全弃绝蛮干和暴力干预。所以，我们需要科学谨慎和谦卑的态度，而不是浅薄的自以为是。

第十七章　另一条出路

现在，我们面前有两条路，站在交叉路口的我们要细细思量，哪一条路才是正确的。这两条路和罗伯特·弗罗斯特著名诗歌中的路迥然不同，这两条路是截然不同的行动和截然不同的结果。长期以来，我们一直选择的是错误的那条路，我们被那条路上表面的舒适和平坦所迷惑，铆足了劲朝前飞奔，却不知道在那条路的尽头等待我们的是灾难。而另一条路，被我们视为“岔路”的路，人迹罕至，但有绝美的风景，这条路还为我们预备了一个惊喜，那就是拯救地球。

归根结底，选择哪一条路取决于我们，在经历了这么多年的磨难之后，我们考虑到了“知情权”的要求，假如我们终于弄清楚了这么多年来我们一直在做蠢事，我们一直蒙在鼓里按照别人的意志在冒险，我们还有理由相信那些把化学品捧上了天的鬼话吗？我们应该摒弃充斥着有毒化学品的环境，冷静地环顾四周，看看哪一条道路是我们最正确的选择。

毫无疑问，除了用化学方法控制昆虫以外，实际上我们还有很多其他的选择，用各种各样奇妙的办法来控制昆虫。已经付诸实践的办法取得了显著的效果，为我们提供了很好的经验；另一些办法也正处于实验室试验阶段，而有些则还在科学家富于想象的大脑里酝酿，等待机会一展身手。值得关注的是，这些方法都有一个共性：它们都是生物学解决办法，生物学解决办法是基于对所要控制的生物体的了解，以及掌握生物体所属的整个生命体系的规律。各个领域的生物学专家都在为环境的改善努力着，昆虫学家、病理学家、遗传学家、生理学家、生物化学家以及生态学家，他们都在贡献他们的聪明才智和灵感，为建立一门新兴的科学——生物学防治。

约翰·霍普金斯大学的一位生物学家卡尔·斯旺森教授说："我们可以把每一门科学比拟为一条河流，河流的源头隐约朦胧，不易察觉；时而缓缓流淌，时而汹涌澎湃；它有枯涸的季节，也有涨水的月份，凭借许多研究者的辛勤工作和众多思想支流的汇聚，给它带来充沛的补给，河水势头渐渐汹涌，新的概念和理论会不断拓展它的领域，使其更深更宽。"

现代生物防治科学的发展经历与上述说法很吻合。一个世纪以前，为了消灭困扰农民的昆虫，美国开始了首次生物防治方法，当然这次尝试是摸着石头过河，不知深浅，那种模糊不甚明了的生物控制学的发展时而缓慢，时而停滞，但在成功案例的鼓舞下也有加速前进的势头，创造了突飞猛进的乐章。20 世纪 40 年代，应用昆虫学领域的研究人员陷入了各类杀虫剂旋涡，抛弃生物防治法，在"化学控制"的泥潭中不能自拔。生物防治科学在枯涸的河床中搁浅，为了争取世界的无虫害化的目标渐渐远去，从我们的理念中消失了。现在，随心所欲地使用化学品像搬起石头砸了自己的脚，比起昆虫，我们受的伤更重，于是人们终于醒悟了。于是人们又开始吸纳生物防治科学的思想源泉，这条搁浅的河流又开始流动，并且因为充沛的思想支流的灌注而活力无限。

新颖别致的方法令人着迷，它的妙处在于利用一种昆虫的力量作用于昆虫本身，利用昆虫生命力的趋向与死对头作对。这些成就中最令人赞叹的是"雄性绝育"术，这是由美国农业部昆虫研究所的负责人爱德华·尼普林博士与他的合作者研究出来的绝招。

大约在 25 年前，尼普林博士提出了一个令同事们匪夷所思的想法，他提出一个理论：如果有可能给大量的昆虫绝育，然后把它们放出去，让绝育的雄性昆虫在特定的情况下与野生雄性昆虫竞争并取胜。那么，如此三番地释放不育昆虫出去，母虫就可能生下无法孵出的卵，这个种群就绝种了。

这个建议官方不屑于采纳，科学家质疑，但尼普林坚持这个想法的方向是正确的。在将这个想法付诸试验之前，需要跨过一道坎，就是解决关键的使昆虫绝育的可行性方法。从理论上讲，早在 1916 年，人们就已有所耳闻，X 射线可以使昆虫绝育。当时，一位名叫朗纳的昆虫学家发现了 X 射线可以致使昆虫绝育，随即报道了这一发现。20 世纪 20 年代，赫尔曼·穆勒用 X 射线引起突变的研究，开创了一个全新的思想领域；到 20 世纪中期，许多研究人员先后报告了至少有 12 种昆虫绝育的情况，这种不育现象是在 X 射线或伽马射线的作用下发生的。

但这都是室内的实验成果，距离实际应用还有一段距离。大约 1950 年，尼普林博士以极大的热情开始了推动工作，要将昆虫的不育性技术应用于解决南部牲畜的一种害虫——螺旋蝇。这种苍蝇会把卵产在温血动物裸露的伤口上，孵化出的幼虫就寄生在宿主身上，以宿主的血肉为食。一只成年的小公牛在 10 天之内就会因为严重的感染而死去，在美国，每年牲畜的损失约为4 000 万美元。野生动物的死亡数量不好估量，但一定不在少数。德克萨斯州一些地区的鹿迅速减少就是这种螺旋蝇造的孽。螺旋蝇是一种热带或亚热带昆虫，在南美、中美和墨西哥有广泛的栖息地，而在美国则局限于西南部。大约在 1933 年，螺旋蝇意外地进入了佛罗里达州，那里的气候条件很适宜它们的繁衍，它们可以在那儿过冬并建立种群。后来，螺旋蝇得寸进尺，入侵到亚拉巴马州南部和乔治亚州。很快，美国东南部的畜牧业惨了，东南部各州的家畜业损失每年高达 2 000 万美元。

在过去几年里，有关螺旋蝇幼虫的生物学情报资料已经由德克萨斯州农业部的科学家们收集在手。1954 年，在佛罗里达州的岛屿上进行了初步实验后，尼普林博士信心百倍，准备去进行更大范围的实验，为他的理论拿出真凭实据的事实支持。在与荷兰政府达成协议后，尼普林博士的团队到了加勒比海的库拉索岛上，这是一个离大陆至少有 50 英里远的孤岛。

1954 年 8 月，尼普林博士的实验正式开始，在佛罗里达农业部实验室中培养和经过不育处理的螺旋蝇被空运到库拉索岛，并在那里以每周 400 平方英里的速度投放。实验对象山羊身上的卵群数量显著减少，收到了立竿见影的效果，卵的能育性也一落千丈。就在投放行动进行了 7 周以后，所有的卵都成了死卵，无法正常孵化了。很快，正常的卵群绝迹了，库拉索岛上的螺旋蝇就这样连根拔除了。

在库拉索岛上名声远扬的实验刺激了佛罗里达州的牲畜养殖户，他们满怀信心寄希望于这种技术来消灭当地的螺旋蝇。佛罗里达州的面积是库拉索岛的 300 倍，就这样的面积差距来说，治理难度可想而知。1957 年，美国农业部和佛罗里达州联合出资，为扑灭螺旋蝇计划提供了基金。这项计划包括：一个特别的“苍蝇工厂”，每周生产 5 000 万只螺旋蝇；20 架轻型飞机按预定航线飞行，每天飞行时间为 5 到 6 个小时，每架飞机上带有 1 000 个纸盒，每个纸盒里装有 200 到 400 只被 X 射线处理过的绝育螺旋蝇。

1957 年到 1958 年间的冬天，是一个异常寒冷的冬季，佛罗里达州北部地区严寒笼罩，滴水成冰，螺旋蝇被限制在一个很小的区域内，这真是为实施计划提供了绝佳的机会。17 个月后，计划如期完成，总共有 350 万人工培育的绝育螺旋蝇空降到了佛罗里达州以及佐治亚和亚拉巴马地区。1959 年 2 月，发现了一只受感染的动物，此为螺旋蝇在这个地区的终结，在此后的几个星期里，又捉到了几只成年螺旋蝇。其后，螺旋蝇在这一带绝迹。东南部地区螺旋蝇的灭绝雄辩地证明了科学创造力的价值，这个光辉明证的靠山就是充分而严密的基础研究、顽强的毅力和决心。

现在，在密西西比州设立了一个隔离障，意在阻止螺旋蝇再次从西南地区卷土重来。螺旋蝇在西南地区广袤的地域盘根错节，从墨西哥重新入侵的可能性很大，在那一带的螺旋蝇歼灭战打得异常艰苦。情况虽然如此，但事关重大，农业部希望至少把螺旋蝇的数量控制到最低限度，而且计划在德克萨斯州及西南部其他陷入螺旋蝇虫灾的地区实行歼灭战。

成功消灭螺旋蝇是一个积极的信号，唤起了用相同办法对付其他昆虫的强烈兴趣。当然，并非所有昆虫都适合采用这种技术手段，这还需要长期、细致的观察，需掌握昆虫生活史、种群密度以及对放射性的反应。

英国人已经开始了实验，希望这种办法对罗德西亚的采采蝇有效，这种昆虫在非洲 1/3 的土地上横行霸道，对人类健康的威胁很大。由于它们的肆虐，450 万平方英里树木繁茂的草地上的牲畜放养障碍重重。采采蝇的习性与螺旋蝇千差万别，虽然通过放射性作用可以使其绝育，但前提条件是，首先得解决一些技术上的困难。

在昆虫对放射性有感受性方面，英国人对大量的昆虫进行了检测。美国科学家在夏威夷的室内试验以及在遥远的罗塔岛野外试验中，对瓜蝇和东方果蝇以及地中海果蝇进行的研究有了较大发现。玉米螟和蔗螟都作为实验对象接受了检测，发现了一种可能性，有医学价值的昆虫通过绝育技术也可以中招，一位智利科学家指出，虽然使用了杀虫剂，传播疟疾的蚊子仍然能逃过化学药物的劫杀在智利生存，只有投放绝育的雄性蚊子才能给这种疟蚊致命一击。

利用放射性使昆虫绝育在技术上有明显的困难，这就迫使人们另辟蹊径，研究一种能同样奏效的比较容易的方法，现在，一股对化学不育剂发生兴趣的热潮正在兴起。

佛罗里达州奥兰多市农业部实验室的科学家们动足了脑筋，在实验室和野外实地试验中采用将化学药剂混入食物的办法，使家蝇绝育。1961 年，在佛罗里达的吉斯岛，5 个星期内，1 个苍蝇群落灭门绝种。之后，邻近岛屿上飞来的家蝇在本地出现了种群恢复，作为一次先导性的试验，这个实验是成功的。这个成功的实验极大地鼓舞了农业部，农业部似乎看到了光明的远景，这种激动很容易理解，如我们所知，起初杀虫剂几乎无法控制家蝇，毫无疑问，我们需要一个控制昆虫的全新方法。通过放射性绝育需要具备一些复杂的条件，其一，需要人工培养；其二，投放的雄性绝育昆虫的数量要对野生昆虫的数量有绝对压倒的优势，螺旋蝇实际上是一种数量不是很庞大的昆虫，所以不难做到。而家蝇不同，尽管放出两倍于家蝇数量的蝇子也会遭到激烈反抗，即便家蝇的数量是暂时性的增长。相反，如果把化学不孕剂混入昆虫饵料中，投放到苍蝇的自然环境中，苍蝇吃了这种饵料就会变成绝育者。一段时间后，绝育的苍蝇越来越多，占了家蝇种族的主流，这种昆虫就自然而然地灭绝了。

绝育剂的试验比起化学药剂的试验，难度大得多。评估一种化学药物只需 30 天左右即可（当然也可以同时进行多种试验）。从 1958 年 4 月到 1960 年 12 月，在奥兰多的实验室里，对几百种化学物质的绝育效果进行了筛选，在众多化学物质中发现了少量有希望的化学物质，这令农业部大为振奋。

现在，农业部的其他实验室正在乘胜追击，抓紧研究化学物质在马房苍蝇、蚊子、棉籽象鼻虫以及各种果蝇身上的效果。这一切目前还处于实验阶段，但在研究绝育剂的研究工作起步的短短几年间，这一工作取得了很大进展。从理论上讲，它具有吸引人的颇多特性。尼普林博士说，有效的绝育化学药剂“完全有可能轻易地超越最好的现代杀虫剂”。我们可以想象这一前景，数量为100万只的昆虫群体每过一代就增加5倍，即便杀虫剂杀死每一代昆虫的90%，到了第三代还会遗下12.5万只。与之相比，用可以使90%昆虫不育的化学物质，到了第三代可能只剩下125只昆虫了。

这个方法既有利也有弊，不利因素就是化学不育剂中有属于极强烈性的化学物质。幸运的是，在早期研制阶段，研究人员刻意规避了不利因素，选择了安全的药物和安全的使用方法。现在，要求从空中喷洒这种不育剂的呼声很高，例如，要求给舞毒蛾幼虫破坏的叶子上喷药。当然，在没有彻底摸清楚有可能造成的危害之前，盲目地进行这样的尝试太冒险了，如果我们不把绝育剂的潜在危害牢记于心的话，我们就会发现遇到的困难与麻烦比现在遇到的杀虫剂麻烦要大得多，这等于说，一不小心就陷入了比使用杀虫剂更加糟糕的困境。

目前有两类不育剂正在试验阶段，它们的作用和方法都很新奇而有趣。第一类绝育剂与细胞的新陈代谢联系密切，即它们的生活过程的性质与细胞组织需要的物质极为近似，近似到几乎以假乱真，生物会把它们“误认为”真的代谢物，从而在自己的生长过程中努力与它们融和。但这些相似性在一些细节上会露出马脚，由于细节有差池，所以正常细胞的生长过程就中止了，这种化学物质叫“抗代谢物”。

第二类绝育剂包括那些作用于染色体的化学物质，它们可能对基因化学物质产生影响，并引起染色体分裂。这一类化学不育剂属于烷化剂，这种化学物质由于反应强烈而很厉害，能够把细胞捣烂，并严重损坏染色体，导致基因突变。伦敦切斯特比蒂研究院的皮特·亚历山大博士认为：“基本上可以说，所有对昆虫产生不育效力的烷化剂都会是一种最强力的致癌物质。”亚历山大博士认为，把这样的化学物质应用于昆虫防治极有可能遭到强烈反对。因此，人们寄希望于这些实验不仅可以发现它的实际用途，而且还由此发现一些安全的，精确消灭昆虫的化学物质。

有的研究试图尝试与众不同的办法，利用昆虫本身的生活习性创造出消灭昆虫的武器，这倒很是有趣。昆虫一般都会产生各种各样的毒液、引诱剂和驱避剂。这些分泌物的化学本质是怎么回事？它是我们希望用作选择性杀虫剂的材料吗？康奈尔大学和其他地方的科学家正在努力钻研，试图找到答案，他们正在研究许多昆虫针对捕食性昆虫的袭击所凭借的防御机制，并努力分析昆虫分泌物的化学结构。另一些科学家正在从事“保幼激素”的研究，这是一种有超强效力的物质，它可以有效地阻止昆虫在幼虫阶段的发育。

或许，引诱剂的发现是探索昆虫分泌物领域最有意义的发现。引诱剂也叫吸引剂，走到这一步，大自然又一次指明了前进的方向。舞毒蛾是一个特别引人关注的例子，雌蛾由于身体太重而飞不起来，它只能在地面上或在靠近地面的墙根爬行，或在灌木丛中低矮的植物之间扑腾，或沿着树干磕磕绊绊地往上爬行。相反，雄蛾却是飞行能手，雌蛾体内的一种特殊腺体释放出的气味对雄蛾有不可抗拒的诱惑力，雄蛾会不顾一切飞来求偶。昆虫学家多年来一直在追踪利用它们的这一习性，辛辛苦苦地从雌蛾体内提取这种性引诱物，以便沿着昆虫的分布地区调查时诱捕雄蛾。但这一做法成本昂贵，姑且不论东北部各州的虫害多么猖獗，蔓延几百里，但比起科学家用于提取性诱饵做实验的昆虫数量，仍然不够捉。因此不得不从欧洲引进人工收集的雌蛹，在紧俏的时候，雌蛹的价格哄抬至每只0.5美元。经过多年努力之后，农业部的化学家们终于闯出了一条路，成功地分离出这种引诱剂，这的确是一个里程碑似的突破。这一发现引导了很有实用价值的方向，用海狸油的成分制成合成材料，这种材料与自然生成的生物材料几可乱真，足以达到引诱剂的效果，可以一拿一个准儿地骗过雄蛾，只需在捕虫器中放置一微克（百万分之一克）这种材料，就足以布置一个美丽的陷阱。

这一切的价值远远超出了科学研究的范畴，这种全新的、经济而生态的“引诱剂”不仅可以为昆虫调查提供可参考的数据，还可以用于防治虫害。现在，人们正在试验更具有引诱力的物质作用于众多农业昆虫，在这种有心理战意味的实验中，这种做成颗粒状的引诱剂由飞机在空中散布。这样做的目的是迷惑雄蛾的感官，从而改变它的正常行为，具有引诱力的气味可以使雄蛾陷入迷魂阵，摸不清雌蛾真正气味的踪迹。对昆虫的这种袭击战术的实验正在朝着纵深方向发展，目的是要彻底蒙住雄蛾，让它不明不白地去和一个假的雌蛾交配。在实验室中我们看到，雄蛾被引诱去和小木片、蛭石以及其他无生命的小物体交配，只要把这些引诱剂浸入物体就可以把事情做到这个地步。利用舞蛾的求偶习性引导它的交配方法是否真的能减少昆虫种群的数量，还有待实验证明，但这的确是很有意思。

作为首例人工合成的舞毒蛾引诱剂，创造了一个很有希望的前景，相信很快就会有其他性引诱剂不断出现，用以针对不同种类的昆虫。现在科学家正在研究用人工合成的引诱剂对众多的农业昆虫实施影响，海森蝇和烟草天蛾的实验已经取得令人鼓舞的成果。

人们现在忙得不亦乐乎，试图将引诱剂与毒剂相结合去治理一些种类的昆虫。政府机构的科学家已经研制出一种被称为“甲基丁香酚”的引诱剂，发现它对引诱东方果蝇和西瓜蝇攻无不克。在日本南部450英里的小笠原群岛上进行实验，把一种毒素掺和进这种引诱剂中，再用两种化学物质浸染的小片纤维板从空中投放到那整个岛群，用以诱杀雄蝇。这一“扑蝇计划”始于1960年。一年之后，农业部估计此举捕杀了99%以上的飞蝇。这种方法明显优于传统的喷洒杀虫剂的做法，它的科学性在于使用的有机磷毒素只局限于纤维板上，不大可能被野生动物吃下去，而且附着在上面的残留很快就会消散，因而对土壤和水资源都是安全的，不会造成潜在的污染。

但并不是说昆虫之间的全部联络手段都是借助异性吸引来实现的，声音也是其联络手段之一，声音可以起到报警或相互吸引的作用。有些飞蛾听到在黑暗中飞行的蝙蝠连续发出的超声波（像雷达系统一样地引导蝙蝠穿过黑暗），可以成功地使它们避免被捕食。一些锯蝇幼虫听到寄生蝇拍动翅膀的声音，会挤成一团自卫。另一方面，在树木上生长的昆虫拍动翅膀的声音会引导它们的寄生生物发现它们；对于雄蚊子而言，雌蚊子振翅的声音就像海妖塞壬那天籁般的歌声一样悦耳，使它不顾死活地拼命寻找。

昆虫探测声音和做出分辨反应的能力有哪些呢？用播放雌蚊子拍打翅膀的声音录音来引诱雄蚊虽然还处于研究阶段，但非常有趣，用声音将雄蚊引诱到一张电网上杀死。加拿大正在试验用超声波的趋避效果来对付玉米螟和糖蛾。夏威夷大学的休特·弗林斯教授和马博·弗林斯教授是声音研究领域的权威专家，这两位权威人士发现趋避的声音比引诱的声音更有实用价值。他们相信，只要能找到一把打开大量昆虫声音的发生与接受的锁钥，这个巨大的知识宝库就会贡献出一套通过建立声音来影响昆虫行为的野外方法。他们发现，燕八哥听到它们同类的凄惨叫声的录音后，立刻惊慌地四散逃离，这一发现使他们闻名于世。或许这个发现隐藏着昆虫世界具有实用价值的奥秘。这种可能性对于资深的工业界老手们来说，机会来了，现在至少有一家大型电子公司有意向设立声音实验室用于昆虫实验。

声音作为一个直接有杀伤力的因素已经得到印证。在一个实验池塘里，超声波兵不血刃地杀死了所有蚊子的幼虫；同时也能杀死其他水生生物。在其他实验中，超声波杀死了绿头大苍蝇、粉虱和黄热病蚊子。所有这些实验都在朝着一个很阳光的前景迈进，运用全新的昆虫防治方法走出第一步。有一天，电子学的奇迹会让这些方法实现。

对付昆虫的新的生物防治方法并不只是电子学、伽马射线和人类智慧发明的其他事物，有些老办法依然管用，这些源远流长的经验告诉我们昆虫也和人类一样会害病。就像古时候鼠疫对人类的攻击一样，细菌感染也会攻击昆虫甚至毁灭昆虫种群，在病毒攻击下，昆虫群落大批患病、死亡。在亚里士多德时代之前，人们就知道昆虫也会生病的；从中世纪的诗歌中可以窥得这一情形，诗歌描述了桑蚕生病的状况，桑蚕生病作为一种昆虫的疾病研究成就了巴斯德，他首次发现了传染病原理。

侵扰昆虫的不仅是病毒和细菌，还有真菌、原生动物、微小蠕虫以及肉眼无法看见的可以称为人类朋友的微小生物。微生物不是简单的病原体，并不是只包含致病的生物，而且也包含处理废物、清除垃圾、使土壤肥沃，而且像发酵和硝化作用一样融入无数生化过程的生物。为什么不可以利用它们帮助我们控制昆虫?

19 世纪，动物学家艾利·梅奇尼科夫提出利用微生物的设想，他是提出这个设想的第一人。在 19 世纪最后 10 年和 20 世纪前半叶，微生物控制法逐渐形成了一个体系。20 世纪 30 年代末，通过在昆虫的生存环境中投入一种疾病来控制昆虫的第一个证据出现了，当时从日本甲虫中发现并利用了牛奶病。牛奶病是由芽孢杆菌引起的，我在第七章提到过这个问题，这一细菌在美国东部的使用历史悠久，而且有过长期利用这一细菌控制甲虫的经典案例。

现在，人们对另一种细菌寄予厚望——苏云金杆菌。1911 年，这种细菌在德国图林根省被发现，人们发现那儿的粉蛾幼虫因为受这种细菌感染而患上了无药可医的败血症。这种细菌的撒手锏是毒性，而不是疾病。在这些细菌长势旺盛的枝芽中，连同孢子一同生成了由一种蛋白质构成的特殊晶体。这种蛋白质对一些昆虫尤其具有杀伤力，特别是蝶类的鳞翅类昆虫，幼虫吃了这种毒性很强的草叶之后，很快会四肢麻痹，停止进食，直至死亡。从实际应用的目的来看，停止进食对农作物来说是一大利好，只需把病菌体施在田里，就可以大大减轻对庄稼的破坏。现在，美国一些公司已经开始生产各种含有苏云金杆菌孢子的混合物，在一些国家进行野外实验：法国和德国试验对付菜粉蝶的幼虫；南斯拉夫试验对付秋天的白蛾；苏联试验对付黄褐天幕毛虫。1961 年，巴拿马开始了这种试验，目的是这种细菌有可能解决香蕉园面临的严重祸害。在那儿，根蛀虫是香蕉树的一大害虫，它们专门吃香蕉树的根茎，受到损伤的树被风轻轻一吹就倒了。狄氏剂曾经是对付根蛀虫唯一有效的药剂，但施药后却带来了一连串的灾难，产生了抗药性的根蛀虫死灰复燃，反倒占据了主动，因为喷洒狄氏剂杀死了一些重要的捕食性昆虫，助长了卷叶虫的大量繁殖，这是一种体型短小的昆虫，幼虫喜欢啃食香蕉表面，留下疤痕。人们对新的微生物杀虫剂充满希望，希望能够干净利落地消灭卷叶蛾，而且较好地维护大自然的平衡。

在加拿大和美国东部森林中，对付蚜虫和舞毒蛾之类最有效的办法当属细菌杀虫剂。1960 年，两国都开始了苏云金杆菌商业制剂的野外试验，小试牛刀，大为振奋，初期结果令人鼓舞。例如，在佛蒙特州，细菌防治效果堪与 DDT 比肩。目前需要找到一种办法解决技术上的问题，用一种溶液将芽孢黏在常绿树的针叶上。相对来说，农作物就简单多了，使用药粉就可以了，尤其在加利福尼亚州，人们轻而易举地在各种蔬菜上应用细菌杀虫剂。

同时，另外一个不那么引人注意的问题是围绕病毒的一些研究，在加利福尼亚的原野上，幼小的苜蓿盛开着紫色的花，有一种物质漫山遍野袭来，这种物质与杀虫剂有一样的功效，可以杀死苜蓿毛虫，这种物质是一种取自毛虫体内的病毒溶液，毛虫正是由于感染了这种病毒而丧命的。一个好消息是，只要捉到 5 只患病的毛虫就可以提取到足够的病毒，处理 1 英亩紫花苜蓿地绰绰有余。在加拿大的一些森林中，有一种病毒可以有效地控制松树锯齿蝇，这种物质现在用以代替杀虫剂。

捷克斯洛伐克的科学家正在试验一种替代品，一种用原生生物对付结网毛虫以及其他一些害虫。在美国，人们发现一种原生生物寄生虫有强大的抑制力，可以抑制玉米螟的产卵能力。

有一种说法不胫而走，说微生物杀虫剂会引发一场细菌战争，对其他形式的生命带来威胁。这个说法有违事实真相。比起化学药物而言，昆虫病原体除了对昆虫发生作用以外，对其他任何生物都是无害的。听听一位病理学权威是怎么说的，这位权威人士就是爱德华·斯坦豪博士，他说："无论在实验室，还是在自然界，还没有出现脊椎动物传染病菌的昆虫病菌方面的案例。"

昆虫病菌的专一性在于只对一小部分昆虫有传染力，甚至有时候只传染一种昆虫。从生物学上讲，它们还没有进化到能导致高等动物和高等植物患病的种类级别。斯坦豪斯博士指出，自然界中的昆虫疾病只对某些特定种类的昆虫发生作用，此外，它不会危及宿主植物，也不会危及以昆虫为食的动物。

昆虫的天敌很多，不仅有种类繁多的微生物，还有其他种类的昆虫。大约公元1800 年，伊拉兹马斯·达尔文首次提出了控制昆虫的生物学理论，即一种生物可以借助刺激天敌生长来控制某种昆虫。或许可以这样说，用一种昆虫治另一种昆虫是最早使用的原始生物防治方法，所以，人们普遍错误地认为这是替代化学药物的唯一方法。

1888 年，美国加州柑橘园由于一种叫吹绵蚧的昆虫濒临毁灭，作为昆虫学家探险者的先行者艾伯特·科贝利前往澳大利亚，此行目的是为了寻找威胁柑橘业的吹绵蚧的天敌，这是传统的生物控制法在美国的开始。正如我们在 15 章中提到的，这次任务取得了预期的效果，在此后的 1 个世纪，人们纷纷效仿，满世界寻找昆虫天敌以克敌制胜，控制不请自来闯入我国海岸边的昆虫。总计约有 100 种引进的重要捕食性昆虫和寄生虫被获得了定居下来的权利。除科贝利引进的澳洲瓢虫外，还有一些其他昆虫被成功引进。一种从日本引进的黄蜂成为侵扰东部苹果园中一种昆虫的克星，成功地控制了苹果园这种昆虫。一些因为偶然原因从中东引进的斑点苜蓿蚜虫的天敌及时地拯救了加州的苜宿产业。就像细腰黄蜂控制了日本甲虫一样，舞毒蛾的宿生虫和捕食性昆虫也发挥了很满意的控制作用。据估算，对介壳虫和粉蚧的生物学控制每年将为加利福尼亚州节省数百万美元。加州一位著名的昆虫学家保罗·德巴赫预计，加利福尼亚州投入生物防治中的 400 万美元可以产生 1 亿美元的收益回报。

在世界各地的 40 个国家中，已有通过引入昆虫天敌的生物防治法控制严重虫灾的例子出现。这种控制方法大大超越了化学方法，生物学控制法的明显优势是便宜、能够实现永久性控制，而且不会遗留残毒。然而，人们却不为这种价廉物美的生物控制法叫好，支持率很低，在运用生物学控制法计划上，只有加利福尼亚州一枝独秀，很多州连一个力挺生物控制法的科学家都找不出来。也许，在人们的潜意识中，普遍认为用昆虫天敌实现生物防治带有玩笑意味，缺乏科学的严谨性。目前，对生物防治昆虫种群影响还没有正式启动这方面的研究，昆虫投放的数量也不精确，而投放数量的精确性恰恰是决定成败的关键。

捕食性昆虫和被捕食昆虫都不可能单独存在，它们在一个巨大的生命之网中共存，各有其生存的立足之地，所以必须将所有的因素全盘加以考量。可能在森林中实现生物控制法更有游刃有余的实用前景。高度的农业现代化与大自然已相去甚远，生态状态完全不在一个层面上。森林是一个更加接近自然环境的世界，在这个天地里，人类只需稍微辅助即可，人类介入越少，干扰越小，越有利于大自然按照本身的逻辑自由发展，创造出一个令人称奇而错综复杂的平衡系统，对保护森林免受昆虫危害起到精妙的制衡作用。

美国林务官只认一个理，似乎只考虑引进昆虫和捕食性昆虫的生物控制法来用于森林虫害的防治，加拿大人的眼光放得开阔一些，而欧洲人的思路最为领先，他们已经发展起了令人赞叹的“森林卫生”科学体系，欧洲林务官认为，鸟类、蚂蚁、森林蜘蛛以及土壤中的细菌都与树木一样，是森林不可或缺的一部分，他们在培育新的森林的时候，务必要将这些保护性因素纳入考虑之中。第一步是“种下梧桐树，招来金凤凰”，先植树造林，将鸟类引进林子安居落户。在当今的集约林业时代，老的空心树已看不见了，如何解决啄木鸟和其他营巢鸟儿的窝。人类灵机一动，用巢箱来代替鸟儿的家园，把鸟儿招回森林。其他还有专门为某些鸟类设计的巢箱，比如猫头鹰和蝙蝠，这类鸟儿有昼伏夜出的特点，它们的巢箱可以与别的鸟儿共用，夜间，鸟儿入巢睡觉，它们出巢捕食昆虫；白天，它们入巢睡觉，鸟儿则出巢捕食昆虫。

但这仅仅是一个开端，在欧洲森林中最出色的一项控制计划就是利用红蚁作为捕食性昆虫，很遗憾，在美国没有这类红蚁出现。大约 25 年前，维尔茨堡大学的卡尔·格斯瓦尔德教授发明了一种培育红蚁的方法，并发展了蚁群。在他的指导下，有超过 1 万个红蚁群落放置在了德意志联邦共和国的 90 个试验区域并发展起来。意大利以及其他国家纷纷采用了格斯瓦尔德教授的方法，他们专门建立起了培育蚂蚁的农场，供给森林散布蚁群用。例如，在亚平宁山脉地带，人们发展起了数百个蚁群，作为保卫新造森林的中坚力量。

德国莫恩市的林务官海因茨·鲁佩兹舍花博士说：“如果在森林里可以看到生态卫士，有鸟类保护、蚂蚁保护，还有蝙蝠和猫头鹰，说明生物平衡已经显著改善了。”他认为，单一地引进一种捕食性昆虫或寄生虫，远不如培育出各种“天然伙伴”的效果显著。

莫恩市森林中新发展的蚁群都被铁丝网做成的围栏保护起来，以免这些蚁群被啄木鸟吃掉（在一些试验区，啄木鸟的数量在 10 年里增长了 400%）。围栏可以避免蚁群遭到严重损失，还能促使啄木鸟对森林里的有害毛虫穷追猛打，因为啄木鸟必须通过拼命啄食树干上的有害毛虫弥补食物的不足。照顾这些蚁群（包括鸟箱）的都是一群当地学校的 10 至 14 岁的孩子，由孩子们来承担这项工作，费用低廉，而且永久性地保护了这些森林。

在鲁佩兹舍芬博士的研究中，对蜘蛛的利用是一个饶有兴趣的课题，在这一方面，鲁微兹舍芬博士堪称一位先驱。虽然现存大量关于蜘蛛分类学和自然史的文献，但它们都是一些支离破碎的零星片断，没有系统地详述蜘蛛在生物学控制因素方面的价值。在已知的 22 000 种蜘蛛中，有 760 种是德国本土生长的（美国本土生长的约有 2 000 种），有 29 族蜘蛛生活在德国森林里。

对于一个林务人员而言，蜘蛛最重要的价值就是它们所结的网的种类，它们的网都极其细密而结实，其中尤以车轮状网的蜘蛛最厉害，它那张网可以拦截任何在网区飞行的昆虫。十字蛛的大网（直径在 16 英寸）网丝上约有 12 万个黏性网结。一只蜘蛛在它 18 个月的有限生命中，平均可以消灭 2 000 只昆虫。生态学意义上的健康森林每平方米土地上应该有 50 到 150 只蜘蛛，如果这个数目有欠缺，可以通过收集和投放卵囊来弥补不足。鲁佩兹舍芬博士说：“3 只横纹金蛛（美国也有这种蜘蛛）的子囊可以孵化 1 000 只蜘蛛，它们共能捕获 20 万只飞虫。”他说，在春天里出现的小巧纤细的幼虫轮网蛛尤其有价值，“因为它们会在树顶上吐丝织网，在树木的枝头上形成一个网盖，这就保护了树枝嫩芽免受昆虫危害。”当这些蜘蛛蜕皮长大时，它们的网也变大变粗了。

加拿大生物学家也曾经借鉴了相似的研究思路，虽然两地实际情况差异很大，如北美的森林大多是天然林，而非人工种植林，所以用于保持森林健康的物种也有区别。加拿大人偏爱小型哺乳动物，喜欢它们控制某些昆虫方面的杰出能力，尤其是对付那些在林地松软土层中爬进爬出的昆虫。这一类在土壤中生存的昆虫中有一种叫锯齿蝇，雌锯蝇的产卵器很有特点，是一个锯齿形状，它用这个锯齿状的产卵器割开常绿树木的针叶，并把它的卵产在那个切口中。幼虫孵出后会掉落到地面上，并在落叶松腐殖土上，或者沼泽的泥炭层中，云杉和松树下的枯枝败叶中化茧成蛹。森林地面以下是一个热闹非凡的世界，里面全是小型哺乳动物展开地道战的成果，均为开掘的隧道形成的蜂巢状的地下景观，这些挖洞的小动物包括白足鼠、鼷鼠和种鼩鼱。其中最贪吃的是鼩鼱，这个小家伙最善于发现锯蝇茧，并吃掉大量的锯蝇茧。它们有一套吃蝇茧的技巧，先把前脚放在茧上，咬破一个口从底部开始吃，它们还有一套绝活儿，可以准确地分辨出是空茧还是实茧，这些吃货的胃口之大几乎找不到对手。一只鼷鼠每天可以吃掉200只茧，而一只专门以吃蛹茧为生的鼩鼱一天可以吃掉800只以上的茧。从实验结果看，它们能消耗掉75%～98%的锯齿蝇茧。

锯蝇对纽芬兰岛极尽肆虐之能事，但纽芬兰岛没有鼩鼱，深受其害却又奈何它不得。1958年，他们尝试着引进最有效的锯蝇捕食者——假面鼩鼱。1962年，加拿大官方宣布，这次尝试引进大获成功，鼩鼱已在当地繁殖起来，并向全岛扩张，在投放点10英里以外已经发现了带有标记的鼩鼱。

林务人员最美好的愿望是保护和加强森林内部的天然关系，现在有很多武器可以用。化学武器只是权宜之计，达不到任何真正解决问题的效果，却对森林小溪中的鱼，对昆虫大肆杀戮，破坏了天然控制作用，并且毁掉了我们用尽吃奶力气引进的生物控制因素。鲁佩兹舍芬博士说："这种暴力手段破坏了森林生命之间的协同互济关系，生态失调使寄生虫灾害反复出现的时间越来越频繁……所以，我们必须结束这种违背自然规律的粗暴手段，我们要停止操纵至关重要、几乎是最后的自然生存之地。"

我们要珍惜与其他生物共享地球家园的命运共同体，我们发挥了人类的想象力和创造热情，发明的所有新的富有创见的方法，都是用以解决与大自然和谐共存的问题，说到这儿，一个反复提及的永恒不变的主题就是，我们必须意识到我们与之打交道的是各种生命、活的群体，它们的压力与反压力，还有它们的兴盛与衰败。只有充分尊重这种生命的活力，小心谨慎地呵护并把它们引导到人类有益的轨道上来，我们才有可能在人类与昆虫群落之间形成一种合理的平衡。

当前引以为尚的毒剂使用从根本上来说没有这些基本的考量。各种化学品像远古时期穴居的野蛮人挥舞的大棒，挥向生命的组织，在化学控制烟幕弹的掩护下，这种低级武器为所欲为地杀害生命。虽然这种生命组织本身纤弱得不堪一击，很容易受到毁坏，但它也有另一方面的特性，具有难以想象的坚韧和再生能力，能够以出人意料的方式疯狂反扑。这正是化学控制的支持者们疏忽了的一环，他们忽视了生命的顽强非凡，只考虑开展计划摆弄这种有巨大潜力的生命，却对"高度理智的方针"和人道精神掉以轻心，没有应有的谦卑。

"控制自然"听上去是一个妄自尊大的词汇，是一个当生物学和哲学还处于初始阶段时期的产物，当时人们目空一切地认为自然是为人类而存在的，所以"控制自然"充满了人类自以为是的幼稚。而"应用昆虫学"的观点和做法在很大程度上也是蒙昧时代的产物，而现在，这门原始的科学被最现代化、最可怕的化学武器武装到了牙齿，这些武器向昆虫开炮的同时，也转过身来威胁着地球的安全，这真是我们的不幸啊！